ISBN-13: 978-1515148807

ISBN-10: 1515148807

ANEXO EQUIPOS TÉRMICOS
FRÍO – CALOR

Miguel D'Addario

Primera edición

2015

CE

Índice

Transporte de fluidos: Principios básicos de transporte de fluidos. Pérdida de carga en fluidos. Tuberías y accesorios. Instalación bitubular. Instalación monotubular. Intercambiadores de calor. Bombas hidráulicas. Tipos. Hidráulica: conceptos.

Transporte de fluidos: Principios básicos de transporte de fluidos

Se entiende por *fluido* un estado de la materia en el que la forma de los cuerpos no es constante, sino que se adapta a la del recipiente que los contiene. La materia fluida puede ser trasvasada de un recipiente a otro, es decir, tiene la capacidad de fluir. Los líquidos y los gases corresponden a dos tipos diferentes de fluidos. Los primeros tienen un volumen constante que no puede modificarse apreciablemente por compresión. Se dice por ello que son *fluidos incompresibles*. Los segundos no tienen un volumen propio, sino que ocupan el del recipiente que los contiene; son *fluidos compresibles* porque, a diferencia de los líquidos, sí pueden ser comprimidos.

Generalidades. Si bien los líquidos y gases pueden transportarse en recipientes por cualquier medio convencional, se entiende por transporte de fluidos en ingeniería al movimiento continuo y forzado de líquidos o gases a través de conducciones fijas que forman un circuito de fluidos, el cual consta de elementos funcionales (bombas o compresores, válvulas, cambiadores de calor, filtros, cámaras de reacción, etc.), cuyo número y especie dependen de la función a que se destine el circuito, y que están conectados entre sí mediante conducciones a través de las que se establece el transporte de fluidos de alimentación del circuito de unos elementos a otros. Hay gran variedad de circuitos de fluidos en ingeniería, con concepciones, configuraciones y aplicaciones muy diversas. Se denominan abiertos o cerrados según que el fluido que alimenta sus elementos se renueve constantemente (sistema de trasvase) o sea el mismo fluido el que pase periódicamente por cada elemento. Los circuitos abiertos se utilizan para el transporte de fluidos (en el estricto sentido de transportar) entre la planta de alimentación (depósito, fuente, yacimiento, etc.) y la de utilización o consumo. Como ejemplos de circuito abierto pueden citarse el sistema de distribución de agua de una ciudad alimentado desde un embalse, el caso de un oleoducto o gasoducto, el surtidor de una gasolinera, etc. En los circuitos cerrados, el fin último no suele ser el mero transporte de fluidos, sino que sirva como vehículo de transporte de alguna otra propiedad o magnitud física ligada al fluido; esta magnitud física consiste en alguna forma de energía que se desea transportar desde la parte del circuito denominada sistema emisor de la energía al sistema receptor.

Los fluidos son vehículos aptos para el transporte de energía térmica y mecánica, ya que estas formas de energía son susceptibles de almacenarse de modo simple en el seno de los fluidos. Para que un fluido acumule energía térmica basta calentarlo y aislarlo térmicamente del exterior; para que acumule energía mecánica (elástica) es suficiente mantener elevada la presión del mismo. Las posibilidades de acumulación de energía elástica son mayores en los gases que en los líquidos, por ser aquéllos más elásticos que éstos. Como ejemplo típico de circuito de fluidos cerrado transportador de energía térmica considérese una instalación de calefacción central de tipo doméstico clásico, en la cual el agua almacena la energía térmica que toma en la caldera (sistema emisor de energía), y la transporta a través de la instalación, cediéndola al ambiente a través de los radiadores (sistema receptor). Después de haber cedido calor, el agua vuelve más fría a la caldera por la conducción de retorno que cierra el circuito para iniciar un nuevo ciclo. Como ejemplo de circuito cerrado transportador de energía elástica puede citarse una instalación clásica de mando hidráulico como la de freno de un automóvil, en la que el movimiento del pedal del freno acciona un émbolo que desplaza el fluido en contacto con él, impulsándolo a lo largo del circuito hasta otro émbolo próximo a la rueda, cuyo desplazamiento obliga a la zapata contra la llanta. La energía mecánica proporcionada por el pie sobre el pedal se invierte así en aumentar la presión en el circuito y realizar un desplazamiento global del líquido contenido en la instalación, en el sentido del pedal a la zapata.

En los circuitos citados, independientemente de su clase y utilización, es necesario organizar y mantener el movimiento del fluido a lo largo del circuito, el cual lógicamente no se establecería de manera espontánea, por las razones que se dan a continuación: a) siempre que un fluido se mueve en el interior de una conducción, aparecen en el mismo fuerzas de fricción, que tienden a oponerse al movimiento. La magnitud de estas fuerzas depende de las características físicas del fluido (viscosidad, densidad), de la forma geométrica y dimensiones de la conducción, de la velocidad media del fluido respecto a las paredes de los conductos y de la configuración de la corriente en el interior de cada tramo de la conducción (corriente laminar o turbulenta); b) además de las de fricción, que se oponen al movimiento, puede haber otros tipos de fuerzas (de presión, gravitatorias, etc.), que actúan a favor o en contra del movimiento, de acuerdo con las características de cada circuito.

Tipos de fluidos

Fluido newtoniano

Un **fluido newtoniano** es un fluido con viscosidad en que las tensiones tangenciales de rozamiento son directamente proporcionales al gradiente de velocidades. Un buen número de fluidos comunes se comportan como fluidos newtonianos bajo condiciones normales de presión y temperatura: el aire, el agua, la gasolina y algunos aceites minerales.

Ecuación constitutiva

Matemáticamente el rozamiento en un flujo unidimensional de un fluido newtoniano se puede representar por la relación:

$$\tau = \mu \frac{dv}{dx}$$

Donde:

τ, es la tensión tangencial ejercida en un punto del fluido o sobre una superficie sólida en contacto con el mismo, tiene unidades de tensión o presión ([Pa]).

μ, es la viscosidad del fluido, y para un fluido newtoniano depende sólo de la temperatura, puede medirse en [Pa·s] o [kp·s/cm^2].

$$\frac{dv}{dx}$$

es el gradiente de velocidad perpendicular a la dirección al plano en el que estamos calculando la tensión tangencial, [s^{-1}].

La ecuación constitutiva que relaciona el tensor tensión y el gradiente de velocidad y la presión en un fluido newtoniano es simplemente:

$$\sigma_{ij} = -p\delta_{ij} + \mu \left(\frac{\partial v_i}{\partial x_j} + \frac{\partial v_j}{\partial x_i} - \frac{2}{3}\delta_{ij}\nabla \cdot \mathbf{v} \right)$$

Fluido no-newtoniano

Un **fluido no newtoniano** es aquél cuya viscosidad varía con el gradiente de tensión que se le aplica. Como resultado, un fluido no-newtoniano no tiene un valor de viscosidad definido y constante, a diferencia de un fluido newtoniano. Aunque el concepto de viscosidad se usa habitualmente para caracterizar un material, puede resultar inadecuado para describir el comportamiento mecánico de algunas sustancias, en concreto, los fluidos no newtonianos. Estos fluidos se pueden caracterizar mejor mediante otras propiedades que tienen que ver con la relación entre el esfuerzo y los tensores de tensiones bajo diferentes condiciones de flujo, tales como condiciones de esfuerzo cortante oscilatorio. Un ejemplo barato y no tóxico de fluido no newtoniano puede hacerse fácilmente añadiendo almidón de maíz en una taza de agua. Se añade el almidón en pequeñas proporciones y se revuelve lentamente. Cuando la suspensión se acerca a la concentración crítica es cuando las propiedades de este fluido no newtoniano se hacen evidentes. La aplicación de una fuerza con la cucharilla hace que el fluido se comporte de forma más parecida a un sólido que a un líquido. Si se deja en reposo recupera su comportamiento como líquido. Se investiga con este tipo de fluidos para la fabricación de chalecos antibalas, debido a su capacidad para absorber la energía del impacto de un proyectil a alta velocidad, pero permaneciendo flexibles si el impacto se produce a baja velocidad. Un ejemplo familiar de un fluido con el comportamiento contrario es la pintura. Se desea que fluya fácilmente cuando se aplica con el pincel y se le aplica una presión, pero una vez depositada sobre el lienzo se desea que no gotee.

Dentro de los principales tipos de fluidos no newtonianos se incluyen los siguientes:

Tipo de fluido	Comportamiento	Características	Ejemplos
Plásticos	Plástico perfecto	La aplicación de una deformación no conlleva un esfuerzo de resistencia en sentido contrario	Metales dúctiles una vez superado el límite elástico
	Plástico de Bingham	Relación lineal entre el esfuerzo cortante y el gradiente de deformación una vez se ha superado un determinado valor del esfuerzo cortante	Barro, algunos coloides
	Yield pseudo-plastic	Fluidos que se comportan como pseudo-plásticos a partir de un	

		determinado valor del esfuerzo cortante	
	Yield dilatant	Fluidos que se comportan como dilatantes a partir de un determinado valor del esfuerzo cortante	
Fluidos que siguen la Ley de la Potencia	Pseudo-plástico	La viscosidad aparente se reduce con el gradiente del esfuerzo cortante	Algunos coloides, arcilla, leche, gelatina, sangre.
	Dilatante	La viscosidad aparente se incrementa con el gradiente del esfuerzo cortante	Soluciones concentradas de azúcar en agua, suspensiones de almidón de maíz o de arroz.
Fluidos Viscoelásticos	Material de Maxwell	Combinación lineal "serie" de efectos elásticos y viscosos	Metales, Materiales compuestos
	Fluido Oldroyd-B	Combinación lineal de comportamiento como fluido Newtoniano y como material de Maxwell	Betún, Masa panadera, nailon, Plastilina
	Material de Kelvin	Combinación lineal "paralela" de efectos elásticos y viscosos	
	Anelástico	Estos materiales siempre vuelven a un estado de reposo predefinido	
Fluidos cuya viscosidad depende del tiempo	Reopéctico	La viscosidad aparente se incrementa con la duración del esfuerzo aplicado	Algunos lubricantes
	Tixotrópico	La viscosidad aparente decrece con la duración de esfuerzo aplicado	Algunas variedades de mieles, kétchup, algunas pinturas antigoteo.

El principio de Pascal y sus aplicaciones

La presión aplicada en un punto de un líquido contenido en un recipiente se transmite con el mismo valor a cada una de las partes del mismo.

Este enunciado, obtenido a partir de observaciones y experimentos por el físico y matemático francés Blas Pascal (1623-1662), se conoce como principio de Pascal. El principio de Pascal puede ser interpretado como una consecuencia de la ecuación fundamental de la hidrostática y del carácter incompresible de los líquidos. En esta clase de fluidos la densidad es constante, de modo que de acuerdo con la ecuación $p = p_0 + r \cdot g \cdot h$ si se aumenta la presión en la superficie libre, por ejemplo, la presión en el fondo ha de aumentar en la misma medida, ya que $r \cdot g \cdot h$ no varía al no hacerlo h. La *prensa hidráulica* constituye la aplicación fundamental del principio de Pascal y también un dispositivo que permite entender mejor su significado. Consiste, en esencia, en dos cilindros de diferente sección comunicados entre sí, y cuyo interior está completamente lleno de un líquido que puede ser agua o aceite. Dos émbolos de secciones diferentes se ajustan, respectivamente, en cada uno de los dos cilindros, de modo que estén en contacto con el líquido. Cuando sobre el émbolo de menor sección $S1$ se ejerce una fuerza $F1$ la presión $p1$ que se origina en el líquido en contacto con él se transmite íntegramente y de forma instantánea a todo el resto del líquido; por tanto, será igual a la presión $p2$ que ejerce el líquido sobre el émbolo de mayor sección $S2$, es decir:

$$p1 = p2$$

con lo que:

$$\frac{F_1}{S_1} = \frac{F_2}{S_2}$$

y por tanto:

$$F_2 = \frac{S_2}{S_1} \cdot F_1$$

Si la sección *S2* es veinte veces mayor que la *S1,* la fuerza *F1* aplicada sobre el émbolo pequeño se ve multiplicada por veinte en el émbolo grande. La prensa hidráulica es una máquina simple semejante a la palanca de Arquímedes, que permite amplificar la intensidad de las fuerzas y constituye el fundamento de elevadores, prensas, frenos y muchos otros dispositivos hidráulicos de maquinaria industrial.

El principio de los vasos comunicantes

Si se tienen dos recipientes comunicados y se vierte un líquido en uno de ellos en éste se distribuirá entre ambos de tal modo que, independientemente de sus capacidades, el nivel de líquido en uno y otro recipiente sea el mismo. Éste es el llamado principio de los vasos comunicantes, que es una consecuencia de la ecuación fundamental de la hidrostática.

Empuje hidrostático: Principio de Arquímedes

Los cuerpos sólidos sumergidos en un líquido experimentan un *empuje* hacia arriba. Este fenómeno, que es el fundamento de la flotación de los barcos, era conocido desde la más remota antigüedad, pero fue el griego Arquímedes (287-212 a. de C.) quien indicó cuál es la magnitud de dicho empuje. De acuerdo con el principio que lleva su nombre, todo cuerpo sumergido total o parcialmente en un líquido experimenta un empuje vertical y hacia arriba igual al peso del volumen de líquido desalojado.

Aun cuando para llegar a esta conclusión Arquímedes se apoyó en la medida y experimentación, su famoso principio puede ser obtenido como una consecuencia de la ecuación fundamental de la hidrostática. Considérese un cuerpo en forma de paralelepípedo, las longitudes de cuyas aristas valen *a, b* y *c* metros, siendo *c* la correspondiente a la arista vertical. Dado que las fuerzas laterales se compensan mutuamente, sólo se considerarán las fuerzas sobre las caras horizontales.

La aerostática frente a la hidrostática

Desde un punto de vista mecánico, la diferencia fundamental entre líquidos y gases consiste en que estos últimos pueden ser comprimidos. Su volumen, por tanto, no es constante y consiguientemente tampoco lo es su densidad. Teniendo en cuenta el papel fundamental de esta magnitud física en la estática de fluidos, se comprende que el equilibrio de los gases haya de considerarse separadamente del de los líquidos.

Así, la ecuación fundamental de la hidrostática no puede ser aplicada a la aerostática. El principio de Pascal, en el caso de los gases, no permite la construcción de prensas hidráulicas. El principio de Arquímedes conserva su validez para los gases y es el responsable del empuje aerostático, fundamento de la elevación de los globos y aeróstatos. Sin embargo, y debido a la menor densidad de los gases, en iguales condiciones de volumen del cuerpo sumergido, el empuje aerostático es considerablemente menor que el hidrostático.

La compresibilidad de los gases. Ley de Boyle

El volumen del gas contenido en un recipiente se reduce si se aumenta la presión. Esta propiedad que presentan los gases de poder ser comprimidos se conoce como *compresibilidad* y fue estudiada por el físico inglés *Robert Boyle* (1627-1691).

La presión atmosférica

Del mismo modo que existe una presión hidrostática en los líquidos asociada al peso de unas capas de líquido sobre otras, las grandes masas gaseosas pueden dar lugar a presiones considerables debidas a su propio peso. Tal es el caso de la atmósfera. La presión del aire sobre los objetos contenidos en su seno se denomina *presión atmosférica*.

Tipos y características de los flujos

El flujo puede clasificarse de muchas formas:

Flujo laminar

Las partículas fluidas se mueven a lo largo de trayectorias suaves en láminas, o capas, con una capa deslizándose suavemente sobre otra adyacente. El flujo laminar no es estable en situaciones que involucran combinaciones de baja viscosidad, alta velocidad o grandes caudales, y se rompe en flujo turbulento.

Flujo turbulento

Las partículas de fluido se mueven en trayectorias arremolinadas muy irregulares, causando intercambios de momento desde una porción de fluido a otra. En una situación en la cual el flujo pudiera ser ya sea turbulento o laminar, la turbulencia produce unos esfuerzos cortantes mayores a través del fluido y causa mayores irreversibilidades y pérdidas. En flujo turbulento las pérdidas varían con una potencia que oscila entre 1.7 y 2 de la velocidad; en flujo laminar éstas varían con la primera potencia de la velocidad. En flujo turbulento debido al movimiento errático de las participas del fluido, siempre existen pequeñas fluctuaciones en cualquier punto.

Flujo rotacional o vórtice

Si las partículas de fluido dentro de una región tienen rotación alrededor de cualquier eje, el flujo se conoce como rotacional o vórtice.

Flujo irrotacional

Es cuando el fluido dentro de una región no tiene rotación.

Flujo adiabático

Es el flujo de un fluido en el cual no ocurre transferencia de calor hacia el fluido o desde éste.

Flujo permanente

Ocurre cuando las condiciones en cualquier punto del fluido con cambian con el tiempo, en flujo permanente no existe cambio en la densidad, en la presión, en la temperatura o en la concentración en ningún punto.

Flujo no permanente

Es cuando las condiciones en cualquier punto cambian con el tiempo.

Flujo uniforme

Ocurre cuando, en cualquier punto, el vector velocidad o cualquier otra variable del fluido es siempre la misma (en magnitud y dirección) para cualquier instante.

Flujo no uniforme

Es aquel tipo de flujo en el que el vector velocidad varía de un lugar a otro, en cualquier instante.

Flujos en conductos cerrados

Flujo de fluido en tubos
Ecuación de la energía - fuerzas de resistencia

La solución de los problemas prácticos del flujo en tubos, resulta de la aplicación del principio de la energía, la ecuación de continuidad y los principios y ecuaciones de la resistencia de fluidos. La resistencia al flujo en los tubos, es ofrecida no solo por los tramos largos, sino también por los accesorios de tuberías tales como codos y válvulas, que disipan energía al producir turbulencias a escala relativamente grandes.

Flujo en canales abiertos
Canal abierto

Un canal abierto es un conducto en el que el líquido fluye con una superficie sometida a la presión atmosférica. El flujo se origina por la pendiente del canal y de la superficie del líquido. La solución exacta de los problemas de flujo es difícil y depende de datos experimentales que deben cumplir una amplia gama de condiciones.

Flujo uniforme y permanente

El flujo uniforme y permanente comprende dos condiciones de flujo. El flujo remanente, como se define para flujo en tuberías, se refiere a la condición según la cual las características del flujo en un punto no varían con el tiempo ($dV/dt = 0$, $dy/dt = 0$, etc.). El flujo uniforme se refiere a la condición según la cual la profundidad, pendiente, velocidad y sección recta permanecen constantes en una longitud dada del canal ($dt/dL = 0$). La línea de alturas totales es paralela a la superficie del líquido (línea de alturas piezométricas) y V^2/PG por encima de ella. Esto no se cumple en el caso de flujo no uniforme y permanente.

Flujo no uniforme

El flujo no uniforme ocurre cuando la profundidad del líquido varía a lo largo de la longitud del canal abierto, o sea, dy/dL distinto de 0. El flujo no uniforme puede ser permanente o no permanente. También puede clasificarse en tranquilo, rápido o crítico.

Pérdida de carga en fluidos

Definiciones:

Fluido: los fluidos son sustancias capaces de "fluir" y que se adaptan a la forma de los recipientes que los contienen.

Presión de un fluido: la presión de un fluido se transmite con igual intensidad en todas direcciones y actúa normalmente a cualquier superficie plana. En el mismo plano horizontal, el valor de la presión de un líquido es igual en cualquier punto.

Viscosidad: la viscosidad de un fluido es aquella propiedad que determina la cantidad de resistencia opuesta a las fuerzas cortantes. La viscosidad se debe primordialmente a las interacciones entre las moléculas del fluido. En un fluido newtoniano, el gradiente de velocidad es obviamente proporcional al esfuerzo constante. Esta constante de proporcionalidad es la viscosidad, y se define mediante la ecuación:

$$\tau v = \frac{\mu \partial \mu}{gc \partial y}$$

Efecto de la Rugosidad: se sabe desde hace mucho tiempo que, para el flujo turbulento y para un determinado número de Reynolds, una tubería rugosa, da un factor de fricción mayor que en una tubería lisa. Por consiguiente si se pulimenta una tubería rugosa, el factor de fricción disminuye y llega un momento en que si se sigue pulimentándola, no se reduce más el factor de fricción para un determinado número de Reynolds.

Principios Fundamentales que se aplican a Flujos de Fluidos

- Principio de la conservación de la masa, a partir del cual se establece la ecuación de continuidad.

- Principio de la energía cinética, a partir del cual se deducen ciertas ecuaciones aplicables al flujo.

- Principio de la cantidad de movimiento, a partir del cual se deducen ecuaciones para calcular las fuerzas dinámicas ejercidas por los fluidos en movimiento.

Flujo Laminar y Turbulento: a velocidades bajas los fluidos tienden a moverse sin mezcla lateral, y las capas contiguas se deslizan más sobre otras. No existen corrientes transversales ni torbellinos. A este tipo de régimen se le llama flujo Laminar. En el flujo laminar las partículas fluidas se mueven según trayectorias paralelas, formando el conjunto de ellas capas o láminas. Los módulos de las velocidades de capas adyacentes no tienen el mismo valor. A velocidades superiores aparece la turbulencia, formándose torbellinos. En el flujo turbulento las partículas fluidas se mueven en forma desordenada en todas las direcciones.

Ecuación General Del Flujo de Fluidos: el flujo de fluido en tuberías siempre está acompañado del rozamiento de las partículas del fluido entre sí, y consecuentemente, por la pérdida de energía disponible, es decir, tiene que existir una pérdida de presión en el sentido del flujo

Fórmula de Darcy-Weisbach: la fórmula de Darcy-Weisbah, es la fórmula básica para el cálculo de las pérdidas de carga en las tuberías y conductos. La ecuación es la siguiente:

$$hf = \frac{fxL}{D} \, x \, \frac{V^2}{2g}$$

La ecuación de Darcy es válida tanto para flujo laminar como para flujo turbulento de cualquier líquido en una tubería. Sin embargo, puede suceder que debido a velocidades extremas, la presión corriente abajo disminuya de tal manera que llegue a igualar, la presión de vapor del líquido, apareciendo el fenómeno conocido como cavitación y los caudales. Con el debido razonamiento se puede aplicar a tubería de diámetro constante o de diferentes diámetros por la que pasa un fluido donde la densidad permanece razonablemente constante a través de una tubería recta, ya sea horizontal, vertical o inclinada. Para tuberías verticales, inclinada o de diámetros variables, el cambio de presión debido a cambios en la elevación, velocidad o densidad del fluido debe hacerse de acuerdo a la ecuación de Bernoulli.

Factor de fricción: la fórmula de Darcy puede ser deducida por el análisis dimensional con la excepción del factor de fricción f, que debe ser determinado experimentalmente. El factor de fricción para condiciones de flujo laminar es de ($R_e < 2000$) es función sola del número de Reynolds, mientras que para flujo turbulento ($R_e > 4000$) es también función del tipo de pared de tubería.

Zona Crítica: la región que se conoce como la zona critica, es la que aparece entre los números de Reynolds de 200 a 4000. En esta región el flujo puede ser tanto laminar como turbulento, dependiendo de varios factores: estos incluyen cambios de la sección, de dirección del flujo y obstrucciones tales como válvulas corriente arriba de la zona considerada. El factor de Fricción en esta región es indeterminado y tiene límites más bajos si el flujo es laminar y más altos si el flujo es turbulento.

Para los números de Reynolds superiores a 4000, las condiciones de flujo vuelven a ser más estables y pueden establecerse factores de rozamiento definitivos. Esto es importante, ya que permite al ingeniero determinar las características del flujo de cualquier fluido que se mueva por una tubería, suponiendo conocidas la viscosidad, la densidad en las condiciones de flujo.

Factor De Fricción Flujo Laminar (R_e < 2000)
Factor De Fricción Para Flujo Turbulento (R_e >4000)

Cuando el flujo es turbulento el factor de fricción no solo depende del número de Reynolds, sino también de Rugosidad relativas de las paredes de la tubería, e/D, es decir, la rugosidad de las paredes de la tubería (e) comparadas con el diámetro de la tubería (D). Para tuberías muy lisas, como las de latón extrudido o el vidrio, el factor de fricción disminuye más rápidamente con el aumento del número de Reynolds, que para tubería con paredes más rugosas. Como el tipo de la superficie interna de la tubería comercial es prácticamente independiente del diámetro, la rugosidad de las paredes tiene mayor efecto en el factor de fricción para diámetros pequeños. En consecuencia las tuberías de pequeño diámetro se acercan a la condición de gran rugosidad y en general tienen mayores factores de fricción que las tuberías del mismo material pero de mayores diámetros. La información más útil y universalmente aceptada sobre factores de fricción que se utiliza en la fórmula de Darcy, la presento Moody, este profesor mejoro la información en comparación con los conocidos diagramas y factores de fricción, de Pigott y Kemler, incorporando investigaciones más recientes y aportaciones d muchos científicos de gran nivel.

Distribución de Velocidades: la distribución de velocidades en una sección recta seguirá una ley de variación parabólica en el flujo laminar. La velocidad máxima tiene lugar en el eje de la tubería y es igual al doble de la velocidad media. En los flujos turbulentos resulta una distribución de velocidades más uniforme.

Coeficiente de Fricción: el factor o coeficiente de fricción f puede deducirse matemáticamente en el caso de régimen laminar, más en el caso de flujo turbulento no se dispone de relaciones matemáticas sencillas para obtener la variación de f con el número de Reynolds. Todavía más, Nikuradse y otros investigadores han encontrado que sobre el valor de f también influye la rugosidad relativa en la tubería.

a.- Para flujo Laminar la ecuación de fricción puede ordenarse como sigue.

$$f = \frac{64}{\mathrm{Re}}$$

b.- Para flujo Turbulento hay diferentes ecuaciones para cada caso:

1.- Para flujo turbulento en tuberías rugosas o lisas las leyes de resistencia universales pueden deducirse a partir de:

$$f = \frac{8\tau_0}{\rho V^2} = \frac{8V^2{}_0}{V^2}$$

2.- Para tuberías lisas, Blasius ha sugerido:

$$f = \frac{0.316}{\mathrm{Re}^{0.25}}$$

3.- Para tuberías rugosas:

$$\frac{1}{\sqrt{f}} = 2\log\left(\mathrm{Re}\sqrt{f}\right) - 0.8$$

4.- Para todas las tuberías, se considera la ecuación de Colebrook como la más aceptable para calcular f ; la ecuación es:

$$\frac{1}{\sqrt{f}} = -2\log\left\{\frac{\varepsilon}{3.7D} + \frac{2.51}{\text{Re}\sqrt{f}}\right\}$$

Aunque la ecuación anterior es muy engorrosa, se dispone de diagramas que dan las relaciones existentes entre el coeficiente de fricción f , el Re y la rugosidad relativa ∈/d. Uno de estos diagramas se incluye el diagrama de Moody, que se utiliza normalmente cuando se conoce Q.

Formación de Capa Límite en Tubos Rectos: la formación de la capa límite se produce en una entrada brusca del tubo, en la cual se forma una vena contracta. A la entrada del tubo recto comienza a formarse una capa límite, y a medida que el fluido se mueve a través de la primera parte de la conducción va aumentando el espesor de la capa. Durante esta etapa, la capa límite ocupa solamente parte de la sección transversal del tubo, y la corriente total consta de un núcleo central de fluido que se mueve con velocidad constante, y de una capa límite de forma anular comprendida entre el núcleo y la pared. En la capa límite la velocidad aumenta desde el valor cero en la pared, hasta la velocidad constante que existe en el núcleo. A medida que la corriente avanza por el tubo la capa límite ocupa mayor sección transversal.

Debido a esto surgen dos tipos de fricción:

1.- Fricción de Superficie: es la que se origina entre la pared y la corriente del fluido, hfs. Las cuatro magnitudes más frecuentes para medir la fricción de superficie son: $hfs, \Delta Ps, \tau w,$ y f , y se relacionan mediante la ecuación:

30

$$hfs = \frac{2.\tau w.\Delta L}{\rho.\tau w} = \frac{-\Delta P}{\rho} = 4.f \frac{.\Delta L.V}{D.2.gc}$$

El subíndice s indica que se trata del factor de fricción de Fanning que corresponde a la fricción de superficie.

2.- Fricción debida a Variaciones de Velocidad o Dirección: cuando ocurre una variación de velocidad de un fluido, tanto en dirección como en valor absoluto, a causa de un cambio de dirección o de tamaño de la conducción, se produce una fricción adicional a la fricción de superficie, debida al flujo a través de la tubería recta. Esta fricción incluye a la Fricción de Forma, que se produce como consecuencia de los vértices que se originan cuando se distorsionan las líneas de corriente normales y cuando tiene lugar la separación de capa límite. Debido a que estos efectos no se pueden calcular con exactitud, es preciso recurrir a datos empíricos.

Pérdidas por Fricción debido a una Expansión Brusca de la Sección Transversal: si se ensancha bruscamente la sección transversal de la conducción, la corriente de fluido se separa de la pared y se proyecta en forma de chorro en la sección ensanchada. Después el chorro se expansiona hasta ocupar por completo la sección transversal de la parte ancha de la conducción. El espacio que existe entre el chorro expansionado y la pared de la conducción está ocupado por el fluido en movimiento de vértice, característica de la separación de la capa límite, y se produce dentro de este espacio una fricción considerable.

Las pérdidas por fricción, correspondientes a una expansión brusca de la conducción, son proporcionales a la carga de velocidad del fluido en la sección estrecha, y están dadas por:

$$hfe = Ke.\frac{V^2 a}{2.gc}$$

Siendo Ke un factor de proporcionalidad llamado coeficiente de pérdida por expansión y V^2a, la velocidad media en la parte estrecha de la conducción

Efectos del tiempo y uso en la fricción e tuberías: las pérdidas de fricción en tuberías son muy sensibles a los cambios de diámetro y rugosidad de las paredes. Para un Caudal determinado y un factor de fricción fijo, la perdida de presión por metro de tubería varia inversamente a la quinta potencia del diámetro. Por ejemplo, si se reduce en 2% el diámetro, causa un incremento en la perdida de la presión de un 11%; a su vez; una reducción del 5% produce un incremento del 29%. En muchos de los servicios, el interior de la tubería se va incrustando con cascarilla, tierra y otros materiales extraños; luego en la práctica prudente da margen para reducciones del diámetro de paso. Los teóricos experimentados indican que la rugosidad puede incrementarse con el uso debido a la corrosión o incrustación, en una proporción determinada por el material de la tubería y la naturaleza del fluido. El coeficiente o factor de fricción es un parámetro de diseño importante al considerar las pérdidas de energía mecánica en el transporte de fluidos a través de tuberías, ya sea para evaluar la potencia necesaria, o para estimar el diámetro del conducto, entre otros aspectos. Este coeficiente de fricción puede obtenerse con la pérdida de presión que se da en un segmento de tubo y/o accesorio, o bien puede evaluarse por medio de modelos. En una tubería recta en la que el flujo es del tipo laminar o viscoso, la resistencia se origina por el esfuerzo tangencial o cortante de la viscosidad entre las láminas o capas adyacentes, y/o entre las partículas que se mueven en recorridos paralelos con diferentes velocidades, en la pared de la tubería las partículas se adhieren a ella y no tienen movimiento. Tanto las láminas como las partículas en movimiento en la tubería están sujetas a un esfuerzo cortante viscoso que disminuye conforme se aproximan al centro de la tubería, por lo que la variación de la velocidad a través de la tubería, está totalmente determinado por el esfuerzo viscoso entre las capas o láminas imaginarias en movimiento. Por otro lado, si el flujo en la tubería es turbulento, la variación de la velocidad a través del tubo no queda determinada únicamente por la viscosidad, sino que depende de las características que tenga la turbulencia, de las propiedades reológicas y viscoelásticas de los fluidos no newtonianos. La magnitud del esfuerzo cortante viscoso aumenta debido a los remolinos y vórtices que acompañan a la turbulencia, además con paredes ásperas o rugosas, la turbulencia se incrementa aún más. La pérdida de carga (h_L) que se genera a través de un accesorio puede ser como:

$$h_L = \frac{\Delta P}{\rho} = K_a \frac{v^2}{2g}$$

En esta ecuación, h_L es la pérdida de carga por fricción para cada accesorio (m), DP es la caída de presión del accesorio o tubería (Pa), r es la densidad del fluido (kg/m^3), K_a se refiere al coeficiente de fricción (adimensional) para el tramo de tubería o para el accesorio, v es la velocidad lineal media a la que pasa el fluido (m/s), g es la aceleración gravitatoria (m/s^2). Para el transporte de fluidos no newtonianos, los estudios existentes son limitados y diferentes factores han sido analizados. Las caídas de presión a través de una tubería en el manejo de pasta de pescado, fueron evaluadas por Nakayama et al. (1980); determinando valores bajos en las pérdidas de energía, atribuidos a la naturaleza del comportamiento no newtoniano de tipo plástico de Bingham. En un estudio realizado por García y Steffe (1987), se subraya la importancia que tiene la consideración del esfuerzo de cedencia o umbral de fluencia (t_0) en la correcta predicción de las pérdidas de presión en la tubería; las predicciones del coeficiente de fricción se relacionaron al índice de flujo, y a los números de Reynolds y Hedstrom, realizaron la determinación experimental de la pérdida de presión (DP) en válvulas de compuerta y globo de ½ pulgada involucrando, el número de Reynolds generalizado (GRe) y los diferentes al manejar fluidos de tipo pseudoplástico; proponiendo)δgrados de abertura (las siguientes dos correlaciones, para las válvulas consideradas:

Para válvulas de compuerta:

$$\frac{\ddot{A}P}{\tilde{n}v^2} = 1.905 GRe^{-0.91} \delta^{-1.98}$$

Para válvulas de globo:

$$\frac{\Delta P}{\rho v^2} = 8.266 GRe^{-0.610} \delta^{-0.797}$$

En estas ecuaciones, DP, r, v tienen el mismo significado que en la ecuación (1); GRe se refiere al número de Reynolds generalizado (adimensional), y d es el grado fraccional (adimensional) de abertura de la válvula. Liu y Masliyah realizaron el análisis teórico y la modelación del transporte de fluidos no newtonianos (del tipo Herschel-Bulkley, Meter y Cross), tanto en conductos como a través de medios porosos, involucran do tres factores de forma y la viscosidad como necesarios para evaluar las caídas de presión durante el flujo. Adhikari y Jindal incorporaron el concepto de las redes neuronales, como una nueva herramienta computacional, en el cálculo de las pérdidas de presión en tuberías, para lo cual manejaron fluidos de comportamiento no newtoniano, obteniendo errores de predicción menores a 5.4% con respecto a los valores experimentales. Los coeficientes de fricción para el manejo de fluidos reoadelgazantes en diferentes accesorios de 1 pulgada, fueron medidos por Martínez y Linares, dicho coeficiente fue expresado como función del número de Reynolds generalizado. Recientemente, Perona reportó los resultados obtenidos en la transición de régimen laminar a turbulento para purés de frutas diluidos, considerando que las discrepancias observa das en su estudio, pueden atribuirse a los efectos viscoelásticos de los fluidos. Así que en el flujo de fluidos con comportamiento no newtoniano, en donde el flujo dominante es de tipo laminar, y en el que existe la posibilidad de que se presente flujo turbulento en cierta medida o en alguna etapa del transporte, es interesante y necesario evaluar los coeficientes de fricción a través de tuberías; por lo tanto, el objetivo del presente estudio se fundamentó en la determinación de las caídas de presión a través de diferentes accesorios de la tubería, para evaluar posteriormente las pérdidas por fricción, en el manejo de fluidos de comportamiento reoadelgazante o pseudo-plástico.

Sinopsis

Pérdida de carga en la tubería

La pérdida de carga de la tubería es igual a la pérdida de carga unitaria (milímetros columna de agua por metro - mmca/m) por la longitud de la tubería expresada en metros.

Para una tubería de Ø 16 x 2 mm por la cual circula el agua a 0,5 m/s la pérdida de carga será la siguiente:

Pérdida de carga Unitaria = 32 mmca/m

Longitud de la tubería = 7 m

Pérdida de carga Total de la tubería = 32 mmca/m x 7 m = 224 mmca

Caudal = 200 l/h

Pérdida de carga en el accesorio

$$\Sigma \ (r \ . \ v2. \ \gamma/2g) \ mm \ c.a.$$

r = suma de coeficientes de pérdida de carga de los accesorios =

0,37 (codo 90º) + 0,10 (Te de paso) = 0,47 mmca/m

v = 0,5 m/s

γ: peso específico del agua a 60ºC (966 Kg/m3).

g: 9,81 m/s2.

Con lo que obtenemos: 0,47 x 0,62 x (966/9,81) = 16,66 mmca

Pérdida de carga total

Será igual a la suma de ambas pérdidas de carga.

ΔPTOTAL = 224 (tubería) + 16,66 (accesorios) = 240,66 mmca

Tuberías y accesorios

Tuberías

Una gran variedad de tubos y otros conductos se encuentra disponible para el abastecimiento de líquidos y gases a los componentes mecánicos, o desde una fuente de abastecimiento a una máquina.

Se necesita adquirir familiaridad con los tubos y sus accesorios no solamente para realizar dibujos de tubería, sino porque el tubo se utiliza frecuentemente como material de construcción. Es necesario también tener en cuenta el conocimiento de las roscas de tubo ya que con frecuencia es necesario representar y especificar agujeros aterrajados para recibir tubos de abastecimiento de líquidos y gases. Existen en el mercado diferentes tipos de tubos según su función y según su material de fabricación.

Tubería Metálica

El tubo estándar norteamericano de acero o de hierro dulce o forjado hasta de 12 pulg. de diámetro se designa por su diámetro interno nominal, el cual difiere algo del diámetro interno real. Se encuentran en uso común tres tipos de tubo: estándar, extrafuerte o reforzado y doblemente reforzado. En el mismo tamaño nominal, los tres tipos tienen el mismo diámetro exterior que el tubo estándar, encontrándose el incremento de espesor de los tipos extrafuerte y doblemente reforzado en la parte interior. Así, el diámetro exterior del tubo de 1 pulg. nominal, en los tres tipos, es de 1.315 pulg., siendo el diámetro interior del tipo estándar 1.05 pulg., del tipo reforzado 0.951 pulg. y del doblemente reforzado 0.587 pulg. Todos los tubos de diámetro mayor de 12 pulg. se designan por sus diámetros exteriores y se especifican por su diámetro exterior y el espesor de pared. Los tubos para calderas, de todos los tamaños, se designan por sus respectivos diámetros exteriores. Los tubos de latón, cobre, acero inoxidable y aluminio tienen los mismos diámetros nominales que los de hierro, pero tienen secciones de pared más delgadas. El tubo de plomo y los revestidos interiormente de plomo se usan en trabajos de química. El tubo de fundición se emplea en las condiciones subterráneas de agua o gas y para desagües de edificios. Muchos otros tipos de tubo se encuentran en uso más o menos general y se conocen por sus nombres comerciales, tales como tubo hidráulico, tubo comercial para revestimiento de pozos, tubo API etc. Los detalles se encuentran en los catálogos de los fabricantes. La mayoría de las instalaciones de tubería de diámetro pequeño de casa habitación, edificios e industrias, para la conducción de agua caliente y fría, se hacen con tuberías de cobre y accesorios para junta soldada.

Tubos flexibles y otros especiales

Los tubos metálicos flexibles sin soldadura se usan para trasportar vapor, gases y líquidos en todos los tipos de máquinas, tales como locomotoras, motores Diésel, prensas hidráulicas, etc., en los cuales existan vibraciones, en donde las salidas o escapes no estén alineados y en donde haya partes móviles. Los tubos de cobre se encuentran en el comercio en diámetros nominales de 1\8 a 12 pulg. y en 4 tipos conocidos como *K, L, M* y *O*. El tipo *K* es extrapesado duro, el *L* es pesado duro, el *M* es estándar duro y el *O* es ligero duro. Los tubos para caldera se designan todos por su diámetro exterior. Los tubos especiales se fabrican en una gran variedad de materiales, como vidrio, acero, aluminio, cobre, latón, bronce al aluminio, asbesto, fibra, plomo y otros.

Tubo de plástico

Como el tubo de plástico no se corroe y tiene resistencia para un amplio grupo de substancias químicas industriales, se emplea mucho en lugar del tubo metálico. El cloruro de polivinilo, el polietileno y el estireno son los materiales plásticos básicos. El cloruro de polivinilo es el de uso más extenso. No sostiene la combustión, no es magnético ni produce chispas, no comunica olor ni sabor alguno a su contenido, es ligero, tiene baja resistencia al movimiento de fluidos, resiste a la intemperie y se dobla con facilidad y se une por medio de cementos adherentes disueltos, o bien, en los de gran peso, por medio de rosca. Sus limitaciones principales son su mayor costo, su bajo límite de temperatura y sus bajos límites de presión. Además, no es resistente a todos los disolventes, requiere más soportes y se contrae o dilata más que el acero. El tubo metálico revestido interiormente de plástico tiene la ventaja de combinar la resistencia mecánica del metal con la resistencia química del plástico.

Clasificaciones principales de los tubos y ejemplos de aplicaciones

Identificación del tubo	Usos
• Estándar • De presión • Para conductos • Para pozos de agua	• Tubo para servicio mecánico (estructural), tubo para servicio de baja presión, tubo para refrigeración (para

• Artículos tubulares para campos petrolíferos	máquinas de hielo), tubo para pistas de hielo, tubo para desflemadoras.
	• Tubo para conducir líquidos, gases o vapores, servicio para temperatura o presión elevadas, o ambas cosas.
	• Tubo con extremos roscados o lisos para gas, petróleo o vapor de agua.
	• Tubo, escareado y mandrilado, para hincar y de revestimiento para pozos de agua, tubo hincado para pozos, tubo para bombas, tubo para bombas de turbina.
	• Tubo de revestimiento para pozos, cañería de perforación.

Juntas para tubos comunes

Los tubos comunes se unen por métodos que dependen del material y de las demandas del servicio. Los tubos de acero, hierro forjado, latón o bronce, generalmente llevan rosca y se atornillan en un manguito o en otro accesorio. La junta de brida atornillada se desensambla fácilmente para limpieza o reparación. También existen las juntas permanentes soldadas, las juntas de anillo. Los tubos de fundición no pueden soldarse ni roscarse satisfactoriamente, por ello se emplean para unirlo juntas de enchufe y cordón llamadas también de campana y espiga, calafateadas y emplomadas.

Juntas de tubos flexibles y especiales

Tubos flexibles y especiales se emplean corrientemente para conectar pequeños tramos para el servicio de gas o líquidos. Las tuberías unidas con accesorios abocinados y abocinados invertidos pueden desensamblarse sin causar un daño serio a las juntas, y pueden usarse para presiones de regular intensidad. La junta de compresión se emplea para presiones menores y cuando no se necesita abrir y volver a ensamblar la junta periódicamente.

Accesorios para tubos

Los accesorios para tubos son las piezas usadas para conectar y formar la tubería. Generalmente son de fundición o de fundición maleable, excepto los acoplamientos o coples, los cuales son de hierro forjado o maleable. El latón y otras aleaciones se emplean para usos especiales. Los accesorios de acero soldados a tope se emplean para unir tuberías de acero. Los accesorios para junta soldada con soldadura de hojalatero se emplean unir tubos de cobre. Los accesorios de fundición, del tipo de enchufe y cordón, se emplean para unir tubos de fundición.

Los codos se utilizan para cambiar la dirección de una tubería, ya sea a 90 o a 45. El codo de servicio, o codo macho y hembra, tiene rosca macho en uno de sus extremos, lo cual elimina una junta si se emplea como accesorio. Las tés conectan tres tubos y las cruces cuatro. Las laterales se fabrican con la tercera abertura a 45 o 60 del eje principal del accesorio. Las secciones rectas de tubo se fabrican en longitudes de 12 a 20 pies y se conectan por medio de coples. Estos son cilindros cortos, roscados en su interior. Un cople a la derecha tiene roscas a la derecha en ambos extremos. Para cerrar un sistema de tubería, aunque es preferible una unión, se usa algunas veces un cople a derecha y a izquierda. Un reductor es semejante a un cople, pero tiene sus dos extremos roscados para tubos de diferente diámetro. Los tubos se conectan también rascándolos dentro de bridas o platinas de fundición y uniendo las bridas por medio de pernos. A no ser que las presiones presentes sean muy bajas, se recomiendan las juntas de brida para todos los sistemas que requieran tubo de más de 4 pulg. de diámetro. Los niples o entre roscas, también se llaman manguitos de unión, son unas cortas piezas de tubo roscadas en ambos extremos. Si las proporciones roscadas se encuentran, la pieza se llama nicle cerrado, si existe una corta porción sin rosca, se llama nicle corto. Los nicles largaos y extralargos varían en longitud hasta 24 pulgadas. Para cerrar el extremo de un tubo se emplea una tapa de rosca interna *(cap),* y para cerrar una abertura de un accesorio se emplea un tapón de rosca externa *(plug).* Para reducir el tamaño de una abertura se emplea una boquilla de reducción *(bushing).* Las uniones o tuercas de unión se usan para cerrar sistemas y conectar tubos que hayan de demostrarse ocasionalmente. Una unión roscada está compuesta de tres piezas, dos de las cuales, van atornilladas firmemente a los extremos de los tubos que se conectan. La tercera pieza, las presiona hasta juntarlas, formando la empaquetadura una junta hermética. Se fabrican también uniones de junta esmerilada o rectificad o con formas metálicas especiales de juntas en vez de empaquetadura. Las uniones de bridas o platinas se emplean en gran variedad de formas para tamaños grandes de tubos. La forma usual de unir tubos es por medio del atornillado de bridas fundidas o forjadas que forman parte integral del tubo o accesorio, bridas roscadas, bridas sueltas sobre los tubos con los extremos montados y bridas dispuestas para soldarse. La brida roscada es satisfactoria para presiones de vapor bajas y medias. La unión montada se permite en los mismos tamaños y capacidades nominales de servicio que las juntas con bridas integrales; es muy usada en los trabajos de alta calidad. Con la junta de anillo se puede mantener una presión mayor con el mismo esfuerzo total en los tornillos que la que se puede tener con la tipo de junta de empaquetadura plana. La junta soldada elimina la posibilidad de fugas entre la brida y el tubo; se emplea con éxito en las tuberías sujetas a altas temperaturas y presiones y fuertes deformaciones por dilatación. La brida de collar para soldar se consigue en los diversos tamaños de tubo.

Especificación de accesorios

Los accesorios se especifican por el nombre, el tamaño nominal del tubo y el material. Cuando conectan dos o más tamaños de tubos, se da primero el tamaño de la abertura más grande, seguido por la dimensión de la del extremo opuesto. Las válvulas se especifican dando el tamaño nominal, el material y el tipo.

Roscas de tubos

Cuando se emplean accesorios roscados o cuando debe hacerse una conexión en un agujero aterrajado, se rosca el tubo en ambos extremos para dicho objeto. El ANSI proporciona dos tipos de roscas para tubo: la cónica y la recta o cilíndrica. El tipo normal de tubería lleva rosca cónica interna y externa. Las roscas se tallan sobre un cono de 1/16 pulg. por pulgada de conicidad, medida sobre el diámetro, fijando así la distancia que un tubo entra dentro de un accesorio y asegurando una junta hermética. Las roscas para tubos se representan por los mismos símbolos convencionales que las de tornillos pasantes. La conicidad es tan ligera que no aparece en una representación, a no ser que se exagere.

Especificación de roscas

Las roscas de tubería se especifican dando el diámetro nominal del tubo, el número de hilos por pulgada y el símbolo literal estándar que designa el tipo de rosca. Se usan los siguientes símbolos ANSI:

NPT = rosca cónica para tubo

NPTF = rosca cónica para tubo (de sellado o cierre en seco)

NPS = rosca recta para tubo

NPSC = rosca recta para tubo, en coples o acoplamiento

NPSI = rosca recta interna intermedia para tubo (de sellado o cierre en seco)

NPSF = rosca recta interna para tubo (de sellado o cierre en seco)

NPSM = rosca recta de tubo para juntas mecánicas

NPSL = rosca recta de tubo para tuercas fijadoras y roscas de tubo para dichas tuercas

NPSH = rosca recta de tubo para coples y nicles de manguera

NPTR = rosca cónica de tubo para accesorios para baranda

La especificación de un agujero aterrajado (con rosca para tuberías) debe incluir el tamaño del taladro o broca para el macho de roscar.

Colgantes y soportes para tuberías

Los tubos pequeños y ligeros, en cortos tramos, pueden ser soportados por sus conexiones a diversas maquinas o accesorios. Para sujetar tubos a postes, columnas, paredes, techos, etc., se usan varios tipos de soleras o flejes metálicos. Los colgantes y soportes para tubería se fabrican para casi cualquier tamaño y tipo de instalación. Las especificaciones ANSI B31.1, Código para tuberías a presión, indican que todos los sistemas de tuberías requieren riostras contra cimbreos, guías y soportes. Un soporte apropiado para tubería debe tener una base resistente y rígida apoyada adecuadamente y un dispositivo regulable de rodillos que mantenga la alineación en cualquier dirección. Es importante evitar la fricción producida por el movimiento de la tubería en su soporte y que todas las partes tengan la suficiente resistencia para mantener la alineación en todo momento. Los suspensores de alambre, de flejes o cintas de hierro, de madera, los construidos con tubo pequeño y los que tienen un soporte de tubo vertical no conservan la alineación. Los anclajes deben sujetarse firmemente a una parte rígida y fuerte de la estructura de la planta de energía y deben además unirse con seguridad al tubo, de no hacerlo así, será inútil cualquier accesorio para la absorción de la expansión y pueden originarse esfuerzos severos en partes del sistema de tubería. Las ménsulas soldadas de acero se consiguen en pesos ligero, mediano y pesado. Se pueden instalar muchos tipos de soportes sobre estas ménsulas, como la silleta de anclaje, los soportes de rodillos para tubería, los apoyos de rodillos de diversos tipos, asientos para tubo. Los soportes principales utilizados para sostener tubería crítica comprenden suspensores de apoyo constante, suspensores de resorte variable, suspensores rígidos y sujeciones.

Tipos

Entre los tipos de accesorios más comunes se puede mencionar:

- Bridas
- Codos
- Tés
- Reducciones
- Cuellos o acoples
- Válvulas
- Empacaduras
- Tornillos y niples

Características

Entre las características se encuentran: tipo, tamaño, aleación, resistencia, espesor y dimensión.

- Diámetros. Es la medida de un accesorio o diámetro nominal mediante el cual se identifica al mismo y depende de las especificaciones técnicas exigidas.
- Resistencia. Es la capacidad de tensión en libras o en kilogramos que puede aportar un determinado accesorio en plena operatividad.
- Aleación. Es el material o conjunto de materiales del cual está hecho un accesorio de tubería.
- Espesor. Es el grosor que posee la pared del accesorio de acuerdo a las normas y especificaciones establecidas.

Bridas

Son accesorios para conectar tuberías con equipos (Bombas, intercambiadores de calor, calderas, tanques, etc.) o accesorios (codos, válvulas, etc.). La unión se hace por medio de dos bridas, en la cual una de ellas pertenece a la tubería y la otra al equipo o accesorio a ser conectado. La ventaja de las uniones bridadas radica en el hecho de que por estar unidas por espárragos, permite el rápido montaje y desmontaje a objeto de realizar reparaciones o mantenimiento.

Tipos y características

- Brida con cuello para soldar es utilizada con el fin de minimizar el número de soldaduras en pequeñas piezas a la vez que contribuya a contrarrestar la corrosión en la junta.
- Brida con boquilla para soldar.
- Brida deslizante es la que tiene la propiedad de deslizarse hacia cualquier extremo del tubo antes de ser soldada y se encuentra en el mercado con cara plana, cara levantada, borde y ranura, macho y hembra y de orificio requiere soldadura por ambos lados.

- Brida roscada. Son bridas que pueden ser instaladas sin necesidad de soldadura y se utilizan en líneas con fluidos con temperaturas moderadas, baja presión y poca corrosión, no es adecuada para servicios que impliquen fatigas térmicas.
- Brida loca con tubo rebordeado. Es la brida que viene seccionada y su borde puede girar alrededor de cuello, lo que permite instalar los orificios para tornillos en cualquier posición sin necesidad de nivelarlos.
- Brida ciega. Es una pieza completamente sólida sin orificio para fluido, y se une a las tuberías mediante el uso de tornillos, se puede colocar conjuntamente con otro tipo de brida de igual diámetro, cara y resistencia.
- Brida orificio. Son convertidas para cumplir su función como bridas de orificio, del grupo de las denominadas estándar, específicamente del tipo cuello soldable y deslizantes.
- Brida de cuello largo para soldar.
- Brida embutible. Tiene la propiedad de ser embutida hasta un tope interno que ella posee, con una tolerancia de separación de 1/8'' y solo va soldada por el lado externo.
- Brida de reducción.

Disco ciego

Son accesorios que se utilizan en las juntas de tuberías entre bridas para bloquear fluidos en las líneas o equipos con un fin determinado.

Tipos y características

Los discos ciegos existen en diferentes formas y tamaños, los más comunes son:

- Un plato circular con lengua o mango
- Figura en 8
- Bridas terminales o sólidas

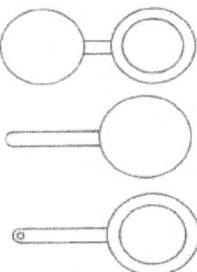

Figura en "8" disco ciego espaciador

Codos

Son accesorios de forma curva que se utilizan para cambiar la dirección del flujo de las líneas tantos grados como lo especifiquen los planos o dibujos de tuberías.

Tipos

Los codos estándar son aquellos que vienen listos para la pre-fabricación de piezas de tuberías y que son fundidos en una sola pieza con características específicas y son:

- Codos estándar de 45°
- Codos estándar de 90°
- Codos estándar de 180°

Características

- Diámetro. Es el tamaño o medida del orificio del codo entre sus paredes los cuales existen desde ¼" hasta 120"∅. También existen codos de reducción.

- Angulo. Es la existente entre ambos extremos del codo y sus grados dependen del giro o desplazamiento que requiera la línea.

- Radio. Es la dimensión que va desde el vértice hacia uno de sus arcos. Según sus radios los codos pueden ser: radio corto, largo, de retorno y extralargo.

- Espesores una normativa o codificación del fabricante determinada por el grosor de la pared del codo.
- Aleación. Es el tipo de material o mezcla de materiales con el cual se elabora el codo, entre los más importantes se encuentran: acero al carbono, acero a % de cromo, acero inoxidable, galvanizado, etc.
- Junta. Es el procedimiento que se emplea para pegar un codo con un tubo, u otro accesorio y esta puede ser: soldable a tope, roscable, embutible y soldable.
- Dimensión. Es la medida del centro al extremo o cara del codo y la misma puede calcularse mediante fórmulas existentes.

(Dimensión = 2 veces su diámetro.) o (dimensión = diámetro x 2)

Te "T"

Son accesorios que se fabrican de diferentes tipos de materiales, aleaciones, diámetros y schedulle y se utiliza para efectuar fabricación en líneas de tubería.

Tipos

- Diámetros iguales o te de recta
- Reductora con dos orificios de igual diámetro y uno desigual.

Características

- Diámetro. Las tés existen en diámetros desde ¼" ∅ hasta 72" ∅ en el tipo Fabricación.
- Espesor. Este factor depende del espesor del tubo o accesorio a la cual va instalada y ellos existen desde el espesor fabricación hasta el doble extrapesado.
- Aleación. Las más usadas en la fabricación son: acero al carbono, acero inoxidable, galvanizado, etc.

48

- Juntas. Para instalar las te en líneas de tubería se puede hacer, mediante procedimiento de rosca embutible-soldable o soldable a tope.
- Dimensión. Es la medida del centro a cualquiera de las bocas de la te.

Reducción

Son accesorios de forma cónica, fabricadas de diversos materiales y aleaciones. Se utilizan para disminuir el volumen del fluido a través de las líneas de tuberías.

Tipos

- Estándar concéntrica. Es un accesorio reductor que se utiliza para disminuir el caudal del fluido aumentando su velocidad, manteniendo su eje.
- Estándar excéntrica. Es un accesorio reductor que se utiliza para disminuir el caudal del fluido en la línea aumentando su velocidad perdiendo su eje.

Características

- Diámetro. Es la medida del accesorio o diámetro nominal mediante el cual se identifica al mismo, y varía desde ¼" ∅ x 3/8" ∅ hasta diámetros mayores.
- Espesor. Representa el grosor de las paredes de la reducción va a depender de los tubos o accesorios a la cual va a ser instalada. Existen desde el espesor estándar hasta el doble extrapesado.
- Aleación. Es la mezcla utilizada en la fabricación de reducciones, siendo las más usuales: al carbono, acero al % de cromo, acero inoxidable, etc.

- Junta. Es el tipo de instalación a través de juntas roscables, embutibles soldables y soldables a tope.
- Dimensión. Es la medida de boca a boca de la reducción Concéntrica y excéntrica).

Válvulas

Es un accesorio que se utiliza para regular y controlar el fluido de una tubería. Este proceso puede ser desde cero (válvula totalmente cerrada), hasta de flujo (válvula totalmente abierta), y pasa por todas las posiciones intermedias, entre estos dos extremos.

Tipos y características.

Las válvulas pueden ser de varios tipos según sea el diseño del cuerpo y el movimiento del obturador. Las válvulas de movimiento lineal en las que el obturador se mueve en la dirección de su propio eje se clasifican como se especifica a continuación.

- Válvula de Globo

Siendo de simple asiento, de doble asiento y de obturador equilibrado respectivamente. Las válvulas de simple asiento precisan de un actuador de mayor tamaño para que el obturador cierre en contra de la presión diferencial del proceso. Por lo tanto, se emplean cuando la presión del fluido es baja y se precisa que las fugas en posición de cierre sean mínimas. El cierre estanco se logra con obturadores provistos de una arandela de teflón. En la válvula de doble asiento o de obturador equilibrado la fuerza de desequilibrio desarrollada por la presión diferencial a través del obturador es menor que en la válvula de simple asiento. Por este motivo se emplea en válvulas de gran tamaño o bien cuando deba trabajarse con una alta presión diferencial. En posición de cierre las fugas son mayores que en una válvula de simple asiento.

- Válvula en Angulo

Permite obtener un flujo de caudal regular sin excesivas turbulencias y es adecuada para disminuirla erosión cuando esta es considerable por las características del fluido o por la excesiva presión diferencial. El diseño de la válvula es idóneo para el control de fluidos que vaporizan, para trabajar con grandes presiones diferenciales y para los fluidos que contienen sólidos en suspensión.

- Válvula de tres vías

Este tipo de válvula se emplea generalmente para mezclar fluidos, o bien para derivar un flujo de entrada dos de salida. Las válvulas de tres vías intervienen típicamente en el control de temperatura de intercambiadores de calor.

- Válvula de Jaula

Consiste en un obturador cilíndrico que desliza en una jaula con orificios adecuados a las características de caudal deseadas en la válvula. Se caracteriza por el fácil desmontaje del obturador y por qué este puede incorporar orificios que permiten eliminar prácticamente el desequilibrio de fuerzas producido por la presión diferencial favoreciendo la estabilidad del funcionamiento. Por este motivo este tipo de obturador equilibrado se emplea en válvulas de gran tamaño o bien cuando deba trabajarse con una alta presión diferencial. Como el obturador esta contenido dentro de la jaula, la válvula es muy resistente a las vibraciones y al desgaste. Por otro lado, el obturador puede disponer de aros de teflón que, con la válvula en posición cerrada, asientan contra la jaula y permiten lograr así un cierre hermético.

- Válvula de Compuerta

Esta válvula efectúa su cierre con un disco vertical plano o de forma especial, y que se mueve verticalmente al flujo del fluido. Por su disposición es adecuada generalmente para control todo-nada, ya que en posiciones intermedias tiende a bloquearse. Tiene la ventaja de presentar muy poca resistencia al flujo de fluido cuando está en posición de apertura total.

- Válvula en Y

Es adecuada como válvula de cierre y de control. Como válvula todo-nada se caracteriza por su baja perdida de carga y como válvula de control presenta una gran capacidad de caudal. Posee una característica de auto drenaje cuando está instalada inclinada con un cierto ángulo. Se emplea usualmente en instalaciones criogénicas.

- Válvula de Cuerpo Partido

Es una modificación de la válvula de globo de simple asiento teniendo el cuerpo partido en dos partes entre las cuales está presionado el asiento. Esta disposición permite una fácil sustitución del asiento y facilita un flujo suave del fluido sin espacios muertos en el cuerpo. Se emplea principalmente para fluidos viscosos y en la industria alimentaria.

- Válvula Saunders

El obturador es una membrana flexible que a través de un vástago unido a un servomotor, es forzada contra un resalte del cuerpo cerrando así el paso del fluido. La válvula se caracteriza por que el cuerpo puede revestirse fácilmente de goma o de plástico para trabajar con fluidos agresivos. Tiene la desventaja de que el servomotor de accionamiento debe ser muy potente. Se utiliza principalmente en procesos químicos difíciles, en particular en el manejo de fluidos negros o agresivos o bien en el control de fluidos conteniendo sólidos en suspensión

- Válvula de Compresión

Funciona mediante el pinzamiento de dos o más elementos flexibles, por ejemplo, un tubo de goma. Igual que las válvulas de diafragma se caracterizan porque proporcionan un óptimo control en posición de cierre parcial y se aplican fundamentalmente en el manejo de fluidos negros corrosivos, viscosos o conteniendo partículas sólidas en suspensión.

- Válvula de Obturador excéntrico rotativo

Consiste en un obturador de superficie esférica que tiene un movimiento rotativo excéntrico y que está unido al eje de giro por uno o dos brazos flexibles. El eje de giro sale al exterior del cuerpo y es accionado por el vástago de un servomotor. El par de este es reducido gracias al movimiento excéntrico de la cara esférica del obturador. La válvula se caracteriza por su gran capacidad de caudal, comparable a las válvulas mariposa y a las de bola y por su elevada perdida de carga admisible.

- Válvula de obturador cilíndrico excéntrico

Tiene un obturador cilíndrico excéntrico que asienta contra un cuerpo cilíndrico. El cierre hermético se consigue con un revestimiento de goma o teflón en la cara del cuerpo donde asienta el obturador. La válvula es de bajo costo y tiene una capacidad relativamente alta es adecuada para fluidos corrosivos y líquidos viscosos o conteniendo sólidos en suspensión.

- Válvula de Mariposa

El cuerpo está formado por un anillo cilíndrico dentro del cual gira transversalmente un disco circular. La válvula puede cerrar herméticamente mediante un anillo de goma encastrado en el cuerpo. Un servomotor exterior acciona el eje de giro del disco y ejerce su par máximo cuando la válvula está totalmente abierta (en control todo-nada se consideran 90 grados y en control continuo 60 grados, a partir de la posición de cierre ya que la última parte del giro es bastante inestable), siempre que la presión diferencial permanezca constante. En la sección de la válvula es importante considerar las presiones diferenciales correspondientes a las posiciones de completa apertura y de cierre; se necesita una fuerza grande del actuador para accionar la válvula en caso de una caída de presión elevada. Las válvulas de mariposa se emplean para el control de grandes caudales de presión a baja presión.

- Válvula de Bola

El cuerpo de la válvula tiene una cavidad interna esférica que alberga un obturador en forma de bola o esfera. La bola tiene un corte adecuado (usualmente en V) que fija la curva característica de la válvula, y gira transversalmente accionada por un servomotor exterior. El cierre estanco se logra con un aro de teflón incorporado al cuerpo contra el cual asienta la bola cuando la válvula está cerrada. En posición de apertura total, la válvula equivale aproximadamente en tamaño a 75% del tamaño de la tubería. La válvula de bola se emplea principalmente en el control de caudal de fluidos negros, o bien en fluidos con gran porcentaje de sólidos en suspensión.

Una válvula de bola típica es la válvula de macho que consiste en un macho de forma cilíndrica o troncocónica con un orificio transversal igual al diámetro interior de la tubería. El macho ajusta en el cuerpo de la válvula y tiene un movimiento de giro de 90 grados. Se utiliza generalmente en el control manual todo-nada de líquidos o gases y en regulación de caudal.

- Válvula de Orificio Ajustable

El obturador de esta válvula consiste en una camisa de forma cilíndrica que esta perforada con dos orificios, uno de entrada y otro de salida y que gira mediante una palanca exterior accionada manualmente o por medio de un servomotor. El giro del obturador tapa parcial o totalmente las entradas y salidas de la válvula controlando así el caudal. La válvula incorpora además una tajadera cilíndrica que puede deslizar dentro de la camisa gracias a un macho roscado de accionamiento exterior. La atajadera puede así fijarse manualmente en una posición determinada para limitar el caudal máximo. La válvula es adecuada en los casos en que es necesario ajustar manualmente el caudal máximo del fluido, cuando el caudal puede variar entre límites amplios de forma intermitente o continua y cuando no se requiere un cierre estanco. Se utiliza para combustibles gaseosos o líquidos, vapor, aire comprimido y líquidos en general.

- Válvula de Flujo Axial

Las válvulas de flujo axial consisten en un diagrama accionado reumáticamente que mueve un pistón, el cual a su vez comprime un fluido hidráulico contra un obturador formado por un material elastómero. De este modo, el obturador se expansiona para cerrar el flujo anular del fluido. Este tipo de válvulas se emplea para gases y es especialmente silencioso. Otra variedad de la válvula de flujo axial es la válvula del manguito a través de un flujo auxiliar a una presión superior a la del propio fluido. Se utiliza también para gases.

Empacaduras

Es un accesorio utilizado para realizar sellados en juntas mecanizadas existentes en líneas de servicio o plantas en proceso.

55

TIPOS

- Empacadura flexitalica. Este tipo de empacadura es de metal y de asientos espirometatilos. Ambas características se seleccionan para su instalación de acuerdo con el tipo de fluido.

- Anillos de acero. Son las que se usan con brida que tienen ranuras para el empalme con el anillo de acero. Este tipo de juntas de bridas se usa en líneas de aceite de alta temperatura que existen en un alambique, o espirales de un alambique de tubos. Este tipo de junta en bridas se usa en líneas de amoniaco.

- Empacadura de asbesto. Como su nombre lo indica son fabricadas de material de asbesto simple, comprimido o grafitado. Las empaquetaduras tipo de anillo se utilizan para bridas de cara alzada o levantada, de cara completa para bridas de cara lisa o bocas de inspección y/o pasahombres en torres, inspección de tanques y en cajas de condensadores, donde las temperaturas y presiones sean bajas.

- Empacaduras de cartón. Son las que se usan en cajas de condensadores, donde la temperatura y la presión sean bajas. Este tipo puede usarse en huecos de inspección cuando el tanque va a llenarse con agua.

- Empacaduras de goma. Son las que se usan en bridas machos y hembras que estén en servicio con amoniaco o enfriamiento de cera.

- Empacadura completa. Son las que generalmente se usan en uniones con brida, particularmente con bridas de superficie plana, y la placa de superficie en el extremo de agua de algunos enfriadores y condensadores.

- Empacadura de metal. Son fabricadas en acero al carbono, según ASTM, A-307, A-193. en aleaciones de acero inoxidable,

A-193. también son fabricadas según las normas AISI en aleaciones de acero inoxidable A-304, A-316.

- Empacaduras grafitadas. Son de gran resistencia al calor (altas temperaturas) se fabrican tipo anillo y espirometalicas de acero con asiento grafitado, son de gran utilidad en juntas bridadas con fluido de vapor.

Tapones.

Son accesorios utilizados para bloquear o impedir el pase o salida de fluidos en un momento determinado. Mayormente son utilizados en líneas de diámetros menores.

Tipos

Según su forma de instalación pueden ser macho y hembra.

Características.

- Aleación. Son fabricados en mezclas de galvanizado, acero al carbono, acero inoxidable, bronce, monel, etc.
- Resistencia. Tienen una capacidad de resistencia de 150 libras hasta 9000 libras.
- Espesor. Representa el grosor de la pared del tapón.
- Junta. La mayoría de las veces estos accesorios se instalan de forma enroscable, sin embargo por normas de seguridad muchas veces además de las roscas suelen soldarse. Los tipos soldables a tope, se utilizan para cegar líneas o también en la fabricación de cabezales de maniformes.

Instalación bitubular. Instalación monotubular

La calefacción por agua caliente utiliza como fluido calefactor el agua a temperatura igual o menor que 110° C (lo normal es no superar los 86...88 ° C). Dentro de este tipo de calefacción pueden hacerse las siguientes clasificaciones:

- Atendiendo a la circulación del fluido calefactor tenemos:
  - calefacción por gravedad (sistema antiguo)
  - calefacción por bomba
- Atendiendo a la contabilización del consumo:
  - Necesidad de contadores de calor en diferentes unidades de consumo (vivienda, locales comerciales, oficinas)
  - No son necesarios los contadores al tratarse de un único ocupante para todo el edificio: hoteles de viajeros, hospitales, etcétera.
- Teniendo en cuenta el número de canalizaciones, existen:
  - Sistemas bitubulares
  - Sistemas monotubulares
  - Sistemas mixtos.
- Atendiendo a la distribución de las canalizaciones:
  - Distribuidores inferiores para la vida y el retorno.
  - Distribuidor inferior en la ida y superior en el retorno.
  - Distribuidor superior en la ira e ingeniosa en el retorno.

Circulación Por Gravedad (" Termosifón")

La circulación del agua es debida a la diferencia de densidad entre el agua caliente y el agua enfriada de retorno; el desnivel térmico es suficiente para producir el movimiento. Para una diferencia de temperatura media entre la ida y el retorno de 20 ° C se consigue una velocidad del agua del orden de 0,3 m/s; magnitud suficiente para un correcto funcionamiento. De todas formas, los emisores de los pisos altos dan más rendimiento que los próximos a la caldera. También exige unos diámetros superiores en la red.

Circulación Por Bomba

En la actualidad este tipo de calefacción es más usado que el anterior; en este caso la acción de diferencia de densidad se le agrega la acción mecánica proporcionada por un grupo motobomba.

Con la bomba se consiguen presiones y velocidades mayores que con el sistema de gravedad, necesitándose menor sección de tuberías, así como menor superficie en los emisores.

Sistemas Bitubulares

La forma más tradicional de abastecer el agua caliente los focos emisores de calor, consiste en el empleo de sistemas de doble tubería, una para alimentar a los emisores y otra independiente que recoge el agua enfriada y la retorna a la caldera. El agua caliente lleva prácticamente a la misma temperatura a todos los emisores de la instalación. Los Sistemas Bitubulares sitúan los radiadores (emisores de calor) en paralelo y cada radiador recibe el agua que necesita, distribuyéndose el resto del agua hacia los otros radiadores.

Este es un sistema mejor pero más caro porque requiere el doble de tuberías en su instalación.

Sistemas Monotubulares

Son sistemas de circuito único, el agua que sale de la caldera, pasa por el primer emisor, donde quede parte del calor; de éste pasa al segundo, y así sucesivamente va disminuyendo la temperatura del agua a medida que avanza por la instalación; El circuito puede ser horizontal, vertical o mixto. Este sistema sólo se utiliza en viviendas y cuando se quiere abaratar los costes. En general no es recomendable. Para conseguir una cesión uniforme de calor en los emisores debe de ir aumentándose su superficie a medida que la temperatura media del fluido calefactor disminuye en los sucesivos emisores. Este sistema resulta más económico que el bitubular al necesitarse menos tubería, pero por el contrario requiere mayores superficies de emisión y un cálculo más riguroso para conseguir un perfecto funcionamiento. Otro inconveniente de este sistema es la limitación de servicio, fijándose un máximo de 15000 kcal/h y siete emisores por cada circuito, y la necesidad de válvulas especiales de reglaje. En los Sistemas Monotubulares, los radiadores (o emisores) se sitúan en serie, y la misma agua que circula por el primer radiador seguirá hasta el último. Este sistema presenta inconvenientes por bajo rendimiento debido a que si la instalación es relativamente grande, el último radiador de la serie no recibirá el calor de los primeros. Para poder efectuar la distribución del calor por todo el edificio, se instala un circuito cerrado de agua a presión. Generalmente consta de una tubería de impulsión a temperatura elevada y otra de retorno de los radiadores, que está a menor temperatura ya que el agua ha recorrido ese circuito transmitiendo calor a los ambientes a través de radiadores. Esta distribución se realiza normalmente mediante distintos circuitos independientes a fin de poder controlar el consumo y optimizar el rendimiento. Por ejemplo, en una clínica, se puede independizar cada planta con un circuito diferente y brindar diferentes temperaturas de acuerdo al servicio o tarea que se desarrolla. Las áreas de internación tendrán mayor temperatura que los consultorios o circulaciones donde los usuarios realizan tareas activas. Los materiales usualmente empleados en los circuitos son el acero estirado, el cobre y en menor proporción, el polipropileno.

Sistemas Mixtos

Son una combinación de un sistema bitubular con otro monotubular. Normalmente resuelven mediante un sistema bitubular los tramos principales, entregando un sistema monotubular para los secundarios.

El sistema mixto será el más empleado en un futuro próximo, especialmente en aquellos edificios donde existan varias unidades de consumo, puesto que permite contabilizar la cantidad de calor consumida de forma independiente, mediante un sistema de medidas directas o indirectas que lo permita, según la obligatoriedad impuesta por las instrucciones técnicas complementarias de las instalaciones de calefacción, climatización y agua caliente sanitaria. Para viviendas donde no se superan los cuatro radiadores, se utiliza el sistema monotubular; superando esa cantidad de emisores, siempre se emplea el sistema bitubular.

Instalación monotubular

En este sistema de instalación los emisores están instalados en serie, es decir, el retorno del primer radiador hace de ida del segundo y a su vez el retorno de este hace de ida del tercero, y así sucesivamente hasta volver a la caldera. A medida que el agua caliente va circulando por los radiadores, la temperatura va disminuyendo, lo que hace que esta sea diferente en cada radiador. Este hecho debe compensarse sobre-dimensionando ligeramente los últimos radiadores del anillo, para compensar el descenso de temperatura. Como limitación, cada circuito de calefacción monotubular podrá alimentar cinco radiadores como máximo (ITE 09.4). Si es necesario conectar más de 5 radiadores se instalarán más circuitos, separando las conexiones a cada circuito en base a su uso (por ejemplo separando locales que se usan por el día o por la noche).

Este sistema requiere menos tubería y se reduce por ello el coste de la instalación, pero tiene grandes desventajas respecto a los otros sistemas de calefacción por radiadores en cuanto al rendimiento calorífico de la instalación.

Válvula monotubular

El funcionamiento es sencillo, en posición totalmente abierta, la válvula deriva al radiador el 100% del caudal de agua que circula por el circuito, y en posición totalmente cerrada, impide el paso del agua al radiador, recirculando el 100% del caudal por el circuito. La válvula se suministra con una sonda que permite regular en el radiador los flujos de ida y retorno. El equilibrado del sistema se realiza mediante el "detentor" que lleva la válvula. Existen también válvulas termostáticas para instalaciones monotubulares de calefacción. Precisa de la instalación de un elemento purgador en el radiador.

Instalación bitubular

Este sistema de calefacción dispone de dos circuitos independientes para transportar el agua caliente hasta los radiadores, uno de ida y otro de retorno. El agua que sale de cada radiador es conducida de nuevo a la caldera por la tubería de retorno y no se hace pasar al siguiente radiador lo que le diferencia del sistema monotubular. Aunque se requieren tramos de tubería más largos, estas tuberías pueden reducirse gradualmente al irse alejando de la caldera, e incrementando en su ruta de retorno a la caldera. Esto proporciona una mejor distribución de calor en el sistema y se requiere menos control para hacer uniforme la distribución. Existen dos variantes de instalación atendiendo al retorno de la red:

• Retorno simple.

• Retorno invertido.

En el sistema de calefacción bitubular para radiadores de retorno simple se empieza a retornar el agua hacia el generador desde el último radiador. En el retorno invertido, el agua comienza el retorno desde el primer radiador. La principal diferencia entre ambos sistemas de retorno surge a la hora de equilibrar el sistema. El retorno simple al tener un recorrido bastante más corto entre el radiador más próximo y la caldera que el más alejado, origina un desequilibrado del sistema. En cambio con retorno invertido las pérdidas de carga en los emisores más próximo y más alejado de la caldera están compensadas. Se requiere el uso de una válvula para radiador en la parte superior de este y un detentor en la parte inferior, así como la instalación de un elemento purgador. La válvula regula la entrada de agua caliente en el radiador, pudiendo clausurarlo en caso de necesidad, mientras que el detentor realiza la función de equilibrado del sistema. Las válvulas deberán ser termostáticas en los lugares que indica el ITE 02.11.2.2 (ver "válvulas termostáticas").

Intercambiadores de calor

Los Intercambiadores de Calor son aparatos que permiten el calentamiento o enfriamiento de un fluido (líquido o gas) por medio de otro fluido a diferente temperatura y separado por una pared metálica.

La mayoría de las industrias químicas la transmisión de calor se efectúa por medio de intercambiadores de calor y el más común de todos es el formado por dos tubos concéntricos, por uno de los cuales pasa el líquido a enfriar y por otro se hace circular la corriente refrigerante. Las Calderas son transformadores de energía térmica capaces de transferir de forma conveniente el calor producido por una combustión o generado por otro fenómeno químico o físico a un fluido (generalmente agua) destinado a ceder la energía recibida en forma térmica o mecánica y luego utilizada en múltiples empleos.

Las Calderas industriales son instalaciones mucho más complicadas y transforman la energía térmica que en ellas se genera en energía potencial mecánica, ya que su fluido está destinado a desarrollar trabajo mecánico, y sale en forma de vapor. La Gran energía contenida en el vapor puede ser liberada en forma de trabajo de expansión y equivale a la energía térmica cedida por la caldera al fluido. Con mucha propiedad las calderas industriales se denominan Generadores de Vapor. Los fenómenos que tiene lugar en el funcionamiento de una caldera son cuatro: combustión, transmisión del calor entre fluidos en movimiento, evaporación y sobrecalentamiento. Para la combustión en la caldera se emplea: el calor fósil, los aceites pesados, el gas natural y raramente el lignito.

Factores de Obstrucción

Las superficies de transferencia de calor de un intercambiador de calor pueden llegar a recubrirse con varios depósitos presentes en las corrientes o las superficies pueden corroerse como resultado de la interacción entre los fluidos y el material empleado en la fabricación y diseño del intercambiador. El efecto global se representa generalmente mediante un factor de suciedad o resistencia de suciedad, Rf. Que debe incluirse junto con las otras resistencias térmicas para obtener el coeficiente global de transferencia de calor. Los factores de suciedad se tienen que obtener experimentalmente, la determinación de los valores de U del intercambiador de calor, tanto en condiciones de limpieza como en suciedad.

Intercambiador de corrientes paralelas

En este tipo de intercambiador la distribución de temperaturas caliente y fría se muestran en el siguiente análisis: Considerando una longitud diferencial del intercambiador térmico con un área diferencial, (dA).

El calor transmitido a través de esta área se puede expresar de tres maneras equivalentes, el calor medido por el fluido más caliente, el calor recibido por el fluido más frío y el calor que se transfiere en el intercambiador.

Intercambiador de Calor Contracorriente

En este tipo de intercambiador se mantiene la transferencia de calor entre las partes más calientes de los fluidos en un extremo, y así como entre las partes más frías en el otro. Esto quiere decir que el fluido caliente es enfriado hasta la temperatura de entrada del fluido frío y este es calentado hasta la temperatura de entrada del fluido caliente. El cambiador de calor que presenta la transferencia térmica reversible en mayor grado, es el más eficiente y transmite así la mayor cantidad de calor posible para una determinada superficie de transferencia. El cambio de calor a temperatura constante es el caso reversible, de manera que el intercambiador térmico capaz de lograr esto, será el más eficiente desde el punto de vista termodinámico. Los cambiadores de calor a contracorriente transfieren energía térmica a temperatura constante, ningún otro cambiador se aproxima a este estado, de modo que el intercambiador de contracorriente es el de mayor eficacia o eficiencia. La diferencia media de temperatura logarítmica proporciona una relación de cierta diferencia de temperatura entre los estados de entrada y salida (_T). Cuando los intercambiadores de calor no son de una configuración geométrica simple, _T " DTML por lo tanto es necesario modificarla mediante un factor de corrección FC, este factor dependerá del tipo de intercambiador que se requiere, y su uso es a través de gráficas, además de que FC sirve de ayuda para seleccionar el intercambiador más indicado para el proceso que se requiera.

Intercambiadores de calor

Estos son dispositivos que facilitan la transferencia de calor de una corriente de fluido a otra. Los procesos de producción de energía, refrigeración, calefacción y acondicionamiento de aire, elaboración de alimentos, elaboración de productos químicos, y el funcionamiento de casi todos los vehículos dependen de diversos tipos de intercambiadores de calor.

Los intercambiadores se clasifican normalmente de acuerdo con el arreglo del flujo y el tipo de construcción.

· Intercambiador de calor de tubos concéntricos.

Flujo paralelo. Contraflujo.

· Intercambiador de calor de flujo cruzado.

Con aletas y ambos fluidos sin mezclar. Sin aletas con un fluido mezclado y el otro sin mezclar.

· Intercambiador de calor de tubos y coraza.

Con un paso por la coraza y un paso por los tubos (modo de operación contraflujo cruzado).

· Intercambiador de calor de tubos y coraza.

Un paso por la coraza y dos pasos por los tubos. Dos pasos por la coraza y cuatro pasos por los tubos.

· Cubiertas de intercambiadores de calor compactos.

Tubo con aletas (tubos planos, aletas de placa continuas). Tubo con aletas (tubos circulares, aletas de plata continuas). Tubos con aletas (tubos circulares, aletas circulares). Aletas de placa (un solo paso).

Aletas de placa (multipaso).

Intercambiador de calor de lámina de cierre tubular fija

Se utilizan con mayor frecuencia que los de cualquier otro tipo. Por lo común, se extienden más allá del casco y sirven como bridas a alas que se sujetan con pernos los cabezales del lado de los tubos. Utiliza una construcción de tipo de empaque ciego y éste no es accesible al mantenimiento o el reemplazo, este tipo de unidad se utiliza para condensadores superficiales de vapor, que funcionan en él vació.

El cabezal de lado del tubo se puede soldar a la lámina tubular, para cabezales de tipo C y N. Este tipo de construcción es menos costosa que B y M o A y L, y le ofrece dé todos modos la ventaja que los tubos se pueden examinar y reemplazar sin tocar las conexiones de tuberías del lado del tubo. No hay limitaciones para el número de pasos del lado de los tubos. Los tubos pueden llenar por completo el casco del intercambiador de calor.

Intercambiador de calor de tubo en U

El haz de tubo consiste en una lámina tubular estacionaria, tubos en U, desviadores o placas de soporte y espaciadores y tirantes apropiados. El haz de tubo se puede retirar del casco del intercambiador. Se proporciona un cabezal de lado del tubo y un casco con cubiertas integrada, que se suelda al casco mismo. Cada tubo tiene libertad para dilatarse o contraerse, sin limitaciones debidas a la posición de los otros tubos. Tiene la ventaja de proporcionar franqueo mínimo entre el límite exterior e interior del casco, para todas las construcciones de haces de tubos desmontables, reduce el número de juntas. En la construcción para altas presiones, esta característica es muy importante, puesto que reduce tanto el costo inicial como el de mantenimiento.

El calentador de succión de tanque; contiene un haz de tubo en U. Este tipo de diseño se utiliza con frecuencia en tanques de almacenamiento de aire libre, para combustóleos pesados, alquitrán, melazas y fluidos similares, cuya viscosidad se debe reducir para permitir el bombeo adecuado. Un extremo del casco del calentador está abierto y el líquido que se calienta pasa por la parte externa de los tubos.

Intercambiadores de anillo de cierre hidráulico; Esta construcción es la menos costosa de los tipos de tubos y haz desmontable. Los fluidos del lado del casco y el lado del tubo se retienen mediante anillos de empaque distintos separados por un anillo de cierre hidráulico y se instalan en la lámina tubular flotante. Este tipo lleva orificio de purga y luego cae al piso, las fugas en los empaques no darán como resultado la mezcla de los dos fluidos al interior del intercambiador. La anchura de la lámina tubular flotante tiene que ser suficientemente grande para dejar margen para los empaques, el anillo de cierre hidráulico y la dilatación diferencial. El espacio entre el franqueo entre el límite del tubo exterior y la parte interior del casco, es ligeramente mayor para los intercambiadores de tubo en U y el de lámina tubular fija. El uso de un faldón de lámina tubular flotante incrementa este espacio de franqueo. Sin el faldón, el franqueo debe dejar un margen para la distorsión de orificio tubular durante el laminado, cerca del borde exterior de la lámina tubular o para la soldadura del extremo del tubo en la lámina tubular flotante.

Intercambiador de cabezal flotante exterior; El fluido del casco se retiene mediante anillos de empaque, que se comprimen dentro de un prensaestopas, mediante un anillo seguidor de junta, esta construcción de haz desmontable acomoda la expansión diferencial entre el casco y los tubos y se utiliza para servicio del lado del casco. No hay limitaciones sobre el número de pasos del lado de los tubos o su presión y su temperatura de diseño, este diseño se utiliza con mayor frecuencia en las plantas químicas. El faldón del casco y el tubo flotante, cuando está en contacto con los anillos del empaque, tiene un acabado fino de maquinado. Se inserta un anillo dividido de corte en una ranura de faldón de la lámina tubular flotante. Una brida de respaldo, deslizante que se mantienen en servicio mediante un anillo de corte, se sujeta con pernos en la cubierta exterior del cabezal flotante. La cubierta del cabezal flotante suele ser un disco circular.

Intercambiador de cabezal flotante interno; El diseño del cabezal flotante interno se utiliza mucho en las refinerías petroleras. El haz de tubo es desmontable y la lámina tubular flotante se desplaza para acomodar diferentes dilataciones entre el casco y los tubos. El límite de tubo exterior se acerca al diámetro interno del empaque en la lámina tubular flotante. El anillo dividido des respaldo y un sistema de pernos retienen, por lo común, la cubierta del cabezal flotante en la lámina tubular flotante. Se sitúan más allá del casco y dentro de la cubierta del casco de diámetro mayor. Esta última, el anillo dividido de apoyo y la cubierta del cabezal flotador se deben retirar antes que pueda pasar el haz de tubos por el casco del intercambiador.

Intercambiador de cabezal flotante extraíble; La fabricación es similar al anterior, anillo dividido de respaldo, con la excepción de que la cubierta del cabezal flotador se sujeta directamente con pernos en la lámina tubular flotante. El haz de tubos se puede retirar del casco sin desmontar ni la cubierta ni el casco ni la del cabezal flotador. Esta característica reduce el tiempo de mantenimiento durante la inspección y las reparaciones. Es espacio grande de franqueo entre los tubos y el casco deben dejar un margen tanto para el empaque como para la sujeción con pernos a la cubierta del cabezal flotador. Con frecuencia se utilizan bandas selladoras o tubos falsos para reducir la desviación del haz de tubo.

Intercambiador de lámina tubular fija con tubo acodado; Los tubos se instalan con una ligera curva. La dilatación diferencial afecta la cantidad de acodamiento; pero se eliminan la necesidad de una junta de expansión o una lámina tubular flotante. Las secciones del evaporador se hacen de este modo y se produce el desescamado al flexionarse los tubos.

Intercambiador de tubo de bayoneta; Este tipo de intercambiador es útil cuando hay una diferencia de temperatura considerable entre los fluidos del lado del casco y el del tubo, puesto que todas las partes sujetas a la dilatación diferencial tienen libertad para moverse independientemente unas de otras. Esta construcción única no sufre fallas debida a la congelación del condensado del vapor, puesto que el vapor en el tubo interno de funcionamiento intermitente. Los costos son relativamente altos, puesto que sólo los tubos de gas exteriores transmiten calor al fluido del lado del casco. Los tubos internos no tienen soportes. Los extremos se apoyan en placas de soporte o desviadores tradicionales.

Intercambiadores de tubo en espiral; Consisten en un grupo de serpientes devanados en espiral, que se conectan en general mediante múltiples. Las características incluyen el flujo a contracorriente, la eliminación de las dificultades provocadas por la dilatación diferencial, un tamaño pequeño y una velocidad constante.

Intercambiadores de membrana descendente; Los intercambiadores de calor de casco y tubo de membrana descendente el fluido entran por la parte superior de los tubos verticales. Los distribuidores o los tubos ranurados ponen el líquido en el flujo de la membrana sobre la superficie de los tubos y la membrana se adhiere a la superficie del tubo, mientras cae al fondo de él. La membrana se puede enfriar, calentar, evaporar o congelar, con el medio apropiado de transferencia de calor fuera de los tubos. Se usan diseños de láminas tubulares fijas, con o sin junta de expansión y de cabezales exteriores empaquetados. Las ventajas, son el índice elevado de transferencia de calor, la falla de caída de presión interna, el tiempo breve de contacto, la facilidad de acceso a los tubos para su limpieza y, en algunos casos, la prevención de las fugas de un lado al otro.

Intercambiadores de calor de teflón; Existen intercambiadores de calor de casco y tubo de teflón con tubos de resina de fluorocarbono de teflón, químicamente inerte. Los tubos mayores se utilizan primordialmente cuando las limitaciones de caída de presión o las partículas reducen la eficiencia de los tubos menores. En general, estos intercambiadores de calor funcionan con caídas más altas de presión que las unidades tradiciones y son más apropiados para fluidos relativamente limpios. Puesto que son químicamente inertes, los tubos tienen muchas aplicaciones en las que otros materiales se corroen. Los intercambiadores de calor son de paso simple, con diseño de flujo a contracorriente y haces de tubos desmontables. Los haces de tubos se componen de tubos rectos y flexibles de teflón, unidos unos a otros en láminas tubulares integrados en forma de panal. Los tubos individuales se separan mediante bandas de teflón a las que se sueldan. Los haces se sellan dentro de los cascos mediante anillos en O y se pueden desmostar con facilidad del casco.

Intercambiadores de tuberías dobles; Se utilizaron por muchos años, sobre todo para índices de flujos bajos y gamas de temperaturas elevadas. Esas secciones de tuberías dobles están bien adaptadas para aplicaciones a altas temperaturas y presiones elevadas, debido a sus diámetros relativamente pequeños que permiten el empleo de bridas pequeñas y secciones delgadas de paredes, en comparación con los equipos ordinarios de casco y tubo.

Cambiador de calor de placas

Un cambiador de placas, consiste en varias placas metálicas que sirven como superficies de transferencia de calor y que están montadas sobre un bastidor formado por una barra riel y dos placas gruesas que sirven de extremos al paquete. Las placas, para la mayor parte de las aplicaciones, están construidas de acero inoxidable y se diseñan corrugadas para provocar la turbulencia en los fluidos y romper la película aislante estacionaria de los fluidos que circulan por el equipo. Entre estas placas se ponen juntas de elastómeros sintéticos que separan las placas entre sí, dejando libre el espacio por el que circulan los fluidos.

Las principales ventajas de los intercambiadores de calor de placas son:
· Coeficientes de transferencia de calor muy altos en ambos lados del intercambiador.
· Facilidad de inspección de ambos lados del cambiador.
· Facilidad de limpieza.
· Facilidad para disminuir o incrementar el área de transferencia de calor.
· Ocupan poco espacio, en relación a otros tipos de intercambiadores.
· Bajo costo, especialmente cuando se tienen que construir de metales caros.

La eficiencia de la transferencia de calor en estos intercambiadores se debe a la turbulencia que presentan los fluidos a velocidades bajas. Esta turbulencia inducida se produce porque los fluidos fluyen en corrientes de pequeño espesor (3-5 mm) con cambios abruptos en su dirección y velocidad. Lo anterior reduce la resistencia al intercambio de calor de la película del líquido, con mayor eficiencia que la turbulencia originada por velocidades y presiones altas que ocurren en los intercambiadores tubulares.

Cambiador de calor de tubos concéntricos

Los cambiadores de calor tubos concéntricos son arreglos de tubos de diferente medida, contenido uno en otro, existen combinaciones predeterminadas por la existencia comercial de los tubos como son:

TUBO EXTERNO IPS [in]	TUBO INTERNO IPS [in]
2	1 ¼
2 ½	1 ¼
3	2
4	3

Los cuales son ensamblados en longitudes de 12, 15 o 20 ft de largo efectivo, generalmente son seleccionados para áreas entre 100 y 200 ft2.

Cambiadores de calor de tubos y coraza

Los intercambiadores de tubos y coraza constan de:

1. Mamparas. Sirven para provocar turbulencia del lado de la coraza y aumentar la transferencia de calor.

Los tipos principales de mamparas son:

- Segmentadas, que el flujo vaya arriba y abajo o que el movimiento sea lateral.
- Disco y corona.
- Orificio.

2. Arreglo de tubos.

- Triangular o tresbolillo: Normal o con espacios de limpieza.
- Cuadrado: Normal o rotado.

3. Pasos. Haciendo uso de deflectores o espejos en los cabezales de los intercambiadores, es posible conseguir que un fluido pase varias veces

a todo lo largo del intercambiador. Por esto al hablar de este tipo de equipos, se especifica el número de pasos (pasadas o vueltas) que da el fluido y se le denomina intercambiadores de flujo 1-2, 2-4, 2-3, 3-6, etc. siendo el primero el número de pasos en la coraza y el segundo en los tubos.

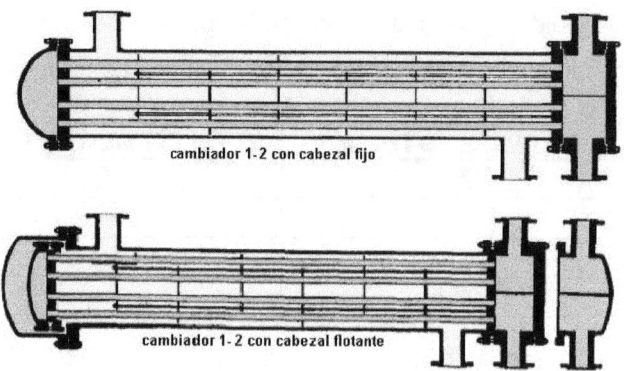

cambiador 1-2 con cabezal fijo

cambiador 1-2 con cabezal flotante

Características de los equipos

Cambiador de calor de placas

El equipo a usar en esta práctica es un intercambiador de placas adecuado para estudios a pequeña escala o en planta piloto. La presión máxima de operación de 14 kgf/ cm². Cuenta con un número variable de placas; cada una de ellas tiene 576 mm de altura por 94 mm de ancho. El área de cada placa es de 258 cm² y están construidas en acero inoxidable. El espesor de las placas es de 1 mm.

Cambiador de tubos concéntricos

La figura muestra el diagrama del equipo que consta de dos horquillas conectadas en serie:

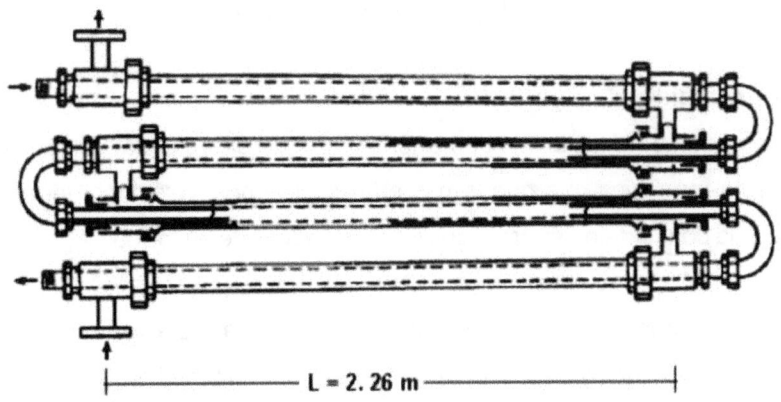

L = 2. 26 m

Cambiador de tubos y coraza

El experimento consiste en condensar vapor mediante agua de enfriamiento a temperatura ambiente. El vapor condensará en el interior de los tubos y éste se colectará en una probeta para medir su flujo volumétrico. El agua de enfriamiento circula por la coraza en un arreglo en contracorriente o paralelo, según se desee. Para lograr esto,

a) Abrir la válvula del agua fría y fijar un gasto.

b) Abrir la válvula del vapor hasta tener una presión de 2Kg/cm2.

c) Medir los flujos de condensado y agua de enfriamiento mediante diferencia de alturas en los medidores de nivel de los tanques de recolección o por medio de una probeta y cronómetro.

d) Medir las temperaturas de entrada de ambas corrientes, hasta que se alcance el régimen permanente.

e) Realizar el balance de energía para comprobar su validez (Recuerde que el vapor se subenfría).

f) Para dar por terminado el experimento, cerrar la alimentación de vapor y posteriormente la del agua fría una vez que ésta salga del equipo a temperatura ambiente.

Bombas hidráulicas. Tipos

Maquina hidráulica

Una maquina hidráulica es un transformador de energía, esto es, recibe energía mecánica que puede proceder de un motor eléctrico, térmico, etc., y la convierte en energía que un fluido adquiere en forma de presión, de posición, o de velocidad. Otra definición puede ser: máquina hidráulica (bomba), es un dispositivo empleado para elevar, transferir o comprimir líquidos y gases. En todas ellas se toman medidas para evitar la cavitación (formación de un vacío), que reduciría el flujo y dañaría la estructura de la bomba. Para una mayor claridad, buscando una analogía con las maquinas eléctricas, y por el caso específicó del agua, una bomba sería un generador hidráulico. Es conveniente no confundirse con la función que realiza una turbina, ya que la turbina realiza una función inversa al de una bomba, esto es, transforma energía de un fluido en energía mecánica.

Clasificación de las máquinas hidráulicas

Las bombas o maquinas hidráulicas se clasifican según dos consideraciones generales diferentes:

- Las que toman en consideración características de movimiento de líquidos y
- La que se basa en el tipo o aplicación específica para los cuales se ha diseñado la bomba. El uso de estos dos métodos de clasificación de bombas puede despertar gran interés en una gran cantidad de aplicaciones.

A continuación se muestra una clasificación de los diversos tipos de bombas que puede ser útil para tener una idea más clara de las clases y tipos de estas.

Clase	Tipo
Centrifuga	• Voluta • Difusor • Turbina regenerativa • Turbina vertical • Flujo mixto • Flujo axial
Rotatoria	• Engranes • Alabes • Leva y pistón • Tornillo • Lóbulo • Bloque de vaivén
Reciprocante	• Acción directa • Potencia • Diafragma • Rotatoria - Pistón

Bombas centrífugas

Las bombas centrífugas, también denominadas rotativas, tienen un rotor de paletas giratorio sumergido en el líquido. El líquido entra en la bomba cerca del eje del rotor, y las paletas lo arrastran hacia sus extremos a alta presión. El rotor también proporciona al líquido una velocidad relativamente alta que puede transformarse en presión en una parte estacionaria de la bomba, conocida como difusor. En bombas de alta presión pueden emplearse varios rotores en serie, y los difusores posteriores a cada rotor pueden contener aletas de guía para reducir poco a poco la velocidad del líquido. En las bombas de baja presión, el difusor suele ser un canal en espiral cuya superficie transversal aumenta de forma gradual para reducir la velocidad. El rotor debe ser cebado antes de empezar a funcionar, es decir, debe estar rodeado de líquido cuando se arranca la bomba. Esto puede lograrse colocando una válvula de retención en el conducto de succión, que mantiene el líquido en la bomba cuando el rotor no gira. Si esta válvula pierde, puede ser necesario cebar la bomba introduciendo líquido desde una fuente externa, como el depósito de salida. Por lo general, las bombas centrífugas tienen una válvula en el conducto de salida para controlar el flujo y la presión. En el caso de flujos bajos y altas presiones, la acción del rotor es en gran medida radial. En flujos más elevados y presiones de salida menores, la dirección de flujo en el interior de la bomba es más paralela al eje del rotor (flujo axial). En ese caso, el rotor actúa como una hélice. La transición de un tipo de condiciones a otro es gradual, y cuando las condiciones son intermedias se habla de flujo mixto.

Los tipos de bombas centrifugas:
- Volute
- Diffuser
- Regenerative-turbine
- Vertical-turbine
- mixed-flow
- axial-flow (propeller)

Estos seis tipos de bombas centrifugas, pueden ser Single-stage o multi-stage.

Características de la Bombas Centrifugas

Diferentes elementos de que está constituida la máquina:

A Cubierta inferior

B Cubierta superior

C Tapa del cojinete

D Mitad inferior del cojinete

E Mitad superior del cojinete

F Tapa del agujero de engrase

G Anillo de engrase

H Anillo de retención de aceite

I Rodete

J Tuerca del rodete

K Árbol

L Manguito del árbol

M Tapa del prensaestopas (mitad)

N Pernos del prensaestopas

O Aros de cierre de la cubierta

P Aros de cierre del rodete

Q Anillo linterna

R Platos de acoplamiento

S Collar de empuje

R Pernos y tuercas del acoplamiento

U Bujes del acoplamiento

V Extremo de la caja prensaestopas

Bombas rotatorias

En resumen una bomba rotatoria, es una máquina de desplazamiento positivo, dotada de movimiento rotativo. Estas bombas se clasifican en dos grupos:

Según el órgano desplazador

- Máquinas de Émbolos
- Máquinas de engranajes
- Máquinas de paletas

Según la variedad del Caudal

- Máquinas de desplazamiento fijo
- Máquinas de desplazamiento variable

Tipos de bombas rotatorias

- Bomba de leva y pistón
- Bomba de engranajes exteriores
- Bomba de dos lóbulos
- Bomba de tres lóbulos
- Bomba de cuatro lóbulos
- Bomba de tornillo simple
- Bomba de doble tornillo
- Bomba de triple tornillo
- Bomba de paletas oscilantes
- Bomba de paletas deslizantes
- Bomba de bloque deslizante

Bombas reciprocantes

Las bombas están formadas por un pistón que oscila en un cilindro dotado de válvulas para regular el flujo de líquido hacia el cilindro y desde él. Estas bombas pueden ser de acción simple o de acción doble. En una bomba de acción simple el bombeo sólo se produce en un lado del pistón, como en una bomba impelente común, en la que el pistón se mueve arriba y abajo manualmente. En una bomba de doble acción, el bombeo se produce en ambos lados del pistón, como por ejemplo en las bombas eléctricas o de vapor para alimentación de calderas, empleadas para enviar agua a alta presión a una caldera de vapor de agua. Estas bombas pueden tener una o varias etapas. Las bombas alternativas de etapas múltiples tienen varios cilindros colocados en serie. Las bombas reciprocantes son unidades de desplazamiento positivo descargan una cantidad definida de líquido durante el movimiento del pistón o embolo a través de la distancia de carrera. Sin embargo, no todo el líquido llega necesariamente al tubo de descarga debido a escapes o arreglo de pasos de alivio que puedan evitarlo. Despreciando estos, el volumen del líquido desplazado en una carrera del pistón o embolo es igual al producto del área del pistón por la longitud de la carrera.

Tipo de bombas reciprocantes

Existen básicamente dos tipos de bombas reciprocantes; las de acción directa, movidas por vapor y las bombas de potencia. Pero existen muchas modificaciones de los diseños básicos, construidas para servicios específicos en diferentes campos. Algunas se clasifican como bombas rotatorias por los fabricantes, aunque en realidad utilizan un movimiento reciprocantes de pistones o émbolos para asegurar la acción de bombeo. Bombas de acción directa. En este tipo, una varilla común de pistón conecta un pistón de vapor y uno de líquido o embolo. Las bombas de acción directa se construyen, simples (un pistón de vapor y un pistón de líquido, respectivamente), y dúplex (dos pistones de vapor y dos de líquido).

Las bombas de acción directa, horizontales simples y dúplex, han sido por mucho tiempo apreciadas para diferentes servicios, incluyendo la alimentación de calderas en presiones de bajas y medianas, manejo de lodos, bombeo de aceite y agua, y muchos otros. Se caracterizan por la facilidad de ajuste a la columna, velocidad y capacidad, tiene una buena eficiencia a lo largo de una extensa región de capacidades.

Las bombas de embolo, se usan para presiones más altas que los tipos de pistón. Al igual que todas las bombas reciprocantes, las unidades de acción directa tienen un flujo de descarga pulsante.

Bombas de potencia. Estas tienen un cigüeñal movido por una fuente externa, generalmente un motor eléctrico-, banda o cadena. Usualmente se usan engranes entre el motor y el cigüeñal para reducir la velocidad de salida del elemento motor. Cuando se mueve a velocidad constante, las bombas de potencia proporcionan un gasto casi constante para una amplia variación de la columna, y tiene buena eficiencia. El extremo líquido, que puede ser del tipo de pistón o embolo, desarrolla una presión elevada cuando se cierra la válvula de descarga. Por esta razón, es práctica común el proporcionar una válvula de alivio para la descarga, con objeto de proteger la bomba y su tubería. Las bombas de acción directa, se detienen cuando la fuerza total en el pistón del agua iguala a la del pistón de vapor; las bombas de patencia desarrollan una presión muy elevada antes de detenerse.

Las bombas de potencia se encuentran particularmente bien adaptadas para servicios de alta presión y tiene algunos usos en la alimentación de calderas, bombeo en líneas de tuberías, proceso de petróleos y aplicaciones similares. Las bombas de potencia de alta presión son generalmente verticales pero también se constituyen unidades horizontales.

Bombas de tipo potencia de baja capacidad. Estas unidades se conocen también como bombas de capacidad variable, volumen controlado y de; proporción; Su uso principal es para controlar el flujo de pequeñas cantidades de líquido para alimentar calderas, equipos de proceso y unidades similares. La capacidad de estas bombas depende de la longitud de carrera, esta usa un diafragma para bombear el líquido que se maneja, pero el diafragma esta accionado por un embolo que desplaza aceite dentro de la cámara de la bomba. Cambiando la longitud de la carrera del embolo se varia el desplazamiento del diafragma.

Bombas de tipo diafragma. La bomba combinada de diafragma y pistón generalmente se usa solo para capacidades pequeñas. Las bombas de diafragma se usan para gastos elevados de líquidos ya sean claros o conteniendo sólidos. También son apropiados para pulpas gruesas, drenajes, lodos, soluciones ácidas y alcalinas, así como mezclas de agua con sólido que puedan ocasionar erosión. Un diafragma de material flexible no metálico, puede soportar mejor la acción erosiva y corrosiva de las partes metálicas de las bombas reciprocantes. La bomba de roció de diafragma de alta velocidad y pequeño desplazamiento esta provista de una solución de tipo discoidal y válvulas de descarga. Ha sido diseñada para manejar productos químicos.

Limitación de la altura se succión de una bomba centrifuga

Entre los factores más importantes que afectan la buena operación o funcionamiento de una bomba centrífuga, están las condiciones existentes en la succión. Alturas de succión exageradas, por regla general, reduce la capacidad de funcionamiento y la eficiencia de la bomba centrífuga y puede originar serio problemas o dificultades debido a la presencia del fenómeno de cavitación. Por mucho tiempo se consideró y se sigue considerando que 4.6 metros al nivel del mar, manejando agua limpia a 15.6° c es la altura máxima de succión conveniente para un buen funcionamiento de la bomba centrífuga, sin embargo en la actualidad se dice que una bomba centrífuga es capaz de trabajar correctamente con alturas de succión mayores a 4.6 metros si tales alturas han sido fijadas convenientemente. Por el hecho de considerar de tanta importancia los límites de succión es porque los fabricantes de bombas centrífugas construyen curvas límites de altura de succión para cada bomba en particular, deduciendo estas en forma experimental. La razón para tanto interés en limitar la altura de succión es la influencia tan decisiva que tiene esta, tanto en el gasto elevado como en la eficiencia de la bomba, tal como se ha comprobado por la experiencia y cuyos resultados han sido consignados en la siguiente tabla.

Altura de succión	Gasto (Lts / s)	Eficiencia mecánica (%)
4.6	44.3	77
5.5	43.2	76
6.4	33.1	66
73	24.3	65
8.25	15.8	49

Estos datos nos indican, sin lugar a duda, la gran reducción tanto en el gasto como en la eficiencia mecánica que da una bomba centrífuga a medida de que se aumenta la altura de succión y enfatiza la necesidad de tener la altura de succión correcta, si se desea obtener el gasto necesario y la mayor eficiencia posible. Pero no solo la eficiencia de la bomba se ve afectada, si ni también la estructura física de la bomba se ve perjudicada debido a la cavitación.

Cavitación

Es el fenómeno provocado cuando el líquido bombeado se vaporiza dentro del tubo de succión o de la bomba misma, debido a que la presión de ella se reduce hasta ser menor que la presión absoluta de saturación del vapor de líquido a la temperatura de bombeo.

Motores para bombas

Probablemente se han usado en las bombas toda clase de motores y fuentes de potencia, con algún tipo de transmisión de potencia, cuando es necesario. Una bomba pude ser accionada por:

- Motores eléctricos.
- Turbinas de vapor.
- Turbinas de gas.
- Turbinas hidráulicas.
- Turbinas de expansión de gas.
- Motores de gasolina.
- Motores de diésel.
- Motores de gas.
- Motores de aire.

Los medios para la transmisión de potencia del motor a la bomba incluyen coples flexibles, engranes, bandas planas o V, cadenas, así como acoplamientos hidráulicos y magnéticos o engranes.

Aplicaciones de las máquinas hidráulicas

Las bombas de desplazamiento positivo o reciprocantes son aplicables para:

- Gastos pequeños
- Presiones altas
- Líquidos limpios.

Las rotatorias para:

- Gastos pequeños y medianos
- Presiones altas
- Líquidos viscosos.

Bombas de tipo centrífugo

- Gastos grandes

- Presiones reducidas o medianas
- Líquidos de todos tipos, excepto viscosos
- Las bombas reciprocantes se usaron mucho y su sustitución por las centrífugas ha corrido al parejo de la sustitución del vapor por energía eléctrica, como fuentes de energía.

Hidráulica: Conceptos

Hidráulica

Parte de la física que estudia el comportamiento mecánico del agua superficial o subterránea.

Carácter pluridisciplinar. Relación con otras ciencias:

- Hidrología (aguas continentales)
- Hidrometeorología (lluvia)
- Hidrografía (descripción de los mares y corrientes de agua)
- Ingeniería ambiental

Sistemas de unidades utilizados (Mecánica Clásica)

Propiedades del agua:

- Densidad y peso específico
- Coeficiente de compresibilidad
- Viscosidad
- Tensión de saturación del vapor de agua
- Celeridad de las ondas elásticas

Densidad:

$$\rho = 1.000 \text{ kg masa/ m3 (Sistema Internacional)}$$

Peso específico:

$$\gamma = 9.810 \text{ N / m3} \approx 10.000 \text{ N / m3 (Sistema Internacional)}$$

Coeficiente de compresibilidad

$$\alpha = - (dV/V) / dp$$

Módulo de elasticidad volumétrico:

$$Ke = - dp / (dV/V)$$

$$Ke = 21,39 \times 108 \text{ N} / \text{m2 para } 20°C$$

Prácticamente invariable con la temperatura y con la presión

Viscosidad

$$= \mu \, (dv/dy)$$

En fluidos newtonianos la viscosidad absoluta μ es independiente gradiente de velocidad (velocidad de deformación angular (dv/dy)) y solo depende de la temperatura y muy poco de la presión (agua)

Viscosidad cinemática

$$\upsilon = \eta / \rho$$

$1,57 \times 10\text{-}6$ m2/s para una temperatura de 4°C y $1,01 \times 10\text{-}6$ para 20°C

Tensión de saturación del vapor de agua
A 20°C 0,238 m.c.a.

Consideraciones a tener en cuenta en problemas hidráulicos (Formulación físico-matemática, coeficientes experimentales)
- Comparación de condiciones generales y particulares
- Aplicación del coeficiente empírico adecuado
- Utilización de ábacos (condicionada por b)

Coeficientes experimentales

De fricción Darcy-Weisbach (f). (Se aplica a tuberías en presión)

De rugosidad de Manning (n). (Cauces abiertos, conductos parcialmente llenos).

Coeficientes experimentales

De Manning-Strickler (M). (Tiene en cuenta la rugosidad de las paredes de la conducción).

De rugosidad de Bazin (ã). (Mismos casos que Manning).

De rugosidad de Chezzy (C). (Mismos casos que los anteriores).

Coeficiente de contracción (c). (Estrechamiento en la sección de paso del agua).

Coeficiente de Weisbach (k). (Apertura o cierre de válvulas, compuertas).

Coeficientes experimentales

Coeficiente de pérdidas en bifurcaciones (k). (Tiene en cuenta el ángulo con el que se produzca la bifurcación.

Coeficiente de Saint-Venant para pérdidas en codos y curvas (k). (Depende del ángulo que formen las dos alineaciones de la tubería).

Coeficiente para cambio de sección. (Ensanches y estrechamientos de tuberías).

Coeficiente de pérdida de carga en el desagüe.

Aplicaciones

Aprovechamientos hidroeléctricos

Aprovechamientos industriales

Aprovechamientos sanitarios (*)

Aprovechamientos agrícolas

Obras hidráulicas

Captación y regulación (Presas, azudes, pozos)

Transporte

Uso (Centrales hidroeléctricas, Redes)

Obras de uso múltiple

Usos del agua

Usos no consuntivos

HIDROELÉCTRICOS (Retorno 100 % sin alteración de la calidad)

NAVEGACIÓN (Retorno 100% posible alteración de la calidad)

RECREATIVOS

Usos consuntivos

RIEGO (Retorna 0-50% con retraso y en puntos no definidos)

ABASTECIMIENTOS (Retorna 65-70% sin calidad)

RECREATIVOS

Hidrostática

Parte de la hidráulica que estudia el comportamiento del agua en estado de reposo

Presión

Componente normal de la fuerza que actúa sobre la superficie de un determinado volumen de agua por unidad de área del mismo

$$P = F / S$$

$$P = \rho \times g \times h$$

$$Pabs = prelativa + pabsoluta$$

Principio de pascal

Si se ejerce una presión cualquiera en la superficie de un líquido en equilibrio, esta presión se transmite íntegramente en todos los sentidos es decir, a todas las moléculas del líquido

Presión sobre una pared plana
La presión que los líquidos ejercen contra una pared plana, es siempre normal a ella, cualquiera que sea su orientación

Empuje
Fuerza total que está soportando una superficie de contorno, forma y dimensiones determinados

Presión media
La Presión Media se obtiene dividiendo la presión total o empuje, por el área de la superficie estudiada

Paredes planas soportando presión hidráulica
Un cuerpo que se halla totalmente sumergido tiene todos los puntos de su superficie externa sometidos a presión hidrostática. El cuerpo trabajará mecánicamente a compresión.
Si debido a la disposición constructiva, el cuerpo plano sólo soporta presión por una cara (compuertas planas o muros en depósitos), la única presión actuante someterá a la compuerta a esfuerzos de flexión y corte: ha de resistir como una viga o como una placa.

Principio de Arquímedes

Todo cuerpo inmóvil sumergido total o parcialmente en un fluido, sufre un empuje de abajo arriba, equivalente al peso del fluido desalojado.

Este empuje se aplica en el centro de gravedad del volumen del fluido desalojado.

Condiciones de equilibrio de los cuerpos flotantes

Si se sumerge en el agua un cuerpo de densidad inferior a ella, éste se elevará hacia la superficie hasta quedar flotando en una posición de equilibrio. La subpresión (flotando) será igual al peso del líquido desplazado, y actuará en el centro de gravedad del volumen desplazado, punto llamado centro de carena. Se representa por G el c. de g. del cuerpo flotante, y por C el c. de carena.

Recíproco del Principio de Arquímedes

Todo cuerpo sumergido en un líquido pesado, en equilibrio estático, ejerce sobre el líquido una presión vertical de arriba abajo, igual al peso del volumen de líquido desalojado

Hidrodinámica

Parte de la hidráulica que estudia el comportamiento mecánico del agua en movimiento

Clasificación de los flujos

Según las variaciones de las magnitudes hidráulicas (veloc.media y presión) en el tiempo y el espacio (eje de la conducción).

Régimen permanente (Q constante)

Régimen permanente uniforme (V=cte en tiempo y espacio)

Régimen permanente variado (V=cte en tiempo, no en espacio)

-Gradualmente variado

-Bruscamente variado

Régimen variable o transitorio (Q variable, V variable)

-Golpe de ariete / Oscilación en masa

Ecuación de continuidad

Expresión matemática consecuencia del principio de conservación de masa:

Dado un tubo de fluido cualquiera, por unidad de tiempo ingresa en él la misma cantidad de fluido en un extremo que sale por el otro extremo.

$$S1\ v1 = S2\ v2$$

Caudal = Sección x velocidad

Teorema de bernouilli

Energía del Agua

Potencial: Por su altura sobre el nivel del mar

$$Ep = P * z$$

Cinética: Por su velocidad

$$Ec = m * v2 / 2 = P * v2 / 2\ g$$

De presión: Por el peso del agua que tiene encima, o sea, por su profundidad respecto del nivel libre superior

$$\underline{\textbf{\textit{Epr = p * s * e = P * p / \gamma}}}$$

Habiendo tenido en cuenta que:

Peso = P = Volumen * peso específico = S * e * γ;   e = P /(S * γ)

Carga Hidráulica

La carga hidráulica es la energía por unidad de peso:

Carga hidráulica = h = z + p / γ + v2 / (2 * g)

Plano de carga o carga hidráulica es el nivel de energía más alto de la conducción, el cual se encuentra siempre en el origen, debido a las pérdidas de carga que sufre el agua en su desplazamiento.

La diferencia, constante existente entre el plano de carga y plano de comparación se denomina altura de Bernouilli HB.

AUTOEVALUACIÓN

Transporte de fluidos: Principios básicos de transporte de fluidos. Pérdida de carga en fluidos. Tuberías y accesorios. Instalación bitubular. Instalación monotubular. Intercambiadores de calor. Bombas hidráulicas. Tipos. Hidráulica: conceptos.

---

1. ¿Qué se entiende por un estado de la materia en el que la forma de los cuerpos no es constante, sino que se adapta a la del recipiente que los contiene?
   a) Sólidos
   b) Metales
   c) Calor
   d) Fluido
   e) Ninguna es correcta

2. Quienes corresponden a los dos tipos diferentes de fluidos:
   a) Los sólidos y el plasma
   b) Los metales y la madera
   c) Los líquidos y los gases
   d) Todas son correctas
   e) Ninguna es correcta

3. Se entiende por transporte de fluidos en ingeniería al movimiento continuo y forzado de líquidos o gases a través de:
   a) Ríos
   b) Conducciones móviles
   c) Conducciones fijas
   d) Aljibes
   e) Ninguna es correcta

4. 4. Hay gran variedad de circuitos de fluidos en ingeniería, con concepciones, configuraciones y aplicaciones muy diversas. Según que el fluido que alimenta sus elementos se renueve constantemente (sistema de trasvase) o sea el mismo fluido el que pase periódicamente por cada elemento. Se denominan:
   a) Verticales o horizontales
   b) Lineales o circulares
   c) Cortos o largos
   d) Abiertos o cerrados
   e) Altos o bajos

5. **Los fluidos son vehículos aptos para el transporte de energía:**
   a) Eléctrica y nuclear
   b) Térmica y mecánica
   c) Atómica y radiactiva
   d) Física y química
   e) Ninguna es correcta

6. **Para que un fluido acumule los dos tipos de energía para los cuales están aptos, es necesario:**
   a) Calor y presión
   b) Voltaje y fuerza nuclear
   c) Hidrógeno y rayos x
   d) Ninguna es correcta
   e) Todas son correctas

7. **Los tipos de fluidos son:**
   a) Fluidos newtonianos y no newtonianos
   b) Fluidos pascalianos y no pascalianos
   c) Fluidos fríos y calientes
   d) Fluidos Arquimidianos y no arquimidianos
   e) Todas son correctas

8. **La presión aplicada en un punto de un líquido contenido en un recipiente se transmite con el mismo valor a cada una de las partes del mismo. El enunciado se refiere al principio de:**
   a) Arquímedes
   b) Pascal
   c) Fluidos
   d) Reynolds
   e) Newton

9. **El principio de los vasos comunicantes: Si se tienen dos recipientes comunicados y se vierte un líquido en uno de ellos en éste se distribuirá entre ambos de tal modo que, independientemente de sus capacidades, el nivel de líquido en uno y otro recipiente sea:**
   a) Distinto
   b) El mismo
   c) Diferente
   d) Desigual
   e) Independiente

10. Todo cuerpo sumergido total o parcialmente en un líquido experimenta un empuje vertical y hacia arriba igual al peso del volumen de líquido desalojado. El enunciado se refiere al principio de:
   a) Arquímedes
   b) Pascal
   c) Fluidos
   d) Reynolds
   e) Newton

11. La diferencia fundamental entre líquidos y gases consiste en que estos últimos pueden ser:
   a) Envasados
   b) Fraccionados
   c) Calentados
   d) Comprimidos
   e) Enfriados

12. La presión del aire sobre los objetos contenidos en su seno se denomina:
   a) Presión hidrostática
   b) Presión aerodinámica
   c) Presión atmosférica
   d) Presión de Boyle
   e) Presión del aire

13. El flujo puede clasificarse de muchas formas. Señalar la respuesta incorrecta:
   a) Flujo laminar
   b) Flujo turbulento
   c) Flujo adiabático
   d) Flujo uniforme
   e) Flujo pasivo

14. El factor de fricción de un fluido es mayor en:
   a) Una tubería de PVC
   b) Una tubería metálica
   c) Una tubería rugosa
   d) Una tubería lisa
   e) Una tubería de aluminio

15. La pérdida de carga de la tubería es igual a la pérdida de carga unitaria (milímetros columna de agua por metro - mmca/m) por la longitud de la tubería expresada en:
   a) Milímetros
   b) Centímetros
   c) Decímetros
   d) Hectómetros
   e) Metros

16. El tubo de plástico no se:
   a) Consume
   b) Desgasta
   c) Corroe
   d) Rompe
   e) Dobla

17. Los tubos de latón, cobre, acero inoxidable y aluminio tienen los mismos diámetros nominales que los de hierro, pero tienen secciones de pared más:
   a) Gruesas
   b) Rugosas
   c) Lisas
   d) Delgadas
   e) Onduladas

18. El tubo de plomo y los revestidos interiormente de plomo se usan en trabajos de:
   a) Física
   b) Nuclear
   c) Medicina
   d) Química
   e) Mecánica

19. Para la rosca de los tubos y los accesorios se utiliza la unidad de medida en:
   a) Litros
   b) Metros
   c) Pulgadas
   d) Pies
   e) Millas

20. Los codos son accesorios de forma curva que se utilizan para cambiar:
   a) La dirección de la instalación
   b) La dirección de la presión
   c) La dirección de la densidad
   d) La dirección del flujo
   e) La dirección del calor

21. Con los accesorios reductores, se disminuye de un flujo:
   a) La densidad
   b) La presión
   c) El calor
   d) El volumen
   e) Ninguna es correcta

22. Es un accesorio que se utiliza para regular y controlar el fluido de una tubería. ¿A qué accesorio se refiere el enunciado?
   a) Codo
   b) Reductor
   c) "T"
   d) Disco ciego
   e) Válvula

23. ¿Los sistemas monotubulares son sistemas de cuántos circuitos?
   a) Uno
   b) Dos
   c) Tres
   d) Cuatro
   e) Cinco

24. Estos son dispositivos que facilitan la transferencia de calor de una corriente de fluido a otra. A que elemento se refiere el enunciado:
   a) Intercambiadores de frío
   b) Intercambiadores de presión
   c) Intercambiadores de volumen
   d) Intercambiadores de calor
   e) Intercambiadores de densidad

25. A que máquina se refiere el enunciado. Es un dispositivo empleado para elevar, transferir o comprimir líquidos y gases:
   a) Turbina
   b) Bomba Neumática
   c) Bomba Hidráulica
   d) Motor trifásico
   e) Motor de explosión interna

26. Hidrostática: Parte de la hidráulica que estudia el comportamiento del agua en estado de:
   a) Cinético
   b) Reposo
   c) Movimiento
   d) Ebullición
   e) Ninguna es correcta

SOLUCIONARIO

1. d) Fluido
2. c) Los líquidos y los gases
3. c) Conducciones fijas
4. d) Abiertos o cerrados
5. b) Térmica y mecánica
6. a) Calor y presión
7. a) Fluidos newtonianos y no newtonianos
8. b) Pascal
9. b) El mismo
10. a) Arquímedes
11. d) Comprimidos
12. c) Presión atmosférica
13. e) Flujo pasivo
14. c) Una tubería rugosa
15. e) Metros
16. c) Corroe
17. d) Delgadas
18. d) Química
19. c) Pulgadas
20. d) La dirección del flujo
21. d) El volumen
22. e) Válvula
23. a) Uno
24. d) Intercambiadores de calor
25. c) Bomba Hidráulica
26. b) Reposo

Combustibles. Sólidos, líquidos y gaseosos. Instalación de combustibles. Instalación de carga y almacenamiento. Instalación de trasiego y alimentación.

Combustibles. Sólidos, líquidos y gaseosos

Combustible es cualquier material capaz de liberar energía cuando se cambia o transforma su estructura química. Supone la liberación de una energía de su forma potencial a una forma utilizable (por ser una reacción química, se conoce como energía química). En general se trata de sustancias susceptibles de quemarse, pero hay excepciones que se explican a continuación. Hay varios tipos de combustibles. Entre los combustibles sólidos se incluyen el carbón, la madera y la turba. El carbón se quema en calderas para calentar agua que puede vaporizarse para mover máquinas a vapor o directamente para producir calor utilizable en usos térmicos (calefacción). La turba y la madera se utilizan principalmente para la calefacción doméstica e industrial, aunque la turba se ha utilizado para la generación de energía y las locomotoras que utilizaban madera como combustible eran comunes en el pasado y el futuro. Entre los combustibles fluidos, se encuentran los líquidos como el gasóleo, el queroseno o la gasolina (o nafta) y los gaseosos, como el gas natural o los gases licuados de petróleo (GLP), representados por el propano y el butano. Las gasolinas, gasóleos y hasta los gases, se utilizan para motores de combustión interna. Aunque poco utilizado todavía, es también combustible el hidrógeno, y además es limpio, pues al combinarse con el oxígeno deja como residuo vapor de agua. En los cuerpos de los animales, el combustible principal está constituido por carbohidratos, lípidos, proteínas, que proporcionan energía para los músculos, el crecimiento y los procesos de renovación y regeneración celular. Se llaman también **combustibles** las sustancias empleadas para producir la reacción nuclear en el proceso de fisión, cuando este proceso no es propiamente una combustión. Tampoco es propiamente un combustible el hidrógeno, cuando se utiliza para proporcionar de energía (y en grandes cantidades) en el proceso de fusión nuclear, en el que se funden atómicamente dos átomos de hidrógeno para convertirse en uno de helio, con gran liberación de energía. Este medio de obtener energía no ha sido dominado todavía por el hombre (más que en su forma más violenta, la bomba nuclear de hidrógeno, conocida como Bomba H) pero en el universo es común puesto que es la fuente de energía de las estrellas. Los combustibles fósiles son mezclas de compuestos orgánicos mineralizados que se extraen del subsuelo con el objeto de producir energía por combustión. El origen de esos compuestos son seres vivos que murieron hace millones de años. Se consideran combustibles fósiles al carbón, procedente de bosques del periodo carbonífero, el petróleo y el gas natural, procedentes de otros organismos. Entre los combustibles más utilizados se encuentran el gas butano, el gas natural y el gasóleo.

Características

La principal característica de un combustible es su poder calorífico, que es el calor desprendido por la combustión completa de una unidad de masa (kilogramo) de combustible. Este calor o poder calorífico, también llamado capacidad calorífica, se mide en Joule o julio, caloría o BTU, dependiendo del sistema de unidades.

Combustible	MJ/kg	kcal/kg
Gas natural	53,6	12 800
Acetileno	48,55	11 600
Propano Gasolina Butano	46,0	11 000
Gasoil	42,7	10 200

Fueloil	40,2	9 600
Antracita	34,7	8 300
Coque	32,6	7 800
Gas de alumbrado	29,3	7 000
Alcohol de 95°	28,2	6 740
Lignito	20,0	4 800
Turba	19,7	4 700
Hulla	16,7	4 000

Aceites combustibles

Los aceites combustibles son mezclas de líquidos producto de petróleo, y su uso principal es como combustibles. Beber o respirar aceites combustibles puede producir náusea o efectos al sistema nervioso. Sin embargo, bajo condiciones de uso normales es improbable que causen daño. Se han encontrado aceites combustibles en por lo menos 26 de los 1,430 sitios de la Lista de Prioridades Nacionales identificados por la Agencia de Protección del Medio Ambiente de EE. UU.

Qué son los aceites combustibles

Los aceites combustibles son una variedad de mezclas líquidas de color amarillento a pardo claro provenientes del petróleo crudo. Ciertas sustancias químicas que se encuentran en los aceites combustibles pueden evaporarse fácilmente, en tanto otras pueden disolverse más fácilmente en agua. Los aceites combustibles son producidos por diferentes procesos de refinación, dependiendo de los usos a que se designan. Los aceites combustibles pueden ser usados como combustibles para motores, lámparas, calentadores, hornos, y estufas, o como solventes. Algunos aceites combustibles comunes incluyen a querosén, aceite diésel, combustibles para aviones a reacción, aceite de cocina, y aceite para calefacción. Estos aceites combustibles se distinguen uno del otro por la composición de hidrocarburos, los puntos de ebullición, los aditivos químicos, y los usos.

Exponerse a los aceites combustibles

- Usando en el hogar calentadores o estufas a querosén, o usando los aceites combustibles en el trabajo.
- Respirando aire en el sótano de viviendas o edificios que han sido contaminados con vapores de aceites combustibles provenientes del suelo.
- Tomando agua o nadando en agua que ha sido contaminada con aceites combustibles por derrames o escapes de tanques de almacenaje subterráneos.
- Tocando tierra contaminada con aceites combustibles.
- Usando aceites combustibles para remover pintura o grasa de la piel o de herramientas.

Tecnología de los combustibles
Los combustibles. Origen y clasificación. Tipos

El combustible es toda aquella sustancia que sea capaz de arder. Por lo tanto se debe de poder combinar con el oxígeno de manera rápida. Además, en el transcurso de la reacción, se va a desprender una gran cantidad de calor. Por otra parte, el combustible industrial es toda aquella sustancia capaz de arder, siempre que en esa reacción no sea necesario realizar un proceso complicado y caro, y que además el combustible no sirva para algo más rentable o noble. Estos combustibles se caracterizan por ser mezclas o combinaciones de pocos elementos, en general. La mayor parte de un combustible industrial lo constituyen los elementos combustibles, es decir, *carbono, hidrógeno* y *azufre*. El resto son considerados impurezas. Las impurezas siempre originan problemas tecnológicos, y por lo tanto económicos.

Características de un combustible industrial

Las características de un combustible, y en particular las de un industrial, son las que nos van a determinar la posibilidad de utilizar esa sustancia en un momento determinado. Como se puede uno imaginar, una de las propiedades que más interesa de un combustible es su *poder calorífico*.

Poder Calorífico: Cantidad de calor generado al quemar una unidad de masa del material considerado como combustible. El poder calorífico está relacionado con la naturaleza del producto. Existen varias unidades para esta propiedad:

Kcal/Kg Kcal/m^3 Kcal/mol Kcal/l

En los combustibles sólido se emplea el Kcal/Kg ó Kcal/mol

En los combustibles líquidos se emplea el Kcal/mol ó Kcal/l

En los combustibles gaseosos se emplea el Kcal/m^3 ó Kcal/mol

Existen dos clases de poder calorífico: el Poder Calorífico Inferior (PCI) y el Poder Calorífico Superior (PCS)

PCS: Es el poder calorífico total. Es la cantidad de calor desprendida en la combustión de un Kg de combustible cuando se incluye el calor de condensación del agua que se desprende en la combustión

PCI: Es el poder calorífico neto. Es el calor desprendido en la combustión de 1 Kg de combustible cuando el vapor de agua originado en la combustión no condensa.

Cuando el combustible no tiene H, entonces no es posible la formación de agua y esto implicará que PCS=PCI

Es posible determinar el poder calorífico a partir de la composición de la sustancia, en concreto, a partir del porcentaje en agua e hidrógeno, mediante la siguiente fórmula:

$$PCI = PCS - (6a + 54H)$$

siendo

a: % H_2O en el combustible

H: % H_2 en el combustible

Ambos tantos por ciento expresados en peso

Para determinar el *poder calorífico* de una sustancia se puede hacer directamente o teóricamente:

DIRECTAMENTE: Por medio del calorímetro y ayudados de una comba calorimétrica, teniendo en cuanta además que el calor cedido va a ser igual al calor absorbido.

TEÓRICAMENTE: Aplicando la ley HESS (calores de reacción en una reacción química). Un proceso de combustión no es más que una reacción química:

$$Q_{react} = \Delta H_{react} - \Delta H_{productos}$$

Poder Calorífico

La ley de Hess dice que se pueden usar ecuaciones más sencillas que se puedan combinar posteriormente linealmente para dar la ecuación final con el fin de calcular de una manera más fácil los calores de reacción. Este procedimiento sirve para combustibles sencillos para los que se conoce la composición

Continuamos ahora con otras propiedades de los combustibles:

Temperatura de Combustión: La temperatura de combustión va a aumentar con el poder calorífico y con la cantidad de residuos y productos que se generen en la combustión.

Residuos de Combustión: Es lo que no arde en un combustible. Son de dos clases, según la fase en la cual se encuentren:

- Gaseosos: Están en el seno de los humos o gases que se desprenden de los combustibles
- Sólidos: Cenizas o escorias

La combustión se realiza normalmente en la fase *gaseosa*.

Las *cenizas o escorias* de un combustible están formadas por la parte orgánica de un combustible. Son perjudiciales tanto por su *naturaleza* como por su *cantidad.*

- Por su naturaleza: Porque pueden atacar el hogar o caldera o porque pueden contaminar el producto de cocción
- Por su cantidad: Entorpece el desarrollo normal de la combustión. Hay que limpiar con más frecuencia el hogar y hay que pagar además por eliminar y transportar las escorias.

Clasificación de los combustibles

Los combustibles se pueden clasificar según su *origen, grado de preparación, estado de agregación.*

Origen:

- *Fósiles*: Proceden de la fermentación de los seres vivos
- *No fósiles*: El resto

Grado de Preparación:

- *Naturales*: Se utilizan tal y como aparecen en su origen
- *Elaborados*: Antes de ser consumidos se someten a determinados procesos de transformación

Estado de Agregación:

- *Sólidos*: Se encuentran en tal estado en la naturaleza o una vez transformados. Por ejemplo, la madera, el carbón.
- *Líquidos*: Cualquier líquido que pueda ser usado como combustible y que pueda ser vertido y bombeado
- *Gaseosos*: Se encuentran en estado gaseoso. Se incluye el gas natural y todas sus variedades. También el gas de carbón, de petróleo, de altos hornos, gas ciudad y diversas mezclas.

Combustibles sólidos

Origen y Clasificación

El origen de los combustibles sólidos es ciertamente remoto. Desde el descubrimiento del fuego el hombre los viene utilizando entre otros fines, por ejemplo, para alimentar ese fuego o fuente de calor más concretamente tan necesaria en tantos procesos.

Los combustibles sólidos naturales son principalmente la leña, el carbón, y los residuos agrícolas de diverso origen. Los combustibles sólidos artificiales son los aglomerados o briquetas, alcoque de petróleo y de carbón y carbón vegetal. Los aglomerados o briquetas son transformados a partir de los combustibles sólidos naturales. Las briquetas se obtienen aglomerando grano menudo y polvo de carbón.

Los combustibles sólidos artificiales son el resultado de procesos de pirogenación a que sometemos los combustibles sólidos naturales. La pirogenación es un proceso mediante el cual, aplicando calor sin contacto con aire, obtenemos los combustibles sólidos artificiales (por ejemplo, en las carboneras). La madera se ha empleado como combustibles sólidos desde que se descubrió el fuego. Hasta mediados del S. XVIII era prácticamente el único combustible utilizado. El desarrollo industrial fue el que propició el uso de otros combustibles más eficientes y potentes, como por ejemplo el carbón.

Madera

Composición

La madera está compuesta por fibras leñosas, nitrógeno, savia y agua. El *nitrógeno* forma parte de la estructura vegetal de la madera. La *savia* es una disolución acuosa con sales inorgánicas, azúcares, celulosas,.. El *agua* es el principal componente no inflamable de la madera.

En invierno es cuando la madera contiene menos agua. El porcentaje de las cenizas o residuos de la combustión es pequeño. Suelen contener fosfatos, silicatos, carbonatos, Na, K, Fe Mg, Mn.

El proceso de formación de la madera es un proceso endotérmico (reacción de la vida). Su temperatura de inflamación se sitúa por los 250-300ºC. Arde con llama larga. Las unidades de medición son:

- Metro Cúbico: Masa de madera *maciza* que llena 1 m³
- Estéreo: Cantidad de leña partida y apilada que llena el volumen *aparente* de 1 m³.

Clasificación de las maderas.- Atendiendo al peso específico y a la resistencia que presenten se pueden clasificar en:

· *Duras*: Peso específico mínimo de 0,55. Proceden de árboles con hoja ancha, como pueden ser el manzano, peral, cerezo, nogal, roble, haya...

· *Blandas*: Peso específico menor de 0,55. Son el pino, abeto, tilo...

Composición química del carbón

El **carbón** es un combustible fósil sólido, en el que intervinieron en su formación un proceso de descomposición de vegetales. Para su formación intervienen sobre todo los ácidos húmicos. *Potonié* considera que los carbones se pueden clasificar en

- *Sapropelitos* o rocas de fermentación pútrida
- *Rocas Húmicas*: Debidas a la descomposición de las plantas
- *Liptobiolitos*

La *lignina* parece ser, hoy por hoy, la responsable de la formación de los carbones. En el proceso de formación del carbón, las plantas sufren la putrefacción. La celulosa es atacada por bacterias. La celulosa, como se sabe, es un compuesto hidrocarbonado, que se descompone en diversos productos. La lignina, sin embargo, solo se descompone en ácidos húmicos. La lignina posee una estructura aromática que no se perderá en su descomposición.

Los componentes fundamentales del carbono son:

- Combinaciones Hidrogenadas
- Combinaciones oxigenadas

- Combinaciones nitrogenadas
- Combinaciones sulfuradas

Todas estas combinaciones tienen la particularidad que el carbono se presenta en ellas formando una estructura bencénica (anillos).

En cuanto a los yacimientos carboníferos podemos decir que se pueden clasificar en dos tipos:

- *Autóctonos*: El carbón se ha formado en el mismo lugar en el que se han depositado los restos vegetales de los cuales procede. A este tipo responden la mayor parte de los yacimientos

- *Alóctonos*: Los restos vegetales de los cuales procede el carbón han sido arrastrados por los ríos, por las mareas, han sufridos las transformaciones y posteriormente se forma el depósito carbonífero. Es decir, el depósito o yacimiento se va a formar lejos del lugar donde crecieron los vegetales.

Un carbón está compuesto por *carbono, hidrógeno, oxígeno, nitrógeno, azufre, agua.* También puede tener componentes inorgánicas que proceden de diferentes lugares. Estos componentes inorgánicos nos van a dar lugar a las cenizas tras la combustión. Todos los elementos que forman el carbón pueden alterar las características del combustible, beneficiándolos o perjudicándolos. Por ejemplo, la *humedad* y *las cenizas* no modifican las cualidades intrínsecas del combustible, pero van a modificar el poder calorífico y la inflamabilidad. La humedad de un carbón disminuye el PCI. Aumenta además el volumen de gases de combustión, disminuyendo de este modo el rendimiento del combustible. Las cenizas no sufren combustión, pero forman óxidos en las escorias, lo que puede impedir el contacto con el aire, atacan la instalación, apantallan el proceso. Un dato importante sobre las cenizas es su punto de fusión. Si se alcanza esta temperatura, las cenizas fundidas se escurren por la parrilla y pueden provocar grandes daños en la instalación. Se denomina valor de un combustible a la relación entre el contenido de *carbono* y el contenido en *hidrógeno* (C/H). Cuanto mayor sea esta relación, mayor será su valor. Además, el valor va disminuir con la aparición de oxígeno, azufre, agua (humedad), cenizas. La formación del carbón, y por tanto, su composición vienen dadas por la reacción de la vida. Además de los tejidos vegetales fosilizados que existan en el carbón, también pueden aparecer tejidos animales. Los principales elementos que forman las plantas son:

- Hidratos de Carbono: Están presentes sobre todo en las celulosas (armazón), almidón (reserva alimenticia) y pentosanas

- Lignina: Une las fibras de las celulosas. Son polímeros de naturaleza aromática. No se conoce la composición con exactitud. Acompaña a las celulosas en un porcentaje del 20-30%

- Lignanos: Posee una estructura y comportamiento parecido al que presentan las ligninas. El proceso de fosilización también es parecido al de las ligninas.

- Proteínas: Son compuestos derivados de los aminoácidos. Por ejemplo, la *clorofila*. Están formados por C, H, O, N.

- Compuestos Nitrogenados: Principalmente está el ATP, que funciona como reserva energética

- Alcaloides: Entran en poca proporción. Se parece a las celulosas en cuanto a comportamiento

Además de todos los compuestos citados, se presentan también en el carbón *resinas, grasas, ceras, terpenos.* Estos compuestos son muy resistentes a las transformaciones que se producen en el proceso de fosilización.

Teoría sobre la carbonificación de las plantas

Se definía el carbón como una *masa compacta estratificada de restos vegetales momificados intercalados con materia inorgánica y cubierta por rocas sedimentarias.* Para explicar la carbonificación de las plantas y formación del carbón se formularon a lo largo de la historia diversas teorías. Stodnikoff, estudiando plantas de los Urales, vio que contenían un 37,7% de lignina y solo un 15,5% de celulosa. Bergius realizó trabajos sobre la celulosa como formadora del carbón. Mailland, en 1911, demostró que los azúcares se podían transformar en sustancias *húmicas* con la acción de aminoácidos. Estableció la hipótesis de que la celulosa y la lignina se desarrollaban a la par. Pero en 1922, Fisher y Schrader, que se oponían a la teoría de que la celulosa era la principal formadora del carbón, establecieron que el agente principal de su formación era la *lignina*, formulando la *teoría de la lignina. Se intentó demostrar que la lignina, en condiciones pantanosas desaparecía totalmente y se transformaba en productos solubles en agua y gases (CO_2, CH_4), de modo que tenía que ser la lignina la responsable de la formación de los carbones.*

Fases de formación del carbón

Existen dos fases en la formación del carbón:

Fase Biológica (o de White)

Fase Geológica (metamórfica)

Los agentes de la transformación química de la materia vegetal van a ser las bacterias, la temperatura, el tiempo y la presión.

Las bacterias son los principales agentes de descomposición. Actúan fundamentalmente de dos maneras

- *Aerobia*
- *Anaerobia*

La actuación aerobia es la actuación oxidante, mientras que la actuación anaerobia es la reductora. Las *aerobias* van a ser las primeras en actuar.

Lo hacen cerca de la superficie. Necesitan del oxígeno para funciones. Cuando ya no queda oxígeno es cuando pasan a la acción las bacterias *anaerobias*, terminando las transformaciones empezadas por las aerobias. Este tipo de bacterias actuará hasta que el depósito se cubre de una capa sedimentaria impermeable. La *temperatura*, el *tiempo* y la *presión* también actúan, sobre todo cuando la actividad bacteriana ha cesado. La temperatura aumenta al ir acercándonos al núcleo terrestre. La temperatura suele favorecer la cinética de la reacción. El tiempo a su vez es necesario por la velocidad de reacción. La presión también influye y ayuda a estratificar y favorecer cierto tipo de reacciones. En esto tienen que ver también los plegamientos. Pasamos ahora a estudiar separadamente las dos fases de la formación del carbón:

· FASE BIOLÓGICA: Surge cuando tenemos grandes masas y estas quedan anegadas. Actúan aquí algas y hongos. Se produce entonces la fermentación aerobia. Otros organismos y animales se añaden a su vez a la masa en descomposición. Predominan en esta masa las ligninas, resinas y ácidos grasos. En menos proporción va a haber aminas y fenoles de la descomposición de los azúcares.

Podemos distinguir aquí dos fases

Fase I

Fermentación aerobia. Se forma la *turbera*. La masa vegetal está en contacto con el oxígeno. Las reacciones son de oxidación o hidrólisis. El pH es ligeramente ácido

Fase II

Fermentación anaerobia. Actúan las bacterias (respiración intramolecular). Se destruyen las estructuras moleculares para tomar de este modo oxígeno. Se producen reacciones de hidrólisis y reducción. El pH es aproximadamente neutro.

Fase geológica o metamórfica

Tiene lugar en la materia vegetal sobre la que se han ido depositando ciertos elementos arrastrados por los agentes geológicos (arcillas, arenas). Esto hace que la masa vegetal se vaya progresivamente enterrando. Llegará un momento en que el enterramiento es tal (40 cms) que los organismo vivos dejarán de actuar. Hay ahora una cierta masa de materia húmica junto con un 90% de agua. Es en este momento cuando entre en juego los factores geológicos.

Grado de carbonificación. Clasificación de los combustibles sólidos

Los lignitos son unos carbones inmaturos con un porcentaje entre la turba y los bituminosos. Podemos clasificarlos por:

Su formación:

- *Lignitos Húmicos*: Compuestos húmicos menos modificados que las hullas
- *Sapropelitos*: Carbonificación de grasa y albúminas de animales y vegetales inferiores (algas)
- *Liptobiolitos*: Constituidos sobre todo, y a veces con exclusividad, de ceras naturales.

Por sus características tecnológicas:

- *Pardos*: Carbones terrosos o xiloides con humedad de hasta el 60%. Se ve que casi es madera.
- *Negros.* Son duros (azabache)

Hullas

Son los carbones que poseen el siguiente grado de carbonificación a los lignitos. Las hullas son carbones que presentan un interés mayor que los anteriores porque nos pueden aportar más energía que los anteriores. El *poder calorífico* oscila entre las 7500-8000 kcal/kg, refiriéndolas a materias secas. Se formaron en 3 épocas diferentes del periodo carbonífero.

- Dinantiense
- Estafaniense
- Westfaliense

Antracita

Es el carbón que tiene un mayor poder calorífico. Es el más duro y más denso. Se emplea para procesos de gasificación directa, y algún tipo de aplicación metalúrgica de baja capacidad. Las épocas de carbonificación son:

- Estefaniense
- Westfaliense

Petrografía del carbón

Componentes litológicos del carbón

El carbón es una roca sedimentaria, no homogénea, que tiene una serie de vetas superpuestas. Podemos apreciar unos constituyentes litológicos que son distintos entre sí. En una misma veta carbonífera se pueden presentar distintas propiedades que son función de las masas de restos vegetales y animales que se hayan depositado y transformado, así como de los cambios de composición química.

Fundamentos

A simple vista se pueden diferenciar diferentes partes del carbón. En 1859 Dawson elaboró una teoría en la que decía que el carbón procedía de distintas partes de las plantas. Posteriormente, Muclc intentó denominar las partes que se apreciaban en una hulla, distinguiendo las siguientes partes:

- *Carbón brillante* (Glanz Kohle)
- *Carbón mate* (Matt kohle)
- *Carbón fibroso* (Faser kohle)

Posteriormente fue FAYOL el que estudiando estos tres compuestos de la hulla apreció las siguientes partes:

- Hulla brillante laminar

119

- Hulla foliar
- Hulla granular
- Fuseno

El gran reto era unificar las nomenclaturas para así poder clasificar de una manera uniforme los carbones

Nomenclatura

STOPES y THIESSEN publicaron unos trabajos sobre los componentes de los carbones. A la nomenclatura ideada por Stopes también se la denomina *europea*, mientras que a la de Thiessen se le llama *americana*.

Nomenclatura de Stopes

Los componentes del carbón se llaman litotipos, y stopes les da 4 nombres:

- Vitreno
- Clareno
- Dureno
- Fuseno

Nomenclatura de Thiessen

Los nombres que les da Thiessen a los litotipos son:

- Antraxylon
- Attritus
- Fuseno

Si comparamos una nomenclatura con la otra llegamos a la conclusión de que se parecen más bien poco. Esto es debido a que el carbón es una masa heterogénea que depende de su procedencia. Fue en los congresos de Herleen, en 1957, cuando se tomó la decisión de unificar las nomenclaturas. Se nombró para ello una comisión para que elaborara unas fichas con denominaciones de los carbones

Petrografía y petrología del carbón

La petrografía es la parte de la Historia Natural que se ocupa del estudio de las rocas. Forma parte de la Geología. Se ocupa no solo de la composición química y mineralógica, sino que también se ocupa de qué estructura presentan esas rocas, así como su clasificación.

La petrología se ocupa del estudio de los compuestos minerales individuales de una masa mineral (roca o carbón) por medios visuales. Si queremos hacer un análisis químico de una roca tendremos que atacar una parte de esa roca con un reactivo adecuado para solubilizarla y así poder saber su composición química. La muestra de roca se destruye en el proceso.

En 1920 se empezó a desarrollar la petrología y la petrografía del carbón. Es ésta, como veremos, una ciencia muy útil.

Terminología

Litotipo: Componentes macroscópico del carbón. Es el equivalente al componente bandeado y recibe el nombre de *vitrain, clarain, durain, furain*, en la nomenclatura de Stopes.

Maceral: Son los constituyentes químicos individuales de la roca, que son identificados por medios microscópicos o químico como componentes de un litotipo. La terminología es igual que la de los litotipos añadiéndole el sufico *-inita* (vitrinita, clarinita, fusinita,...)

En un primer momento se consideraba que existían 3 tipos de macerales, que eran: vitrinita, exinita o liptinita, inertinita. Sin embargo, se encontraron que existían distintos grupos de macerales, ya que para poder explicar lo que ocurría experimentalmente era necesario admitir que había grupos de macerales constituidos por macerales. Se intentaba encontrar la estructura del carbón, pero esto no fue posible, por lo que se llegó a la conclusión de que no había una estructura química definida para el carbón; esto es así porque el carbón es químicamente heterogéneo. Se intentó unificar a los macerales por unas *propiedades petrográficas*, que son: *morfología, color, poder reflectante, anisotropía, densidad, microdureza y relieve*. Lo que les dio esta clasificación fue el propio agrupamiento de los macerales.

Microlitotipo: Es una asociación de macerales existentes en una banda de carbón de 50 micrones de anchura máxima, que presentan propiedades análogas en ciertas tecnologías. La terminología es la del litotipo, pero acabada en -ita. La tecnología del carbón se refiere a la hidrogenación, la facilidad de combustión; en esto va a influir mucho la composición petrográfica del carbón. Los microlitotipos van a agrupar a macerales que tienen propiedades análogas. Dentro de la petrología del carbón tenemos las inclusiones minerales en las hullas, que son mezclas íntimas de minerales y microlitotipos que tienen un nombre concreto siempre que la densidad de la mezcla sea menor que 2. Esto nos aumentará las cenizas, por eso cuando están inclusiones superan ese 2 de densidad se consideran como material estéril y por eso no tiene importancia ponerle un nombre.

Las inclusiones más importantes son:

1) Carbargilita: Es una asociación entre microlitotipos y minerales arcillosos y cuarzo con granos de 1 a 3 micras. Los minerales pueden suponer de un 20 a un 60% del volumen total.

2) Carbankerita: Asociación de microlitotipos y carbonatos con granulometría de hasta 30 micras. Pueden existir piritas (hasta un 5% del volumen) y minerales arcillosos y cuarzo (hasta el 20%). El volumen total está comprendido entre el 20 y el 60% del volumen total.

3) Carbopirita. Asociación de microlitotipos con el 5 al 20% de sulfuro de hierro. Se admiten que existan hasta un 20% adicional de minerales arcillosos, cuarzo o carbonatos.

Análisis del carbón

El análisis del carbón incluye las siguientes etapas:

Análisis Petrográfico

Análisis inmediato

Análisis último o elemental

Análisis de las cenizas

Determinación de trazas

1. Análisis petrográfico

Se trata de un estudio microscópico, de los tipos de rocas que constituyen el carbón. Se utilizan principalmente de dos tipos:

De secciones o láminas delgadas

Consiste en cortar una sección muy fina de la masa carbonosa que queremos estudiar y observarla a través de un microscopio petrográfico

De superficies pulidas

Consiste en pulir la superficie de una masa carbonosa y observarla con un microscopio de tipo metalográfico

En ambos casos, la muestra puede o no atacarse con reactivos.

Si cortamos una rodaja muy fina estamos perdiendo componentes volátiles. No se podría utilizar el análisis a) para carbones poco duros y con componentes pequeños, como puede ser la turba.

Con estos análisis podemos determinar sus propiedades tecnológicas, pero también nos sirven estos análisis para identificar los componentes del carbón y poder así clasificarlos.

Para efectuar una cuantificación será necesario utilizar un microscopio provisto de un micrómetro.

Los procedimiento a) y b) son técnicas que llevan el nombre de sus investigadores.

Cuando estemos estudiando un proceso de coquización, habrá que utilizar este análisis.

Análisis inmediato

Consiste en determinar el contenido en humedad (H), materias no combustibles (cenizas, CZ), carbono fijo (CF) y materias volátiles (MV). Se debe cumplir la siguiente relación:

H+CZ+CF = 100%

Análisis último o elemental

Permite determinar el contenido de cada uno de los elementos fundamentales que se encuentran en el carbono, es decir, C, H, O, N, S

Análisis de las cenizas

Las cenizas es la parte incombustible del carbón, que procede de la materia mineral de la masa vegetal.

Nos proporciona una idea de qué tipo de minerales formaban parte del carbón: SiO_2 (silicatos), Al (aluminosilicatos), CO_3^{2-} (carbonatos), S^{2-} (sulfuros), SO_4^{2-} (sulfatos), Na, Mg, K, Ca, Pb, Ca, P.

Determinación de trazas

Las trazas son elementos que se encuentra en contenidos muy pequeños, del orden de p.p.b. (parts per billion = $1/10^9$)

Las técnicas consisten en detectar una serie de elementos que pueden estar en concentraciones muy pequeñas, y que si no se detectan pueden causar, a veces, problemas realmente graves.

Las técnicas analíticas a emplear son más sofisticadas y más caras: rayos X, espectroscopía de masas.

Sistemas de Clasificación del Carbón

Estos sistemas indican algo que se va a pedir a ese carbón. Un buen sistema de clasificación ha de reunir las siguientes características:

- Clasificar los carbones
- Que sea capaz de decir que tipo de carbón tiene un uso mejor
- Que pueda predecir una propiedad de un carbón que no se conozca
- Que hayan sido evaluados sus parámetros
- Que sea sencillo de usas
- Que sea legible
- Que sea fácil de memorizar
- Que incluya carbones simples: verdes y lavados

- Que contemple la evaluación potencial de los problemas ambientales

En un primer momento, los sistemas de clasificación de basaban en el análisis último o elemental, pero han ido evolucionando según se refleja en el siguiente esquema:

Análisis último o elemental:

Renault (1839) Francés

Grüner (1879) Alemán

Este último fue modificado por Seyler (1900-1957) (UK)

Análisis inmediato:

* USA → ASTM D-388

* R.U. → NCB BS3323

Internaciones:

a) *carbones duros*

b) *nueva clasificación internacional para carbones duros*

Internacionales modificados

Clasificación australiana de carbones duros.

Preparación del carbón

La preparación del carbón consiste en toda una serie de operaciones que son necesarias efectuar con el carbón desde que se extrae hasta ser usado en proceso tecnológico.

Preparación del carbón

El carbón sacado de la mina recibe el nombre de *carbón de bocamina.* El carbón así obtenido tiene tamaños muy heterogéneos, dependiendo esto de muchos factores. Este carbón es necesario clasificarlo por calidades y tamaños. Habrá que definir muy bien los límites de las calidades y los tamaños requeridos para la aplicación a la que se va a destinar ese carbón. Es decir, se trata de hacer una clasificación lo más minuciosa posible del carbón para así darle los diferentes usos y aplicaciones que posee. Y para todo este es para lo que se hace la preparación del carbón.

El proceso de preparación del carbón incluye 7 etapas:

Separación de los tipos del carbón por el aspecto del mismo

Tamizado o clasificación por tamaño de partícula

Escogido a mano

Trituración y quebrantamiento

Lavado Mecánico

Secado

Mezclado de carbones

Separación por aspecto

Es aplicable siempre que existan vetas bien definidas en la veta carbonífera. El picador es el que selecciona para que se pueda efectuar de este modo la separación.

Tamizado

Se usan tamices para poder clasificar los carbones por tamaño de partícula. Los tamices son placas cuadradas con cuadrículas de diferentes tamaños (luz de malla). Esto es lo que hace posible seleccionar los tamaños.

Las tamices que se emplean a nivel industrial pueden ser cilíndricos o de tambor, oscilatorios (criba de vaivén). Éstos últimos son bandejas rectangulares que tienen un movimiento de vaivén. La velocidad aumenta al ir disminuyendo el tamaño de partícula.

Escogido a mano

Se aplica a trozos de carbón de gran tamaño. En una cinta de escogido con 6 hombres se separan los estériles que a simple vista puedan ser detectados. La cinta deberá tener movimiento lento.

Trituración y quebrantamiento

Se trata de reducir el tamaño para mejor manejo y salida comercial. Las acciones mecánicas que se van a efectuar son:

- Compresión

- Rodadura

- Impacto

- Flexión

- Desgaste o rozamiento

En los equipos industriales suele predominar una de estas acciones, o bien se combinan varias. Según la máquina y el equipo que se use, se obtendrán diferentes tamaños.

Lavado Mecánico

Se trata de reducir las cenizas que nos va a dar el producto en el proceso de combustión. Se abarata así el coste del proceso industrial de eliminación de cenizas posterior a la combustión. Se deben tener en cuenta características como tamaño, forma, elasticidad, conductividad, humidictividad, densidad.

La *densidad* es la característica más importante en cuanto a la clasificación por tamaños.

Los procesos de lavado pueden ser en *seco* y en *húmedo*.

- *Seco:* Se basan en las diferencias de densidad y fricción en seco. También en las diferencias de elasticidad

- *Húmedo*: Se basan en las diferencias de tamaño y forma. También en la densidad y fricción en húmedo, así como en la humectabilidad y densidad.

Ventajes e inconvenientes de los lavados en seco y húmedo y otros aspectos en las fotocopias

El denominado *proceso de flotación por espuma* es el único proceso que vale para limpiar el carbón fino. Consiste en mojar las partículas de carbón con burbujas de espuma. Esta espuma va a humedecer el carbón fino para de esta manera limpiarlo. El carbón fino flota con la espuma y las impurezas se hunden. Esta masa de espuma con impurezas se pasa por un filtro para así volver a obtener un carbón más puro.

Mezclado de Carbones

El mezclado de carbones es un proceso auxiliar dentro de la preparación. Los procesos auxiliares pueden ayudar a completar la preparación global del carbón. Estos procesos auxiliares son:

- *Floculación*
- *Desaguado*
- *Mezclado*

La *floculación* consiste en recuperar del agua los productos del lavado del carbón (polvo fino del carbón, ≤ 5 μm) y otros productos mediante la actuación de ciertos elementos que los van a hacer precipitar. La función más importante de esto es eliminar estos productos de las aguas de lavado y poder usar así el carbón en procesos posteriores (aglomerados y briquetas). Para ello se les añade una especie de coagulante: almidón, alginatos, peptatos, alumbre (sulfato de alúmina). De esta manera se forman los flóculos. Este proceso se ayuda a veces de ciclones.

El *desaguado* consiste en sacar parte del agua que tienen los carbones, debido a los procesos descritos anteriormente. Para ello se pasan por tamices con reja metálica. El tamaño debe estar entre 12-13 mm. Para tamaños menores se usan tolvas y centrifugados. Para tamaños más pequeños aún se usan filtros de vacío y filtros a presión. La dificultad aumenta al disminuir el tamaño.

El *mezclado*, finalmente, consiste en mezclar varias clases de carbones con diferentes propiedades para que la mezcla resultante cumpla ciertos requisitos que pudieran ser demandados por el usuario final. Es lo que se hace actualmente en la CT As Pontes.

Almacenamiento del carbón

El almacenamiento del carbón es un aspecto importante por varios motivos. El carbón se almacena en grandes cantidades y durante periodos largos debido a su uso industrial. Los grandes almacenamientos de carbón se llaman parques y se suelen situar al aire libre, estando por ello expuestos a las inclemencias meteorológicas, influyendo en las propiedades del carbón. El tamaño que vaya a tener el parque va a depender de:

- Situación geográfica del mismo (proximidad de la fuente productora del carbón
- Medio de transporte utilizado
- Clima (este factor también puede afectar al transporte
- Proceso de producción y fabricación al que se destina, debido a las puntas de demanda que pueda presentar el proceso para el que es necesario el carbón.

Combustión del carbón durante su almacenamiento

El carbón almacenado a la intemperie sufre fenómenos de deterioro debido a la humedad ambiental y al oxígeno del aire. La humedad ambiental degrada el carbón e influye sobre la temperatura de la pila. El oxígeno reacciona, en principio a bajas temperaturas. Esto provoca variaciones en los parámetros del carbón. Es por ello que aumenta:

- Peso
- Contenido en oxígeno
- Temperatura de ignición
- Higroscopicidad
- Solubilidad en sales cáusticas
- Solubilidad en alcohol

Mientras que va a disminuir:

- Contenido en hidrógeno
- Poder calorífico
- Poder coquizante
- Tamaño medio de granulometría

Al estar el carbón en contacto con el aire, esto implica que va a estar en contacto con el oxígeno, que es un gran oxidante. Esto hace que el carbono se transforme en CO_2 según la siguiente reacción:

$$C^0 + O_2 \rightarrow CO_2 + \Delta 1$$

En esta reacción se produce un desprendimiento de calor.

Si el aire tiene una temperatura más alta, en la reacción de oxidación se puede llegar a formar agua:

$$C + O_2$$

$$H_2 + O_2 \rightarrow CO_2 + \tfrac{1}{2} H_2O$$

Esto tiene la misma forma que una reacción de combustión ordinaria. La velocidad de oxidación del carbón aumenta con la temperatura, con el tamaño de las partículas de carbón y con la concentración de O_2 en contacto con ella. El fenómeno de combustión del carbón en la pila se denomina combustión espontánea del carbón almacenado. Para que se produzca una combustión espontánea apreciable es necesario que el calor se vaya transmitiendo y aumentando la temperatura. Se llegará así a una temperatura crítica en la que la oxidación es lo suficientemente rápida para que se produzca el autoencendido del carbón.

Las causas de la combustión espontánea son:

- Tamaño de partícula: Al disminuir el tamaño de partícula aumentará la superficie expuesta a la reacción y esto implicará un aumento de la velocidad

- Calor Ambiental: El que haya calor implica aumentar la velocidad de reacción. Esto se palia aireando el depósito, pero en la medida justa, ya que si renovamos en demasía el aire (efecto chimenea) podremos favorecer la reacción al aportar oxígeno.

- Ácido Húmicos: Es un problema sobre todo en los lignitos y hullas jóvenes, ya que fijan el oxígeno y ayudan a la combustión espontánea.

- Bacterias: Desprenden calor, por lo que en focos puntuales pueden iniciar la combustión espontánea.

- Azufre: Hay ciertos autores que afirman que la reacción de la pirita con el O_2 desprende calor, lo que puede representar un problema

· Composición petrográfica: En cuanto a este aspecto, no existe una relación clara

Factores que influyen en la velocidad de oxidación del carbón

Principalmente son dos los factores:

- Rango
- Tamaño

La velocidad de oxidación varía de modo inverso al rango. Es decir, cuanto mayor sea el rango (menor contenido en materias volátiles), menor será la oxidación sufrida.

El tamaño influye en el sentido de que cuando más tamaño tenga el carbón mayor va a ser la superficie de contacto y esto implicará mayor velocidad de oxidación.

La temperatura a la cual se inicia la combustión espontánea se denomina temperatura crítica, y esta temperatura no es la misma para todos los carbones. Cuando la temperatura es menor que la crítica, la temperatura *disminuye* con:

- poder calorífico
- % de C y H_2
- Poder aglomerante
- Tamaño

Y aumenta con el *porcentaje de O_2*.

Cuando la temperatura sobrepasa la temperatura crítica se produce la *combustión espontánea*.

Condiciones óptima para el almacenamiento del carbón

Lugar: El suelo debe estar bien nivelado, firme, sin grietas y bien drenado

Tamaño y forma: Cuanto más bajo sea el rango, más baja deberá ser la pila, más pequeña y con menor proporción de finos. Se debe evitar la separación natural por tamaños gruesos, para que de esta forma no se formen los 'tiros'.

Humedad: No apilar carbón húmedo con seco

Procedencia: Los carbones de distinta procedencia se deben apilar separadamente

Ventilación: Se deben tener pilas poco profundas con salida de gases. Si *apisonamos* se evita el paso del aire.

Temperatura: Las pilas deben ser poco profundas, y se deben poner termómetros cada pocos metros para poder controlar subidas locales de temperatura

Calor: Se debe tener cuidado con el calor ambiental y con el calor que se vaya desprendiendo.

Propiedades del carbón

Las propiedades que se van a estudiar del carbón son las *mecánicas, térmicas, eléctricas y físicas*. Estas propiedades, unas más que otras, van a ser importantes desde el punto de vista de la maquinaria y tecnología que se va a usar con el carbón.

Mecánicas

- Dureza
- Abrasividad
- Resistencia Mecánica
- Cohesión
- Friabilidad
- Fragilidad
- Triturabilidad

Térmicas

- Conductibilidad Térmica
- Calor específico

132

- Dilatación

Eléctricas

- Conductividad Eléctrica
- Constante dieléctrica

Físicas

- Densidad y peso específico
- Contenido en agua

Propiedades mecánicas

i)   Dureza: Se mide por el tamaño y profundidad de la raya producida por un cuerpo penetrante de forma diversa (cono, esfera, pirámide) y con dureza extrema. Teniendo en cuenta esta propiedad, la antracita se comporta como un cuerpo totalmente elástico, es decir, no es rayado. Los carbones que contienen del orden de 80-85% de carbono muestran un máximo de dureza Vickers que se corresponde con un máximo también en la curva de dureza elástica. De los componentes del carbón, el que presenta más dureza es el *dureno*, y el más blando es el *vitreno*.

-Abrasividad: Es la capacidad del carbón para desgastar elementos *metálicos* en contacto con él. Esta propiedad nos va a condicionar enormemente el material que se tenga que usar en la maquinaria (molinos, trituradoras). Está relaciona con las impurezas que acompañan al carbón: sílice y pirita sobre todo.

-Resistencia Mecánica: Tiene gran influencia en los sistemas de explotación del carbón. Esto es porque muchas veces la veta carbonífera se usa como paredes, techos y suelos de las propias galerías de la explotación. Además, hay que tener en cuenta que las vetas suelen ser heterogéneas, por lo que es importante estudiar este aspecto. Se debe medir la resistencia mecánica en el sentido normal a la estratificación, tomándose el valor medio de las mediciones. Esta propiedad va a estar directamente relacionada con la composición petrográfica del carbón.

-Cohesión: La cohesión es la acción y efecto que tiende a unir los componentes de la materia carbonosa. Se trata de una propiedad positiva o de resistencia.

-Friabilidad: Es la capacidad que presentan los carbones de descomponerse fácilmente en granulometrías inferiores por efecto de un impacto o un rozamiento. Esta propiedad habrá que tenerla muy en cuenta en algunos procesos, puesto que nos da la tendencia del carbón a romperse durante su manipulación.

-Fragilidad: Es la facilidad que presentan los carbones para romperse o quebrarse en pedazos. Es lo opuesto a la *cohesión*. Se trata de una propiedad negativa, que va a depender de su tenacidad y elasticidad, de las características de su fractura y de su resistencia. Para medir la fragilidad es necesario hacer dos ensayos que nos midan:

- Fuerzas de rozamiento
- Fuerzas de choque

Esto es debido a que los aparatos y maquinaria que se usa en el procesado del carbón ejercen estos dos tipos de fuerzas sobre el carbón.

-Triturabilidad: Es la facilidad con la que el carbón se desmenuza sin reducirse totalmente a polvo. Es una combinación de dureza, resistencia, tenacidad y modo de fractura

Cada vez es más tenida en cuenta esta propiedad mecánica del carbón, debido sobre todo al empleo de técnicas novedosas de combustión, como el *lecho fluido*.

Rittenger desarrolló muchos trabajos que tratan sobre la triturabilidad de los carbones y concluye que el tamaño de superficie es directamente proporcional a la energía utilizada en la molienda.

Propiedades térmicas

-Conductibilidad Térmica: Es la capacidad que presenta el carbón para conducir el calor. Tiene importancia sobre todo en los *hornos de coquización*, ya que el hecho de que el calor aplicado se transmita lo más rápidamente posible permite que el proceso tenga un mayor rendimiento

-Calor específico: Es la cantidad de calor necesario para elevar la temperatura de 1g de carbón 1ºC. También es importante esta propiedad en el proceso de coquización.

-Dilatación: Es el aumento de volumen por efecto del incremento de temperatura. Bangham y Franklin han hecho estudios sobre la dilatación de los carbones. Concluyen que la antracita presenta importantes variaciones en el volumen con cambios de temperatura, pero dependiendo también de la orientación (*anisotropía*). En cambio, en cuanto a las hullas, la dilatación va a depender más de la temperatura de experimentación.

Propiedades eléctricas

-Conductividad Eléctrica: Capacidad para conducir la corriente eléctrica a su través. Se define en términos de *resistencia específica*, que es la resistencia de un bloque de carbón de 1cm de longitud y 1 cm² de sección. La unidad es el Ω ohm. Esta propiedad depende de la presión, de la temperatura y del contenido en agua del carbón. El carbón es considerado en términos generales como un semiconductor.

La razón por la cual el carbón conduce la electricidad es la posesión de anillos bencénicos y radicales libres.

-Constante Dieléctrica: Esta propiedad es más tenida en cuenta que la conductividad eléctrica. Se trata de una medida de la polarizabilidad electrostática del carbón dieléctrico. Esto está relacionado con la polarización de los electrones π que existen en los anillos bencénicos de la estructura del carbón. Está esta propiedad muy relacionada con el contenido en agua del carbón y varía con el rango del carbón.

Propiedades físicas

-Densidad: La densidad del carbón es una magnitud difícil de medir. Se definen varios tipos de densidad

- *Densidad a granel o en masa*: Es el peso en Kg/m³ del conjunto del carbón en trozos, comprendiendo los espacios vacíos que quedan entre éstos. Esta magnitud del carbón es importante de cara al almacenamiento del carbón y su uso en hornos de coque

- *Densidad de carga o estiba*: Se emplea cuando el carbón se almacena en una retorta de coquización. Depende esta magnitud de la clase de carbón, su tamaño, la humedad.

- *Peso específico aparente*: Es el peso específico de un trozo de carbón en su estado natural (poros, humedad y materia mineral incluida).

- *Peso específico verdadero*: El que presenta la sustancia carbonosa sin poros y sin humedad, pero con la materia mineral que contenga

- *Peso específico unitario*: Igual que el peso específico verdadero, pero además prescindiendo de la materia mineral (es decir, sin cenizas)

-Contenido en agua: El carbón contiene agua tanto por su proceso de formación en origen como por las transformaciones sufridas. El agua se puede presentar de varias maneras:

- *Agua de Hidratación*: Es la que está combinada químicamente. Forma parte de la materia mineral que acompaña al carbón.

- *Agua Ocluida*: La que queda retenida en los poros del carbón. Puede proceder del lugar donde se formó el carbón o de las reacciones posteriores a esa formación.

- *Agua de Imbibición*: Es la que contiene debido a procesos artificiales en la extracción y procesos posteriores, sobre todo procesos de lavado. Esta agua queda adsorbida en la superficie. Se elimina fácilmente calentando a 100-105ºC

Un problema añadido al contenido del agua en carbón es en el almacenamiento. El agua provoca la meteorización del carbón, debido a

136

los cambios de volumen de aquélla al pasar de sólido a líquido; esto va desgajando el carbón en trozos más pequeños, falseando la granulometría. Esta agua también puede atacar las impurezas del carbón, produciendo sustancias que degradan el carbón.

Coque

Cuando sometemos al carbón a un quemado en ausencia de aire, éste sufre una destilación destructiva, obteniéndose un sólido coherente que recibe el nombre de coque. Además, en el proceso de coquización se van a obtener productos secundarios como:

- Alquitrán de alta temperatura
- Aceites ligeros
- Amoníaco (NH_3)
- Azufre
- Gases incondensables

El rendimiento y naturaleza de los productos dependerá del rango, tipo de carbón, temperatura y duración del proceso de carbonización (véase esquema)

Este proceso también es usado para poder sintetizar los productos mencionados anteriormente, además de para obtener coque. El mejor carbón para la obtención de coque son las hullas.

Clasificación

Los coques se clasifican según su plasticidad, hinchamiento, aglutinación y aglomeración

- Plasticidad: La plasticidad implica no recuperar la forma primitiva cuando una fuerza deja de actuar sobre una materia que entonces se denomina plástica. Para medir esta característica se usan los *plastímetro* y los *penetrómetro*.
- Hinchamiento: Se trata de un aumento franco de volumen con el consiguiente esponjamiento. Para que un carbón sea coquizable deberá tener un buen índice de hinchamiento.

- Aglutinación: Conjunto de ensayos con los que se mide la cohesión y resistencia del coque, cuando se ha mezclado con un cuerpo inerte como arena, coque de electrodos o antracita.

- Aglomeración: Se trata aquí de evaluar la coherencia y resistencia del coque cuando el carbón se ha coquizado sin mezcla alguna

El denominado coque metalúrgico es un carbón coquizado y que se emplea especialmente en la industria metalúrgica

Teoría de un proceso de combustión

Introducción

La combustión es el conjunto de procesos físico-químicos por los cuales se libera controladamente parte de la energía interna del combustible. Una parte de esa energía se va a manifestar en forma de calor y es la que a nosotros nos interesa. La reacción de un elemento químico con el oxígeno sabemos que se llama *oxidación*. La combustión no es más que una reacción de oxidación, en la que normalmente se va a liberar una gran cantidad de calor. Los combustibles tienen en su composición unos elementos *principales, combustibles* (C, H, S) y otros no *combustibles*, como el V, Ni, Na, Si. El *comburente* más habitual usado en la combustión es el aire (21% O, 73% N_2 (inerte)). Se llama *calor de combustión* a la disminución de entalpía de un cuerpo en C/N de presión y a una temperatura definida. Será entonces el calor que se libera cuando el combustible arde en una llama o cuando los componentes principales reaccionan con el oxígeno. En la combustión, cada uno de los componentes combustibles del combustible va a sufrir la reacción de oxidación correspondiente.

Reacción de combustión

Se trata de una reacción de oxidación con la particularidad de que se realiza *muy rápidamente*, es *exotérmica*. Esta reacción se produce entre los elementos combustibles de un combustible y el oxígeno del comburente. Para que un combustible sufra la combustión, es necesario que alcance su temperatura de ignición. Se define el punto de ignición de un combustible como la temperatura a la cual, una vez iniciada la llama, está ya no se extingue. Es esta temperatura de 20 a 60ºC más alta que la temperatura de *inflamación*.

En una reacción de oxidación tendremos

<u>Primer Miembro</u>   <u>Segundo Miembro</u>

Combustible + comburente $\rightarrow$ Gases de combustión + calor

Combustible: Toda sustancia capaz de arder

Comburente: Sustancia que aporta el oxígeno para que el combustible sufra oxidación

Los combustibles industriales suelen estar constituidos por mezclas de pocos elementos, ya que esto simplifica en gran medida el proceso.

Los componentes de un combustible se pueden clasificar en:

- *Combustibles*
- *Inertes*. Estos hay que eliminarlos y por lo tanto resultan perjudiciales

Fases de la reacción de combustión

Se pueden distinguir tres fases en la reacción de combustión:

- Fase de prerreacción (formación de radicales). Los compuestos hidrocarbonados se descomponen dando lugar a la formación de *radicales*, que son unos compuestos intermedios inestables y muy activos, para que de este modo el carbono y el hidrógeno puedan reaccionar con el oxígeno.
- Fase de Oxidación: En esta fase se produce la combinación entre los elementos y el oxígeno. Es una fase muy exotérmica y es cuando tiene lugar la propagación de la llama.

- Fase de Terminación: Aquí es cuando se forman los compuestos estables. El conjunto de estos compuestos es lo que llamamos *gases de combustión*.

Es necesario que se produzca una gran coordinación entre la 1ª y la 2ª fase, ya que si no podría llegar a producirse una explosión, por acumulación de radicales. La *explosión* es la onda que se produce y transmite por la masa reaccionante a una velocidad de 1500-2500 m/s, pudiendo producirse más de una detonación di después de la primera queda producto que aún pueda reaccionar violentamente.

Clases de reacciones de combustión

Las reacciones se pueden clasificar según el modo en el cual transcurran de la siguiente manera:

- Combustión NEUTRA o *estequiométrica*
- Combustión INCOMPLETA o *imperfecta*
- Combustión COMPLETA

Combustión neutra

Es aquélla que se produce cuando el aire empleado aporta la cantidad justa de oxígeno para que todos los reactivos de transformen en productos. Para que la estequiometría se cumpla, hay que considerar TODOS los elementos que sufren la reacción de combustión en el combustible. Cuando la reacción tenga lugar totalmente, entonces no habrá H, O, S y C, que se transformarán en productos correspondientes que irán en los *gases de combustión*. Como inertes aparecerá, por lo menos, el nitrógeno. A veces, a los gases de combustión se les llama poder comburívoro o poder fumígeno. Se define éste como los gases húmedos totales procedentes de una *combustión neutra o estequiométrica* (de todos los elementos combustibles e inertes también).

Combustión incompleta

Es aquélla en la que por defecto en el suministro de aire no hay oxígeno necesario para que se produzca la oxidación total del carbono. Esto quiere decir que no todo el carbono se va a transformar en CO_2 y aparecerá como producto de combustión de CO. Aparecen entonces los inquemados. Los inquemados también se pueden producir por defecto en el aparato quemador. Los *inquemados* se definen como la materia combustible que ha quedado sin quemar o parcialmente quemada. Pueden ser de dos clases:

- *Sólidos*: Carbono (hollín). Provocan un ennegrecimiento de los humos de combustión
- *Gaseosos*: CO, H_2

Cuando aparecen inquemados es señal de que no se ha aprovechado bien el combustible, por lo que la combustión que se está realizando es mala y se deberían tomar medidas de algún tipo para mejorarla.

Combustión completa

Para que se produzca una combustión completa se hace necesario aportar un exceso de aire, es decir, de *oxígeno*. El exceso se realiza sobre la cantidad estequiométricamente necesaria para que todos los productos combustibles sufran la oxidación (tanto el C como el O ó el H). En este caso no se van a producir inquemados. En la práctica se hace difícil conseguir la combustión completa. Por ello es necesario aportar un exceso de aire. El *exceso de aire* se define como la cantidad de aire por encima del teórico que hay que aportar para que se realice la combustión completa del combustible

Productos resultantes de la reacción de combustión

En general, los productos de combustión se llaman humos. Se definen éstos como la masa de compuestos que resultan de un proceso de combustión. Mayoritariamente están formados por óxidos de los elementos combustibles de un combustible, además de por los

141

elementos del combustible que no sufren reacción, donde hay que incluir el N_2 del aire que no va a reaccionar con el oxígeno. Otros elementos que pueden aparecer en los humos pueden ser pequeñas proporciones de elementos en suspensión, como *carbón* u *hollín* (que se define como una sustancia alquitranosa de coquización). Los humos pueden clasificarse en *secos* (sin agua) o *húmedos* (con agua).

Teoría de la llama

La llama se define como el medio gaseoso en el que se desarrollan las reacciones de combustión; aquí es donde el combustible y el comburente se encuentran mezclados y en reacción.

La *llama* puede adoptar diferentes formas, según el medio técnico, y también la forma del quemador. Esto es así porque el quemado es donde se pulveriza el combustible para que entre en contacto con el aire.

El frente de llama es la zona que marca la separación entre el gas quemado y el gas sin quemar. Aquí es donde tienen lugar las reacciones de oxidación principales. El espesor del frente de llama puede ir desde menos de 1mm hasta ocupar totalmente la cámara de combustión.

La propagación de la llama es el desplazamiento de ésta a través de la masa gaseosa. Se efectúa esta propagación en el frente de llama. La velocidad de propagación va a depender de la transmisión de calor entre la llama y las zonas contiguas (gases quemados y no quemados). Cuando los gases sin quemar alcanzan la temperatura de ignición, entonces empezarán a sufrir la combustión. Para que la llama comience y quede estable, se debe estabilizar el frente de llama. Para ello, se debe coordinar la velocidad de escape de gases y de propagación de la llama con la entrada de comburente (aire) y combustible. Para que tenga lugar la combustión es necesario que se alcance la *temperatura de ignición*, que es aquélla a la cual la mezcla combustible/comburente no se extingue, aunque retiremos la llama de encendido. La inflamabilidad de una mezcla gaseosa se define como la capacidad de propagarse a su través la llama iniciada en uno de sus puntos. Solo se habla de inflamabilidad a temperaturas inferiores a la de ignición. La inflamabilidad depende de la velocidad de propagación de la llama. La mezcla estequimétrica combustibles/comburente es siempre inflamable, debido a la alta temperatura que se alcanza. Hay dos composiciones combustibles/comburente que nos dan los *límites de inflamabilidad*:

Límites de inflamabilidad

Inferior: [combustible] < [estequiométrica]

Superior. [combustible] > [estequiométrica]

Estas composiciones límite dependen de las condiciones externas, como pueden ser la presión o la geometría de la cámara de combustión. Además de los límites de inflamabilidad, también se definen estas otras magnitudes:

- Intervalo de la temperatura de la llama: Está definida por una temperatura máxima y otra mínima, que coinciden con el instante final y con el instante de encendido de la combustión. Los productos quemados tienen una temperatura comprendida dentro de este intervalo.

- Intervalo de presiones: Se define de manera análoga a la interior

El efecto pared, es la no observación de la llama en la proximidad de paredes y cuerpos debido a los intercambios de calor con éstos.

Clasificación de las llamas

Las llamas se clasifican en 3 grupos ateniéndonos a los parámetros para un combustible líquido.

Mezcla combustible comburente

Velocidad de la mezcla de combustible

Posición de la llama respecto a la boca del quemador

Mezcla combustible comburente

- Llama de premezcla: La mezcla de los dos fluidos se realiza parcial o totalmente antes de alcanzar la cámara de combustión

143

- Llama de difusión: (sin mezcla previa) El combustible y el comburente se mezcla justo en el momento de la combustión

Velocidad de la mezcla de combustible

- Laminar: Los fenómenos de mezcla y transporte ocurren a bajas temperaturas
- Turbulento: Las velocidades de la mezcla aire/combustible es elevada. La mezcla vaporizada suele salir silbando y en forma de torbellino

Posición de la llama respecto a la boca del quemador

- Llama estacionaria: El combustible se va quemando poco a poco al pasar por una determinada parte del sistema. Este es el tipo de llama ideal desde el punto de vista industrial
- Llama explosiva libre: Es la que está en movimiento

Forma, color y temperatura de la llama

La forma que presenta una llama depende del medio técnico que prepara el combustible/comburente; es decir, depende del *quemador* utilizado, ya que éste es el encargado de pulverizar y repartir el combustible. Si la combustión es buena, la llama no será opaca, negruzca,... El color negro lo van a dar los inquemados.

La temperatura que va a alcanzar la llama dependerá de:

- Composición y porcentaje del comburente
- Velocidad global de la combustión. Ésta depende de
  - Reactividad del combustible
  - Forma y eficacia del sistema de combustión
  - Temperatura inicial de los reactivos

Se deberán tener en cuenta también los *calores sensibles* de los reactivos. Al llegar y sobrepasar los 2000ºC, los gases de combustión se pueden descomponer, dando lugar por ello a otros compuestos que pueden afectar a la combustión y a la llama.

Definiciones relativas a la temperatura de combustión

Temperatura adiabática de combustión

También se denomina *temperatura teórica de combustión* o *temperatura de combustión calorimétrica*. Es la temperatura que se obtendría en una combustión estequiométrica con mezcla perfectamente homogénea y en un tanque que nos permita evitar cualquier pérdida de calor al exterior. En muchos casos llega con valorar de modo aproximado el calor liberado para determinar la temperatura adiabática de combustión. Esta temperatura aumenta con la potencia calorífica del combustible y disminuye con la capacidad calorífica de los productos de combustión.

Temperatura máxima teórica de la llama

Es la temperatura que se alcanza cuando la cantidad de aire empleada en la combustión es la cantidad estequiométricamente necesaria para ello. Se trata de un valor ideal, ya que las condiciones estequiométricas son imposibles de conseguir en la realidad. Las temperaturas máximas de la llama son en 200-300ºC inferiores a la temperatura máxima teórica de la llama. Si estamos utilizando combustible gaseoso con capacidad calorífica baja, para conseguir elevar la temperatura de combustión, habrá que precalentar la mezcla antes de que llegue a la temperatura de combustión. En la llama se distinguen 3 zonas, que son:

- Reductora: También se llama *dardo primario*. Existe aquí un defecto de oxígeno. Es la zona más interior
- Oxidante: Hay exceso de oxígeno. Se llama también *dardo primario*. Es la zona más exterior y no está tan claramente definida como la reductora.
- Normal: Es la zona que queda entre una y otra

Medidas y análisis de los gases de combustión

Los gases de combustión se evalúan cualitativa y cuantitativamente. Mediante el análisis de estos gases vamos a poder saber si la reacción de combustión va bien o mal. Podemos conocer también la energía que se está produciendo y cuanta se puede estar perdiendo. Para todo esto, lo primero es tomar muestras de los gases de combustión. La toma de muestras se realiza principalmente de dos maneras:

- Por aspiración
- Por filtro

En ambos casos, se recogen los gases para llevarlos a analizar.

Estas muestras se recogen tanto en conductos intermedios como en la mismas chimenea de salida de gases.

Los puntos en los que tomamos la muestra vienen condicionados por lo que queramos exactamente de esa muestra. Hay que tener en cuenta que la composición de los gases va variando desde la salida de la cámara de combustión hasta que sale por la chimenea.

Puntos de interés para la toma de muestras

- En el *hogar* nos interesa tomar muestras porque esto nos permite conocer el rendimiento de la combustión.
- En *cada elemento de la instalación*: evaluamos de esta manera el rendimiento de cada uno de los elementos.
- *Conductos de salida de gases de la chimenea*
- En la *parte baja de la chimenea*

Los dos últimos elementos considerados pertenecientes a la chimenea nos permiten evaluar las perdidas por gases del generador en su conjunto. El hecho de evaluar los distintos elementos del generador nos permiten evitar distintos fallos, como pueden ser la entrada incontrolada de aire.

Ensayos a realizar a los gases de combustión

Medida de las temperaturas: Controlamos de este modo la temperatura de combustión. Se usan para este cometido *pirómetro, sontas termoeléctricas*. La elección del equipo va a depender de la disponibilidad, del punto en el que haya que medir, de la precisión requerida.

Determinación de la composición de gases: Esta puede ser *cualitativa* y *cuantitativa*. Los principales componentes en una combustión son el CO_2, SO_2, H_2O, O_2, N_2.

Medida del caudal: Esta medida debe coincidirnos con la determinación teórica de productos y reactivos que hayamos hecho.

El mayor componente de los gases de combustión va a ser el CO_2. Otro elemento también bastante importante va a ser el H_2O. Si la combustión fuera *incompleta* también aparecería CO. El SO_2 aparece debido a al contenido en azufre del combustible. También van a aparecer *inquemados sólidos*, como es el caso del carbón y hollín. También aparece el N_2, que es inerte en la reacción, y también debe a aparecer el O_2 que no reacciona del aire.

Métodos. Para medir los inquemados sólidos (carbono que queda sin quemar, hollín), se usan los papeles Ringleman, que en realidad lo que miden es la opacidad de los humos. También se puede usar la escala Bacharah (por círculos)

Estudios y cálculos de las reacciones que tienen lugar en la combustión

En este tema estudiaremos las diferentes reacciones que tienen lugar en el proceso de combustión

Parámetros de la combustión

Si queremos aprovechar toda la energía de un combustible es necesario que la combustión se realice en las mejores condiciones posibles. Hablaremos de la corrección en la realización de la combustión. Incluimos en la combustión la caldera, que es el lugar donde se produce la combustión. Para aprovechar bien la energía que se desprende en la reacción de oxidación de los elementos combustibles es necesario que se realice en las mejores condiciones posibles. Para ellos deberemos hacer que todo el carbono se transforme en CO_2, que no haya inquemados sólidos o gaseosos, que no haya pérdidas de calor por la formación de inquemados, que el aire sea bien empleado en todo el proceso de combustión. Cumpliendo todo estos requisitos tendríamos la combustión completa. La caldera en este proceso es fundamental para la buena marcha del mismo; en general, todos los equipos empleados en la combustión van a ser importantes para la buena marcha de la misma.

Combustión estequiométrica

Consideramos como elementos combustibles el C, H_2 y el S. De este modo, el proceso de combustión se puede resumir en el siguiente cuadro:

Composición		Reacción de combustión	Moles	Comburente	Gases de combustión	
Elemento	% (Kg)	Oxidación	n	nO_2	Componente	Moles
C	A	$C + O_2 \rightarrow CO_2$ (1:1:1)	$n_C = \dfrac{A}{12}$	$\dfrac{A}{12}$	CO_2	$n_{CO2} = n_C$
H_2	B	$H_2 + \frac{1}{2}O_2 \rightarrow$ H_2O (1:½ 1)	$n_H = \dfrac{B}{2}$	$\dfrac{B}{4}$	H_2O	$n_{H2O} = n_{H_2}$
S	D	$S + O_2 \rightarrow SO_2$ (1:1:1)	$n_0 = \dfrac{D}{32}$	$\dfrac{D}{32}$	SO_2	$n_{SO2} = n_S$
				$nO_2 = \sum ni$		$n_{Gc} = \sum ni$

El volumen de los gases de combustión lo calcularíamos de la siguiente manera:

Gas	Volumen de gases de combustión (VGC)
CO_2	$V_{CO2} = 22'4 * n_{CO2}$
H_2O	$V_{H2O} = 22'4 * n_{H2O}$
SO_2	$V_{SO2} = 22'4 * n_{SO2}$
	$V_{total} = V_{CO2} + V_{H2O} + V_{SO2}$

Queremos ahora saber los moles mínimos, es decir, la cantidad mínima de oxígeno necesaria para la reacción de combustión. Este aire nos lo va a aportar el aire. Como sabemos el aire está formado, en volumen, por 79% de N_2 y un 21% de O_2. El *aire mínimo*, referido al porcentaje de oxígeno, será:

$$Aire = \frac{100}{21} O_{2min}$$

Hay que tener en cuenta que este aire se toma directamente de la atmósfera, y que esto implica que las condiciones en las que está este aire pueden variar: *humedad relativa, temperatura, presión vapor, presión real.*

Esto implica que para la cantidad de aire necesaria hace falta un *aire húmedo* en una cantidad superior. El *aire húmedo mínimo* viene dado por:

$$A_{mh} = F*Am$$

El parámetro F (factor de correción) viene dado por:

$$F = 1 + HR \times \frac{P_s}{P_r - HR \times P_s}$$

donde P_S: presión de saturación (a la temperatura del aire)

P_r: Presión atmosférica

De esta manera, A_{mh} está en C/N, pero está claro que el aire que vamos a tomar de la atmósfera no va a estar en esas condiciones de manera general. Si se cumplen las condiciones del gas ideal, entonces podremos poner que:

$$\frac{PoVo}{To} = \frac{PrVr}{Tr} \qquad Ar = \frac{PoTr}{ToP3} Amh$$

$$\frac{PoAmh}{To} = \frac{Pr\,Ar}{Tr}$$

El nitrógeno aportado por el aire pasa directamente a los gases de combustión. Para que pueda realizarse la combustión completa va a ser necesario aportar un exceso de aire. Tendremos entonces cierta cantidad de oxígeno que no reacciona y N_2 adicional, que es la cantidad que difiere de la cantidad teórica. El exceso de aire se mide por el *índice de exceso de aire*, que es el cociente entre el *aire real* y el *aire mínimo*. El exceso de aire es la diferencia entre n y 1, es decir, n-1.

Índice de exceso de aire = $\dfrac{Ar}{Am}$

Exceso de aire = n-1

% de exceso de aire = 100(n-1)

Los combustibles que requieren menos porcentaje de exceso de aire para su combustión son los gaseosos, y los que más, son los sólidos.

Composición y cantidades de los gases de combustión

Se refieren siempre a la cantidad de combustible que se ha quemado. La composición de los gases de combustión se hace estableciendo relación entre los gases que se producen; está relación puede ser de porcentaje en peso y en volumen, de tanto por 1.

Haciendo un cuadro de la combustión es fácil y rápido calcular estas proporciones.

Cálculo rápido de aire y gases de combustión

Para combustibles líquidos, en caso de que no se conozca la composición exacta, se pueden usar unas gráficas que nos ayudan a determinar el aire mínimo y los gases de combustión de una manera aproximada. La relación entre el aire mínimo y el combustible líquido es una relación lineal. Usando las gráficas podemos averiguarla, siempre que los parámetros no se necesiten de una manera muy exacta.

Combustión incompleta

La combustión incompleta es aquella que se realiza sin que todo el carbono del combustible pueda transformarse en CO_2. Se va a realizar, pues, con defecto de oxígeno, o lo que es lo mismo, con defecto de aire.

Las reacciones que van a tener lugar son:

$$C + O2 \rightarrow \begin{cases} CO_2 \\ CO \end{cases}$$

$$H_2 + \tfrac{1}{2}O_2 \rightarrow H_2O$$

$$S + O_2 \rightarrow SO_2$$

En la combustión incompleta no todo el carbono se transforma en CO_2, por lo que se forman inquemados, tanto sólidos (hollín) como gaseosos (CO). Los cálculos a efectuar en este tipo de combustiones son los mismos que en la combustión completa, solo que deberemos conocer la fracción de carbono que se transforma en CO_2 y en CO. Una vez conocido este dato, el resto de los cálculos serán análogos a los realizados para la combustión completa. Una diferencia con la combustión completa está en la composición de los *gases de combustión*, que ahora contendrán:

$$H_{TH}: CO_2 + CO + H_2O + SO_2 + N_2$$

$$H_{TH}: CO_2 + CO + H_2O + N_2 + O_2 \rightarrow \text{esto cuando hay exceso de aire}$$

Tipos de combustión incompleta

Pseudocombustión oxidante (PCO)

La PCO es aquella reacción de combustión en la que los humos obtenidos en la misma contienen todos los elementos que cabría esperar de una combustión con exceso de aire y además, las partículas de carbonos sin quemar (inquemados sólidos). Es decir, los humos estarían formados por:

$H = H_{TH}$ (combustión completa) + $C_{(S)}$ (inquemados)

Este tipo de combustión incompleta se produce cuando el tiempo de reacción no es suficiente para que se pueda llegar a realizar. Esto puede ser debido al factor de potencia (volumen en el hogar, que haya turbulencias, falta de uniformidad para la pulverización en combustibles líquidos.) Otro factor puede ser el enfriamiento de la llama, que se origina cuando la mezcla aire-combustible incide sobre una superficie relativamente fría, o cuando se trabaja con un exceso de aire. Si existe un alto porcentaje de CO_2 en los gases de combustión también se puede producir una PCO.

Pseudocombustión neutra (PCN)

Las PCN son un caso particular dentro de las PCO y se caracterizan por:

1) La concentración de CO es prácticamente nula en los gases de combustión (humos secos).

2) No existe O_2 en los gases de combustión

Otro caso de combustión incompleta son las que se realizan con *defecto de aire* (n<1). El estudio de estas combustiones es muy complicado, ya que es muy difícil llegar a deducir que elementos se han quemado y cuáles no. Son más fáciles de estudiar si se empiezan analizando los gases de combustión, deduciendo a partir de aquí como transcurre la combustión.

Diagramas de combustión

Los diagramas de combustión nos permiten efectuar cálculos de combustión de una forma rápida y bastante precisa. El realizar estos diagramas es ciertamente complicado. Los principales diagramas son los de *Gunte, Ostwald, Keller*. Cada diagrama varía para cada combustible.

- Gunte: Este diagrama es válido para el estudio de la combustión completa y es aplicable a *todo tipo* de combustibles

- Ostwald: Este diagrama es válido para combustiones *incompletas*, con inquemado formados solamente por CO (no se forman por tanto hollines). Este tipo de diagramas da buen resultado para índices de exceso de aire elevados.

- Keller: Es válido para combustiones incompletas. Tenemos además de CO y H_2, los inquemados. Es válido para combustibles con alto contenido en H_2 y relación C/H_2 baja. Es válido cuando el índice de exceso de aire es bajo.

La combustión del carbón

Proceso de combustión del carbón

El carbón es un combustible sólido fósil natural que procede de la descomposición de la materia vegetal (sobre todo de la lignina). Cuando queremos combustionar un carbón es necesario llegar a una cierta temperatura para provocar su inflamación, por lo que será necesario aportar una cierta cantidad de calor. Hay que acumular calor hasta superar la llamada *temperatura de inflamación*.

Desde el punto de vista técnico, para que se origine un proceso de combustión tiene que ocurrir que la velocidad de oxidación debe ser lo bastante alta para que el calor desprendido en la reacción sea elevado. Debido a lo complicado de la estructura del carbón, se pueden producir ciertas reacciones de descomposición o transformación (*pirolisis*), lo que puede hacer que el carbón, tras sufrir este proceso, no sea tal, sino que se convierta en una serie de compuestos derivados. En la *pirolisis*, el carbón se descompone en ciertos productos, siempre en ausencia de oxígeno. Primero se segrega el agua, después moléculas de mayor tamaño que se desgajan, y así sucesivamente. El hecho de que esto se produzca en ausencia de oxígeno implica que no se produzca la combustión. Sin embargo, puede darse el caso de que el calor producido sea suficiente para alcanzar la temperatura de inflamación, y se produce la oxidación del carbón. Normalmente la llama resulta de la incandescencia del carbono elemental, que se produce por *cracking* de las materias volátiles. Por lo tanto, cuantas más materias volátiles haya, más llama se producirá. Otro factor que se debe tener en cuenta en la combustión del carbón es que se encuentra en estado sólido, por lo que para favorecer el contacto entre combustible y comburente hay que aumentar la superficie de contacto. Para ello se hace necesario disminuir el tamaño de partícula, por lo que se tiende a formar prácticamente polvo. Resumiendo, el proceso de combustión del carbón es cuando se pone el carbón en contacto con el O_2 y a una temperatura tal que el carbono se convierta en carbono fijo y volátil y así se consiga un buen contacto entre ambos. La parrilla es el lugar donde se pone el carbón para su combustión. Hace falta que la parrilla tenga orificios para que el aire comburente atraviese el lecho del combustible y se ponga así en contacto con él.

Tipos de lechos de combustible por el método de alimentación

Las parrillas, enrejado que sustenta la masa del carbón, se clasifican en fijas y móviles. Dentro de las parrillas fijas están las de *alimentación superior* y la alimentación inferior. El tipo de parrilla se escoge dependiendo de muchos factores: tipo de instalación, tamaño de partícula, rendimiento necesario. La masa de parrilla en el carbón va a presentar cuatro zonas bien diferenciadas:

- Zona de cenizas: Perjudicial porque apantalla la cantidad de calor. Sin embargo protege la parrilla
- Zona de oxidación: Aquí se produce la combustión primaria
- Zona de reducción:
- Zona de destilación: La materia volátil se recalienta y se obtiene el residuo de coque

Factores que influyen sobre el proceso de combustión

Durante la reacción de combustión de un carbón se nos hace necesario regular los siguientes aspectos:

- Suministro de aire
- Tiempo de combustión
- Enfriamiento de gases de horno
- Granulometría

Es necesario tener en cuenta la *velocidad de suministro*, la *cantidad* y *calidad* del aire, *distribución* del aire y el *exceso* del mismo. Si queremos que se realice una combustión completa no llega en la práctica con aportar el aire primario requerido teóricamente para quemar el carbono fijo del carbón (transformando este en CO_2). Si el lecho de carbón es poco profundo, no habrá un buen contacto con el aire. Si aumentamos el espesor del lecho de carbón, no habrá entonces suficiente aire para realizar completamente la reacción. Es por todo esto que necesitamos del aporte del aire secundario. Este *aire secundario* se aporta normalmente por encima de la parrilla. De este modo conseguimos que se produzcan las siguientes reacciones:

$$C + \tfrac{1}{2} O_2 \rightarrow CO \rightarrow$$

$$CO + O_2 \rightarrow CO_2$$

$$C + O_2 \rightarrow CO_2$$

La velocidad de suministro de aire influye de manera que a mayor suministro de aire, mejor se realizará la reacción, mientras que si la velocidad es baja, la reacción se producirá con más dificultad.

En cuanto a la cantidad y velocidad de entrada de aire de entrada, influye del mismo modo que el punto anterior. La distribución de aire en el horno es un factor que viene condicionado por el *rango del carbón*. Por lo tanto, el contenido en materias volátiles del carbón nos va a influir en la distribución de aire. El *exceso de aire* influye porque la cantidad de aire en exceso aportada a la combustión depende en parte del tipo de combustible, del modo de apilar el carbón en la parrilla.

Combustión del carbón sin emparrillado

Según veremos, será necesario utilizar otro soporte distinto del emparrillado para poder sujetar el carbón; por ello es necesario que el carbón esté especialmente preparado. Existen dos procedimientos, según el tamaño que presente el carbón, que puede ser pulverizado y menudo.

Carbón pulverizado sin parrilla

Se usa cuando el carbón tiene un tamaño muy pequeño. Tiene la ventaja de que al estar el carbón muy pulverizado, la superficie de contacto va a ser mucho mayor. Va a presentar su combustión una llama larga, casi como la que presentan los gases. Sin embargo, la combustión es más lenta. Se necesitan cámaras de combustión más grandes. Presenta su combustión un rendimiento alto y es fácil de regular

Ventajas:

- Aplicable a gran variedad de carbones
- Alto rendimiento
- Altas temperaturas
- Exceso de aire bajo
- Velocidad de alimentación y suministro de aire fácilmente regulable

Inconvenientes:

- Cuando el carbón tiene ceniza, ésta es difícil de eliminar
- La instalación inicial es cara (hay que efectuar una serie de procesos previos: molido, tamizado, transporte,...)
- Tiene tendencia a escorificar en las paredes refractarias. Esto requerirá un mayor mantenimiento
- Mayor cantidad de cenizas por inquemados
- Es necesaria una cámara de combustión más grande
- Para carbones húmedos es necesario mayor gasto en la preparación previa.

El proceso de combustión de este tipo de carbón se realiza en 3 etapas:

1. *Pre-ignición*: Se produce un pequeño cambio en la forma y tamaño de las partículas.
2. *Ignición y combustión*: Se queman los componentes volátiles
3. *Combustión del residuo carbonoso*

Con este tipo de combustión, los carbones que tienen tendencia a la aglomeración forman lo que se llaman *cenosferas*, que son esferas huecas de paredes finas. Al haber mucha superficie de contacto, en este tipo de combustión se va a requerir gran cantidad de aire, y por lo tanto, el volumen del hogar deberá ser grande. Lo que se suele hacer es emplear combustible coloidal, que es una suspensión de polvo muy fino de carbón en un aceite o fueloil residual que se estabiliza mediante un agente dispersante. Este combustible se puede *atomizar*, dividiendo el combustible en pequeñas gotas, regulando fácilmente la combustión. Esto permite menos volumen de hogar.

Carbón menudo

El carbón menudo es aquél que tiene un tamaño inferior a 6.5 mm. El horno usado se denomina BACCOCK. Para poder usar este proceso, el carbón debe cumplir una serie de requisitos:

- Carbón rico en materias volátiles, para que tenga llama larga y que entre fácilmente en ignición
- Cenizas con punto de fusión inferior a 1430°C en una atmósfera reductora
- Viscosidad de la escoria de 250 poisses a 1480°C

Es necesario que se produzca un 3er aporte de aire para que se queme totalmente el combustible. El aire se insufla con una cierta velocidad. El porcentaje de exceso de aire para la combustión completa es relativamente bajo. El tamaño de horno va a ser menor que el del carbón pulverizado. La ceniza va a ser más gruesa y por lo tanto más fácil de eliminar que en el carbón pulverizado.

Combustión del carbón y legislación medioambiental

En la combustión se van a formar una serie de compuestos (humos y gases de combustión), que se suelen expulsar a la atmósfera, ya que suelen ser desechos. El problema radica en la composición de estos gases y en sus cantidades. Los gases de combustión suelen tener los siguientes compuestos, cuando la combustión es buena.

$$CO_2, H_2, SO_2, N_2, O_2$$

Si la combustión es mala tendremos:

$$CO_2, CO, H_2O, SO_2, N_2, O_2.$$

Los peores compuestos desde el punto de vista ambiental son: CO_2, CO, SO_2, siendo éste último, el dióxido de azufre el peor legislativamente hablando.

El SO_2 emitido, en contacto con el H_2O (en humos o en la propia atmósfera, forma el H_2SO_4, que es el responsable de la lluvia ácida.

Si existe una mala combustión tendríamos C_s (hollín), que produce un gran impacto visual (ennegrecimiento) amén de otros.

Las legislaciones tienden a ser cada vez más estrictas, sobre todo en cuanto a emisiones de CO_2 y SO_2. La legislación tiene en cuenta tanto concentraciones puntuales como continuadas. Lo primero que debe tratar de cumplir la legislación medioambiental deben ser las propias instalaciones industriales. Esto va a tener un buen efecto publicitario e incluso económico, porque estar dentro de los parámetros medioambientales implica estar dentro de los parámetros de una buena combustión; esto sobre todo en cuanto a la emisión de CO_2. En caso del SO_2 el control es más administrativo y legislativo que empresarial, ya que no se ve un beneficio económico directo claro. La combustión del carbón es una combustión 'sucia': produce 2 veces más de CO_2 que la que produce el gas natural y un 20% más que la del fuelóleo (referido a 1 Kw.h de electricidad).

Tendencias actuales en la combustión del carbón

En la actualidad se tienden a utilizar procedimientos que permitan unas condiciones lo más ideales posibles para la combustión del carbón. Son las denominadas tecnologías limpias del carbón. Estas tecnologías limpias del carbón son:

CFBC: Combustión en lecho fluidizado circulante (Circulating fluidized bed combustion).

PFBC: Combustión en lecho fluidizado a presión (Pressure fluidized bed combustion).

IGCC: Ciclo combinado de gasificación integrada

CFBC: El fluido que sostiene el carbón es aire y caliza. La caliza sirve para ayudar a fijar el SO_2 que se produce, como sulfato cálcico, y además baja la temperatura del proceso, lo que evita la formación de los No_x. La secuencia de reacciones es:

$$S + O_2 \xrightarrow{} SO_2$$

$$SO_2 + CaCO_3 \xrightarrow{} CaSO_4 \text{ desciende la temperatura}$$

PFBC: En este proceso existe una cierta presión en el horno. El gas de combustión se va a depurar y expandir en una turbina de gas, para así aprovecharlo.

IGCC: En este proceso el carbón se gasifica parcialmente con aire en un horno a presión. Lo que se obtiene en este proceso es un gas con monóxido de carbono y H_2. El gas se depura, y una vez frío se quema (oxida) y una vez quemado se emplea la energía obtenida para producir electricidad en una turbina de gas. Parte de estos gases vuelven a realimentar el proceso. Además, los gases de escape se van a emplear en alimentar una turbina convencional y obtener de este modo una energía adicional.

Briquetas u ovoides

Se llaman briquetas a los productos que resultan de la compactación de restos finos y menudos que se producen en la obtención del carbón y que en gran parte se estarían perdiendo en el proceso de lavado del carbón. Que se llegue más o menos lejos en la recuperación de este carbón dependerá de la calidad del carbón. Estamos en un tamaño en el que las cenizas son más grandes que las propias partículas del carbón. Este aumenta al aumentar la mecanización de la mina.

Los objetivos del briqueteado del carbón son:

Convertir el carbón fino o menudo, barato o desecho, en combustible utilizable.

Producir a partir de carbones que *decrepitan* en las parrillas combustibles sólidos que se comportan satisfactoriamente durante la combustión.

Producir combustibles sólidos sin humos a partir de carbones finos no aglutinantes.

Fabricación de las briquetas

Se realizan por medio de la compresión de las partículas de carbón de menor tamaño. Esta compresión se puede realizar con dos procedimiento distintos:

Briqueteado sin aglomerado: Esta basado en propiedades inherentes al carbón. Tiene 3 variables fundamentales: *temperatura, presión y humedad*. Del ajuste óptimo de estas variables va a depender que el briqueteado sea exitoso o no. La facilidad para sufrir briqueteado disminuye cuánto más se parezca el carbón considerado a la antracita. El mejor carbón para briquetear son los lignitos pardos.

Los países que han desarrollado preferentemente las técnicas para briqueteado han sido Alemania y Australia (Victoria), que poseen grandes reservas de lignitos.

Para formar estas briquetas sin aglomerantes, puede ser que tengamos las briquetas autoaglomerantes, en las que habrá que usar una presión alta (del orden de 700 kg/cm^2 en lignito pardo. Para fabricar estas briquetas se utilizan las *prensas de autobriqueteado*, que pueden ser de dos tipos:

- *Extrusión*: De émbolo o acción directa. Sección rectangular
- *Rodillos*: Funcionan con dos ruedas tangentes (anillos). Están pensadas para grandes instalaciones. Utilizan secciones de diferentes formas

Las hullas, para que sufran un proceso de autobriqueteado, hay que calentarlas para que se reblandezcan primero y además de este modo el bitumen actúa como aglomerante.

Briqueteado con aglomerado. Es muy útil para aprovechar los carbones de desecho de alto rango que están en finos sólidos. Se aplica pues a carbones bituminosos, carbonosos, antracitas o coque.

El *aglomerante* es la sustancia que aglutina los trozos de carbón. Hay dos tipos de aglomerante

- *Inorgánicos*: Silicato sódico, lejía de sulfato, sílice, oxicloruro de magnesio, cementos. Estos aglomerantes, por su carácter inorgánico, van a provocar un aumento de las cenizas del carbón, por lo que rebajará la calidad del mismo

- *Orgánicos*: Este tipo de aglomerantes no aumenta las cenizas; aumenta el calor de combustión. Se usan cereales e hidrocarburos pesados (asfaltos). Los cereales son almidones, harina de maíz. El inconveniente de este tipo de aglomerantes es que en condiciones húmedas se desintegra.

Con el empleo de hidrocarburos pesados se aumenta la resistencia a la humedad de las briquetas y nos da un producto más útil que se maneja y usa mejor. Lo que se emplea en la actualidad es brea de alquitrán de petróleo.

Características físico-químicas que deben cumplir las briquetas

No importa la procedencia de las briquetas. Deben cumplir las siguientes propiedades.

- Resistencia a la rotura por flexión
- Resistencia a la rotura por compresión
- Resistencia al frotamiento
- Resistencia frente a la humedad
- Estabilidad frente a agentes atmosféricos

Balance de la combustión del carbón

En un carbón, como sabemos, rara vez se conoce su composición química exacta; pero es posible conocer su composición en contenido de C, H_2O, H, O y cenizas. El balance de la combustión de un carbón se hace básicamente igual que el de cualquier combustible.

Componente	% $(C-H_2O)$	% $(C-H_2O-$cenizas$)$	Reacción	Gases de combustión
C	C_1	C_2	$C+O_2 \rightarrow CO_2$	CO_2
H	H_1	H_2	$H_2+\frac{1}{2}O_2 \rightarrow H_2O$	H_2O
S	S_1	S_2	$S+O_2 \rightarrow SO_2$	SO_2
H_2O				H_2O
Cenizas				
	Porcentajes calculados libres de cenizas y agua	Porcentajes calculados libres de agua		

Se calcula el aire mínimo, oxígeno mínimo, gases de combustión, etc. de igual forma que para un combustible general. Se deben calcular los porcentajes libres de cenizas y agua, porque el contenido en cenizas del carbón es bastante importante. Por ello, si queremos decir el peso total de los gases de combustión habrá que decir el combustible empleado, el aire real y las cenizas. Las cenizas no se obtienen en la combustión. Los porcentajes se dan en masa.

Combustibles gaseosos

Clasificación

Se denominan combustibles gaseosos a los hidrocarburos naturales y a los fabricados exclusivamente para su empleo como combustibles, y a aquellos que se obtienen como subproducto en ciertos procesos industriales y que se pueden aprovechar como combustibles.

La composición de éstos varía según la procedencia de los mismos, pero los componentes se pueden clasificar en se pueden clasificar en *gases combustibles* (CO, H_2, (HC)) y *otros gases* (N_2, CO_2, O_2).

Los combustibles gaseosos se clasifican en:

- *Combustibles gaseosos naturales*
- *Combustibles gaseosos manufacturados*

Nos interesa conocer el porcentaje de los componentes que integran los gases. Se usan para estos los mismos procedimientos que para el análisis de los gases de combustión.

Existe otra clasificación de los combustibles gaseosos que se refiere a su grado de intercambiabilidad. Esto nos permite clasificar los combustibles gaseosos en familias, que son 3: 1ª, 2ª, 3ª.

Propiedades y ventajas de los combustibles gaseosos

El *poder calorífico*, una de las propiedades más importantes de un combustible, se expresa para los combustibles gaseosos por unidad de volumen en condiciones normales. El valor del poder calorífico va a variar mucho dependiendo del tipo de gas que estemos manejando, y por lo tanto, en función de los componentes del combustible que estemos manejando. Los componentes no combustibles de un combustible van a bajar el rendimiento calorífico de la combustión. Sin embargo, a pesar de esto, a veces, un combustible de calidad inferior pero que sea subproducto de un proceso industrial puede ser más ventajoso económicamente.

Recordamos que existen dos clases de poder calorífico:

- Poder calorífico superior, que es el que se libera al realizar la combustión de una unidad de volumen de gas
- Poder calorífico inferior, que es igual que el anterior, pero sin tener en cuenta el calor de condensación del agua producida en la combustión.

Las unidades del poder calorífico son Kcal/m^3; Btu/ft^3; Cal/L

La unidad de volumen puede ser:

Nm^3: En *condiciones normales*: Volumen medido a P$_N$: 1 atm T$_N$: 0°C

Sm^3: En *condiciones estándar*: Volumen medido a P$_S$: 1 atm T$_S$: 15'6°C

Para expresar la energía liberada en una combustión se usa la TERMINA

TERMIA=2500 cal

Para calcular el poder calorífico de un combustible gaseoso hay que conocer la composición del mismo (proporción de componentes). Conociendo los calores de combustión de los componentes individuales resulta relativamente sencillo calcular el poder calorífico del combustible:

$$PC=\sum_{i=1}^{n} \frac{\%}{100} \cdot PC_i$$

Otra propiedad importante del combustible es el calor específico. Se define éste como *la cantidad de calor requerida para que la unidad de masa de gas aumente su temperatura 1°C*. Las unidades son cal/g°C; Kcal/Kg°C; Btu/lb°F. Pero lo cierto es que al aumentar la temperatura existe una dilatación; es por ello que se definen los siguientes calores específicos:

- Calor específico a *volumen constante* (Cv)
- Calor específico a *presión constante* (Cp)

Cv es menor que Cp, ya que hay que tener en cuenta el trabajo de expansión que hay que realizar. Hay una relación entre estos dos valores:

Cp/Cv

Gas monoatómico: 1,67

Gas diatómico: 1,40

Gas triatómico: 1,33

Otra propiedad de los combustibles gaseosos es la viscosidad. Al aumentar la temperatura aumenta la viscosidad. Existen dos tipos de viscosidades, la cinemática y la dinámica.

Otra propiedad de los combustibles gaseosos es el *índice de Wabbe* (W). También está el índice de Wabbe corregido, que se define como la relación entre el PCS y la raíz de la densidad relativa:

$$W = \frac{PCS}{\rho}$$

El índice de Wabbe corregido tiene en cuenta los hidrocarburos más pesados que el CH_4, CO_2 y otros:

$$Wc = K1 \cdot K2 \cdot W$$

K1 y K2 depende de la familia del combustible y del contenido en CO_2, CO y O_2. También el efecto de hidrocarburos más pesados que el metano

Una característica útil de los combustibles gaseosos es el denominado **potencial de combustión**, que se define del siguiente modo:

$$C = U \times \frac{H_2 + 0,3CH_4 + 0,7CO + V\sum a \cdot C_n M_m}{\sqrt{\rho}}$$

a: factor característico de la velocidad de la llama

Otra característica importante de los combustibles es su intercambiabilidad. Se dice que dos gases son intercambiables cuando distribuidos bajo la misma presión en la misma red y sin cambios de regulación producen los mismos resultados de combustión (el mismo flujo calorífico) y la llama presenta la misma e idéntica posición y el mismo comportamiento también. Es imposible en la realidad que dos gases sean intercambiables al 100%; lo que se mira realmente es que prácticamente sean intercambiables. Existen unos diagramas de intercambiabilidad en los que de un modo rápido se puede ver si un gas es intercambiable con otro (diagramas de Delbourg).

Combustión de un combustible gaseoso

En la combustión de un combustible gaseoso es fácil deducir que la mezcla con el comburente se realiza de una manera fácil. El modo en que básicamente se realiza la combustión es igual que para un combustible sólido o líquido. Se sigue utilizando, en general, el aire como comburente, aunque a veces se usa el oxígeno. Es necesario en este caso el uso de quemadores, que es donde se va a producir la mezcla combustible comburente. La combustión es rápida, pero no instantánea. Es necesario un tiempo de mezcla para facilitar la reacción.

La combustión es, como sabemos, una reacción de oxidación. La llama es la fuente de calor de esta reacción. En todo proceso de combustión hay 3 condiciones que se deben cumplir:

Para que puede iniciarse y propagarse la combustión, hace falta que simultáneamente el combustible y el comburente esté mezclado en cierta proporción y que la temperatura de la mezcla sea localmente superior a la temperatura de inflamación

Para que la combustión se mantenga debe ocurrir que

- Los productos originados en la combustión se evacúen a medida que se producen.
- La alimentación del comburente y del combustible sea tal que se cumplan las condiciones expuestas hasta ahora.

Para que la combustión se realice en buenas condiciones se debe cumplir que:

- El aire empleado en la combustión sea el correspondiente a una combustión completa *sin exceso de aire.*

  Aire empleado = aire mínimo

- Debe haber una determinada turbulencia y un tiempo determinado.

Características de la combustión de gases

- Temperatura de ignición: La temperatura de ignición es la mínima temperatura a la que puede iniciarse y propagarse la combustión en un punto de una mezcla aire gas. El autoencendido de una mezcla aire gas se produce sobre los 650-700ºC.

- Límites de inflamabilidad: Se entienden estos como los porcentajes de aire y gas que presentan una mezcla de ambos para que pueda iniciarse y propagarse la combustión de dicha mezcla. Normalmente se expresa en porcentaje de gas combustible en la mezcla. Tanto el exceso se combustible como de comburentes son perjudiciales para la combustión, fuera de los límites de inflamabilidad

- Velocidad de deflagración: Es la velocidad de propagación de una llama estable

Parámetros interesantes en la combustión de gases:

Poder comburívoro o aire teórico: Es la cantidad de aire necesaria para asegurar la combustión de 1 m^3 de gas. Suele expresarse en m^3 normal de aire/m^3 normal de gas.

Poder fumígeno (humos o gases de combustión): Conjunto de productos en estado gas que se obtienen en el proceso de combustión. Se trata del volumen expresado en C/N de los gases de combustión que se obtienen en la combustión completa de 1 Nm^3 de gas asociado a una cantidad de aire igual a la teórica. Se pueden distinguir:

- *Humos secos:* No se considera el vapor de agua.
- *Humos húmedos*: Se considera el vapor de agua.

Se expresan en Nm^2 humos/Nm^3 normal de gas.

Índice de exceso de aire: Una combustión con el aire teórico es imposible, por lo que es necesario en la práctica un exceso de aire, que se regula por un *coeficiente de suministro* (que es el índice de exceso de aire o algo parecido). Pude darse una *combustión incompleta*, con inquemados gaseosos siempre (nunca podrán aparecer inquemado *sólidos*).

Temperatura teórica de combustión: Aquella temperatura que alcanzarían los productos de combustión si todo el calor generado en la misma se pudiera emplear en su calentamiento. Esto es imposible por pérdidas de calor en la instalación. Enriqueciendo el contenido en oxígeno es posible aumentar la temperatura actual de combustión hasta un cierto límite.

El soporte físico de la combustión de los combustibles gaseosos son los quemadores. El *quemador* es el órgano destinado a producir la llama. Lo hace poniendo en contacto las cantidades necesarias de aire y de gas para que se realice la combustión. El quemador debe regular una serie de aspectos, como son:

- La *mezcla* aire-gas. Debe ser adecuada en todo momento
- *Caudales* de aire y de gas
- *Estabilidad* de la llama
- *Dimensiones* y *forma* de la llama. Esto lo hace para poder adecuar la llama al recinto de combustión.
- *Poder de radiación* de la llama en un momento determinado

Los quemadores se pueden clasificar por el número o por el tipo de combustible con que funcionan, o también por el modo de funcionamiento.

$$
\textit{Número o tipo de combustible}
\begin{cases}
\text{Multigas o todogas} \\
\text{Mixtos o multicombustibles} \\
\text{Marcha simultanea} \\
\text{Marcha alternativa}
\end{cases}
$$

$$
\textit{Modo de funcionamiento}
\begin{cases}
\text{Atmosfericos} \\
\text{Presion} \\
\text{Boca radiante}
\end{cases}
$$

Número o tipo de combustible:

- Multigas: Funcionan con varios gases a la vez

- Mixtos: Pueden funcionar con distintos tipos de combustibles, pero no a la vez
- Marcha simultánea: Queman a la vez gas y otro tipo de combustibles (líquido o sólido)
- Marcha alternativa: Solo pueden quemar un tipo de combustible determinado

Modo de funcionamiento

- Atmosférica: Tienen llama corta, baja presión, el aire entra con ayuda de unos ventiladores
- De presión: Presión de hasta 3 atm
- Boca Radiante: La entrada de la mezcla se realiza a través de unas boquillas de un material refractario especial que se calienta hasta la incandescencia durante el funcionamiento, lo que facilita la combustión de los gases.

Cálculos de combustión

Los cálculos de combustión son análogos a los ya vistos. Los cálculos han de hacerse siempre en volumen. Si estamos quemando una mezcla se gases, cada uno tendrá una ecuación independiente.

Ventajas de los combustibles gaseosos

- Facilidad de manejo y transporte por tuberías.
- No presentan cenizas ni materias extrañas.
- El control de la combustión es mucho más fácil, lo que nos permite mantener la temperatura de combustión aún con demandas variables.
- Posibilidad de regular la atmósfera de los hornos para conseguir atmósferas reductoras según nos convenga.
- Posibilidad de calentar el gas en regeneradores y recuperadores, elevando de esta manera la temperatura de combustión, y por lo tanto, aumentando el rendimiento térmico.

- Proceden o suelen proceder de combustibles sólidos de baja calidad, por lo que nos permite darle un uso mejor a dichos combustibles.

- Es posible determinar su composición exacta, por lo que es posible determinar bastante bien su poder calorífico.

- A igualdad de calor cedido, la llama que origina un combustible gaseoso es más corta que la que origina un combustible sólido o uno líquido.

Gasificación de combustibles sólidos

La gasificación es la transformación de toda materia carbonosa en gas mediante la reacción del carbón incandescente con O_2, vapor de agua, CO, SO_2. Esto nos origina un conjunto de productos en estado gas cuya composición y propiedades dependen de la naturaleza del agente gasificante que estemos utilizando en el proceso. El agente gasificante nos va a condicionar el uso del producto obtenido como *gas combustible* o como *materia prima* en otro proceso químico superior.

En principio todos los carbones son aptos para gasificar. Se suelen gasificar productos que no tengan empleo en coquerías. A nosotros nos interesan los procesos donde se obtenga gas combustible.

Gasificación con vapor de agua

De este modo obtenemos gas de agua o gas azul (este nombre es debido al color de la llama, azul, característico de la combustión del CO). La principal reacción que tiene lugar es:

$$C_{(S)} + H_2O + 30 \text{ Kcal} \leftrightarrow CO + H_2$$

Esta es una reacción endotérmica

El *gas azul* tiene un poder calorífico de 2580/2670 Kcal/m^3 a PTS (presión y temperatura estándar).

Esto representa un 60-80% del PCS del carbón.

El *rendimiento de la gasificación* se define como la relación entre el PC del gas y el PCS del carbón del cual procede, es decir:

$$\eta = \frac{PC \text{ del gas}}{PCS \text{ del carbo´n}}$$

El que se emplee el gas de agua como combustible es muchas veces más ventajoso que la combustión directa del carbón. Usando gas de agua se consigue:

- Mejorar la mezcla combustible/comburente; se mejora por lo tanto el control de la combustión, y además se logra que para que la combustión sea completa sea necesaria menos cantidad de aire adicional
- Se obtienen temperaturas más elevadas, porque el calor generado se aprovecha mucho mejor
- Podemos precalentar el combustible y el comburente a la vez
- No hay SO_2 en la combustión
- No hay cenizas ni inquemados sólidos

Gasificación combinada de carbón y combustible líquido

Con este tipo de gasificación se obtiene el gas de agua carburado, de mayor rendimiento y poder calorífico. Se deriva del gas anterior, y aumenta su poder calorífico. Para obtener este tipo de combustible se ideó un dispositivo que mezclaba el carbón con un combustible líquido con los vapores del combustible líquido. Se utiliza el proceso denomina craqueo térmico (rotura de cadena por temperatura). De esta manera conseguimos mezclas de gas con mayor poder energético que el gas azul. El gas obtenido tiene un poder calorífico de 4000 cal/m^3 e incluso superior. El combustible así obtenido suele ser del tipo 'gasóleo'. Las cadenas carbonadas obtenidas son de 14-18 átomos de carbono. La proporción es 30 m^3 de gas $\rightarrow$ 9 litros de gasóleo

Aplicaciones de la gasificación del carbón

Como combustible:

- *Aplicaciones industriales*: Se usa en calentamiento de hornos en procesos metalúrgicos. En la actualidad el CO empieza a decaer

171

en su utilización en detrimento del fuel-óleo, del gas natural. Se siguen utilizando la gasificación del carbón en países y zonas con gran producción de carbón, como puede ser Sudáfrica, Australia, Países del Este,...

- *Aplicaciones domésticas*: Se usa para agua caliente, calefacción, cocinas. Se emplea sobre todo en países con grandes cuencas carboníferas.

Como materia prima en procesos de síntesis

- Se usa en la síntesis de amoníacos y gasolinas, éstas últimas de bajo octanaje

Petróleo. Origen y composición

Origen del petróleo

El petróleo es un mineral combustible líquido y que se encuentra en la envoltura sedimentaria de la tierra. La palabra proviene del latín petra (piedra) y *olem* (aceite). Presenta un calor de combustión superior al de los minerales sólidos (carbón), y es de 42 KJ/Kg.

El origen del petróleo ha sido un tópico de interés para muchos investigadores. Saber su origen es muy complicado. Una gran mayoría de químicos y geólogos dicen que tiene un origen orgánico, mientras que otros científicos piensan que se forman en la Naturaleza por un método *abiógeno*. De este modo tenemos dos teorías:

- *Teoría orgánica*

- *Teoría inorgánica (abiógena)*

Este método abiógeno considera que las sustancias inorgánicas, mediante transformaciones químicas, forman el petróleo. Pero es conocido que el petróleo tiene sustancias orgánicas. El problema que se plantea pues es saber que transformaciones dan lugar a materia orgánica a partir de materia inorgánica. La teoría orgánica dice que el petróleo y el gas se forman a partir de las sustancias orgánicas de las rocas sedimentarias. Consideramos que el primer material orgánico que se acumula en las rocas sedimentarias está formado por residuos muertos de la microflora y de la microfauna (plancton) que se desarrollan en el agua del mar y a las cuales se añaden restos animales y vegetales por transporte. En las capas superiores de las rocas sedimentarias esta materia orgánica sufre descomposición por acción de O_2 y bacterias. Se desprenden en este proceso CO_2, N_2, NH_3, CH_4, C_2H_6. A la vez se forman los primeros productos líquidos solubles en agua. El material más estable respecto a la acción química y bacteriana queda en las zonas sedimentarias. A medida que pasa el tiempo, las rocas sedimentarias van quedando enterradas por otras capas que se superponen a lo largo de mucho tiempo, hasta 1'5-3km de profundidad. Aquí hay un medio reductor, hay temperaturas más altas (de hasta 200°C), presiones considerables (10-30Mpa), y además todo esta masa estará encajonada entre otras rocas, las cuales pueden tener sustancias que funcionen como catalizadores de la reacción (arcillas). Esto todo hace que se produzcan una serie de transformaciones. La teoría actual considera que es en esta etapa cuando las sustancias orgánicas, especialmente los lípidos (grasas, ceras), sufren la descomposición debido a los efectos térmicos y catalíticos dando lugar a los hidrocarburos constituyentes del petróleo. Este proceso es largo y complicado, por lo que los detalles de los mecanismos de este proceso están todavía sin aclarar. Existen teorías sobre algunas etapas. Como el material orgánico inicial del cual procede el petróleo se encuentra disperso, los productos resultantes de su transformación (gas o petróleo) también estarán dispersos en la roca madre petrolífera, normalmente arcilla. El petróleo es líquido y el gas es *gas*, por lo que tendrán mayor movilidad que el carbón, igual que el agua que queda como residuo. Así podrán moverse, de forma que normalmente las bolsas de petróleo y gas emigran, por lo que no nos las vamos a encontrar allí donde se formaron. Los geólogos denominan a este fenómeno migración, que puede ser primaria o secundaria. Como resultado de la migración primaria, el petróleo y el gas se van a colocar en las rocas vecinas, siempre que sean porosas. Las causas de esto pueden ser *un desalojamiento forzado*, *difusión* (el petróleo busca otro sitio; los que más se difunden serán los gases), desplazamiento debido al *agua*, *presión* por causa de los estratos, *filtración* por los poros de las rocas encajonantes, puede viajar como mezcla de gas y vapor cuando hay *grandes temperaturas y presiones*. Esta masa de petróleo y gas va a moverse posteriormente hacia arriba, en lo que se denomina migración secundaria, a través de los estratos porosos y como consecuencia de la gravedad o de la presión de las placas tectónicas. Emigra hasta llegar a la roca impermeable que no permite la difusión a través de ella. Esto se denomina *trampa estratigráfica* para la bolsa de petróleo. Hay tres tipos de *trampa estratigráfica*:

- Anticlinal.
- Domo salino: la sal va solidificando y hace de cuña, penetrando hasta la parte impermeable.
- Falla: Se produce cuando los estratos rompen, quedando una capa porosa frente a otra impermeable. Así frena el paso del petróleo o del gas, produciéndose una acumulación que crea el yacimiento.

En un yacimiento siempre tendremos el casquete formado por gas que está siempre en equilibrio con el petróleo líquido. Esta acumulación de gas y petróleo en las trampas es lo que llamamos depósitos petrolíferos. Si su cantidad es grande o hay varios depósitos en las rocas hablaremos de yacimientos de petróleo o gas o de ambos, según cual sea el mayoritario en cada caso. El petróleo y el gas se encuentran difundidos en un gran espacio, y de ahí vienen el nombre que a los yacimientos se les da como *campos petrolíferos*. Esto es así porque las condiciones en las rocas hacen que el petróleo y el gas llenen los poros de las rocas encajonantes. Así, cuanto mayor sea el coeficiente de porosidad de las rocas, más se van a encontrar saturadas de petróleo. Como consecuencia, las *arcillas*, y en particular las *húmedas*, que prácticamente no tienen poros, serán buenas rocas cobertoras. Además de petróleo o gas en un depósito o yacimiento, también vamos a encontrar *agua*, que procede de la materia inicial de la que procede el petróleo. Esta agua va a ser salada, y el eliminarla es uno de los primeros problemas que se nos presentan al tratar un crudo. Los yacimientos de petróleo se encuentran a 900-2000 m de profundidad, y es raro que el petróleo aflore a la superficie. En la antigüedad se usaba, por ejemplo, en Mesopotamia, aprovechando estos afloramientos superficiales. Un afloramiento superficial puede ser una bolsa que ha quedado del resto de una migración. Son pequeños.

Petróleo crudo. Composición y clasificación

El petróleo presenta las siguientes propiedades físicas:

- líquido oleoso, fluorescente a la luz
- su color depende del contenido y estructura de las sustancias resinosas. De este modo tendremos petróleos *negros, oscuros, pardos, claros, incoloros*.

Existen 5 condiciones limitativas para que se pueda formar petróleo

Tiene que estar asociado con una roca sedimentaria

Casi exclusivamente, todo el petróleo parece haberse originado en agua marina o salobre. No parece necesario que haya existido una alta presión en el proceso de formación.

No se requieren altas temperaturas

Parece que se ha formado en los periodos cámbrico u ordoviciense.

El petróleo es menos denso que el agua, por lo que se va a encontrar nadando sobre ella. Este crudo va a estar formado por elementos hidrocarbonados. Además, había otros elementos de naturaleza inorgánica que se habían depositado con la microflora y microfauna.

La composición del petróleo dependerá del yacimiento, de la zona donde se haya formado. Tiene menos cenizas que las puede tener un sólido fósil. El crudo tiene cantidades apreciables de *sales* como ClNa, Ca, Mg,.. Debido a su formación en aguas marinas o salobres. Esto es un problema, porque los cloruros van a provocar corrosión, sobre todo los de Mg. Para ello, al entrar en el proceso de refino se va a realizar antes de nada un proceso de desalado. Los compuestos orgánicos del petróleo son *hidrocarburos* de diversos tipos. La composición de un crudo de petróleo es bastante uniforme en cuando al contenido de C, H, S, N. La composición del gas es más variable. Dependerá del petróleo del que proceda, de su composición. La mayoría de los compuestos del petróleo son los *hidrocarburos* (parte orgánica). Existen toda clase de hidrocarburos en el petróleo: hidrocarburos *parafínico, nafténicos y aromáticos*. Dentro de estos pueden ser *lineales* o *ramificados*.

- Parafínicos à alcanos: C_nH_{2n+2}: CH_4, C_2H_6, C_3H_8, C_4H_{10}, C_5H_{12} e isómeros correspondientes
- Cicloalcanos
- Aromáticos

Dependiendo de la zona donde se forma el crudo tendremos más proporción de unos compuestos u otros. Es importante saber la composición del crudo, puesto que según su composición podremos obtener unos productos u otros del crudo. Sin embargo, sea cual sea la procedencia del crudo, se va a mantener constante el contenido en C y H_2, aunque tengan distintos compuestos hidrocarbonados (siempre dentro de una familia de crudos). Los compuestos de naturaleza inorgánica son los que contienen N, S, O_2 y elementos metálicos. Se encuentran en menores proporciones que, las cuales van a depender de la naturaleza del crudo. Es interesante conocer la composición en elementos orgánicos, porque dependiendo de esta, someteremos al crudo a uno u otro tratamiento, y obtendremos unos productos u otros.

Algunos ejemplos de compuestos inorgánicos son:

- compuestos sulfurados mercaptano
- compuestos de O_2
- compuestos de N_2
- compuestos de metales (Li, Na, V, (va unido a compuestos nitrogenados)

Los crudos de petróleo se pueden clasificar en base a:

- composición
- viscosidad
- curva de destilación

Factor de caracterización Kuop

El factor Kuop, es un valor que permite identificar o caracterizar el tipo de crudo en cuanto a su composición química, (base parafinica, mixta, nafténica, aromática).

Este índice tiene unos valores para

- parafínicos normales/ isoparafínico
- nafténicos puros
- aromáticos puros

$$Kuop = \frac{(Temp.\ Volutrica\ Media)^{\frac{1}{3}}}{SPGR\ (60^\circ F)}$$

La temperatura volumétrica media, es la temperatura de ebullición de un componente hipotético con características equivalente a la mezcla de hidrocarburos analizada.

K= 13 BASE PARAFINICA

K= 12 BASE MIXTA

K= 11 BASENAFTENICA

K = 10 BASEAROMATICA

Fraccionamiento del crudo de petróleo. Principales productos obtenidos

El fraccionamiento del crudo de petróleo consiste en efectuar un proceso mediante el cual, aplicando temperatura a una fracción del crudo, separemos los distintos componentes según el punto de ebullición de cada uno, el cual depende del número de átomo de C que tenga el componente, junto con su naturaleza.

Una vez que llega el crudo a la refinería hay que efectuar las siguientes operaciones:

Desalado: se trata de eliminar la mayor parte de sal posible y a su vez la mayor parte de contenido en H_2O.

Introducimos el crudo en la torre de destilación a presión atmosférica. Por la cabeza de la torre obtendremos los gases licuados (que son los más ligeros: naftas ligeras, kerosenos). Después obtenemos los componentes más pesados, que se denomina *residuo atmosférico*.

Ya que a presión atmosférica no conseguimos separar más componentes distintos por ebullición, lo que se hace para depurar más el residuo atmosférico es pasarlo a una torre atmosférica donde se le va a hacer la destilación a vacío. Conseguimos separar más componentes de este modo, puesto que en el vacío bajan los puntos de ebullición.

A los residuos obtenidos en el vacío es necesario hacerles posteriormente otros tratamientos.

Los diferentes productos que obtenemos al separarlos en los *cortes de destilación*, que son los intervalos de temperatura en los cuales, mediante ebullición, separaremos los diferentes productos.

Combustibles líquidos I. Generalidades

Clases de combustibles líquidos

Los combustibles líquidos, desde el punto de vista industrial, son aquellos productos que provienen del petróleo bruto o del alquitrán de hulla. Los clasificamos según su *viscosidad* o según su *fluidez* si es que proceden del alquitrán de hulla.

$$
\left\{
\begin{array}{l}
\text{Alquitran de hulla}
\left\{
\begin{array}{l}
* \text{ Segun su viscosidad}
\left\{
\begin{array}{l}
\text{- Ligero} \\
\text{- Pesado}
\end{array}
\right. \\
* \text{ Segun su fluidez: De acuerdo a la temperatura a la} \\
\text{cual el combustible se vuelve fluido (*)}
\end{array}
\right. \\[1em]
\text{Petroleo bruto: Tiene muchos compuestos hidrocarbonados de naturaleza} \\
\text{parafinica, naftalinica y aromatica que abarcan una gran cantidad de} \\
\text{diferentes compuestos hidrocarbonados}
\end{array}
\right.
$$

(*) La composición de éstos serán las sustancias menos volátiles que obtendremos en la rectificación primaria de la hulla.

El crudo de petróleo contiene un gran número de compuestos hidrocarbonados, pero que a su vez, dentro de las clases que pueden presentarse, estos abarcan un amplio espectro de compuestos hidrocarbonados.

A partir del crudo de petróleo podemos obtener un gran número de combustibles líquidos. El petróleo resulta ser la fuente por antonomasia de combustibles líquidos. Los principales combustibles líquidos son:

- Gasolinas: Abarcan compuestos hidrocarbonados que van desde C_4 a C_{10}.

- Kerosenos: C_{10} a C_{14}: cadenas hidrocarbonadas de 10 a 14 átomos de C

- Turboreactores: C_{10} - C_{18}/C_{14}

- Gasóleos: C_{15}-C_{18}

- Fuel-oil: Van a ser lo que tengan un punto de destilación más altos; es decir, los de mayor número de átomos de carbono y los más pesados.

Características más importantes de los combustibles líquidos

Como derivados que son del petróleo crudo, los combustibles líquidos están formados básicamente por compuestos hidrocarbonados. Pueden contener, además, O_2, S, N. Las principales características que caracterizan a un combustible líquido serán: *poder calorífico, densidad específica, viscosidad, volatilidad, punto de inflamación, punto de enturbamiento y congelación, contenido de azufre, punto de anilina y presión vapor Reid.*

1) Poder Calorífico: Es el calor de combustión: energía liberada cuando se somete el combustible a un proceso de oxidación rápido, de manera que el combustible se oxida totalmente y que desprende una gran cantidad de calor que es aprovechable a nivel industrial.

Se tratará de evaluar el rendimiento del combustible en una instalación industrial. Hay que recordar la diferencia entre PCS y PCI: En uno consideramos la formación de agua en estado líquido y en otro en estado vapor. Así, la diferencia entre ambos será el calor de vaporización del H_2O (540 kca/kg).

2) Densidad específica o relativa: Fue la primera que se utilizó para catalogar los combustibles líquidos. Los combustibles se comercializan en volumen, por ello es importante saber la densidad que tienen a temperatura ambiente.

Se define la densidad específica como:

$$\text{Densidad específica o relativa} = \frac{\text{Densidad absoluta de un producto (a una temperatura)}}{\text{Densidad del agua líquida (a 4°C)}}$$

La escala más comúnmente utiliza es la *escala en grados API* (a 15°C) API definió sus densímetros perfectamente, estableciendo sus características y dimensiones en las especificaciones.

Las densidad específicas o relativas de los combustibles líquidos varían, pero los más ligeros serán los que tengan menor contenido en átomos de carbono. De este modo, las *gasolinas* serán las que tengan menor densidad específica, mientras que los *fuel-óleos* serán los que mayor densidad específica tengan. Esto se comprueba con los siguientes datos:

- Gasolinas: 0,60/0,70
- Gasóleos: 0,825/ 0,860
- Fuelóleos: 0,92/1

Es importante conocer la densidad específica y la temperatura a la que se midió, porque los combustibles líquidos, como ya dijimos, se comercializan midiendo su volumen, el cual va a variar con la temperatura. Hay ecuaciones que correlacionan la variación de densidad con la variación de la temperatura (tablas ASTM).

3) Viscosidad: Mide la resistencia interna que presenta un fluido al desplazamiento de sus moléculas. Esta resistencia viene del rozamiento de unas moléculas con otras. Puede ser *absoluta o dinámica,* o bien *relativa o cinemática.*

La *fluidez* es la inversa de la viscosidad. Por ello la medida de la viscosidad es importante porque nos va a dar una idea de la fluidez del combustible; permite apreciar la posibilidad del bombeo de un producto en una canalización y de este modo nos permite saber si podemos tener un suministro regular. La *viscosidad* es muy importante en el caso de los fuel-oils, ya que éstos se clasifican siguiendo criterios de viscosidad a una determinada temperaturas.

La unidad de la viscosidad es el *Poise*: $g.cm^{-1}.s^{-1}$

La *viscosidad cinemática* se define como:

Viscosidad cinemática =

$$\frac{\text{viscosidad dinamica}}{\text{densidad a la misma temperatura}}$$

La *viscosidad relativa* se define como:

Viscosidad relativa =

$$\frac{\text{viscosidad absoluta}}{\text{viscosidad agua a } 20°C \text{ (1 Poise)}}$$

Para medir la viscosidad en combustibles líquidos se emplean viscosímetro de vidrio. Es muy importante decir la temperatura a la cual se ha evaluado la densidad. Existen diversas escalas para expresar la viscosidad de un producto petrolífero y existen también ecuaciones de correlación entre ellas. El hecho de que un combustible (o un líquido en general) tenga la viscosidad muy alta quiere decir que es poco fluido.

4) Volatilidad. Curva de destilación: La *volatilidad* se determina con la curva de destilación. Un combustible líquido es una fracción de la destilación del crudo de petróleo. Tendremos una u otra cosa dependiendo de donde cortemos en la destilación, es decir, de las temperaturas donde recojamos en el intervalo de destilación. No tendremos una temperatura única, sino que a medida que el volumen recogido va aumentando va variando la temperatura.

La temperatura va a ascendiendo porque tenemos otros compuestos con más átomos de C en la cadena que se van evaporando poco a poco. Después de condensan al ponerse en contacto con las paredes frías y se recogen. Así, cuanto mayor sea la temperatura, se evaporarán los más pesados, los de mayor número de átomos de carbono en la cadena.

Parámetros de la destilación

Dependerán del combustible a destilar. Son:

- *Punto inicial de destilación*: IBP: Temperatura a la que cae la primera gota de destilado
- *Punto final de destilación*: EBP
- *Volumen de pérdida (P)*
- *Volumen de residuos (r)*
- *Volumen de recogido (R)*

Si ponemos inicialmente 100 ml, las pérdidas serán 100-(R+r)

Los residuos son los que no son capaces de pasar a fase vapor

Todo lo dicho es referido a una presión de 760 mm Hg. Como la presión del ensayo no va a ser esa, se mide la presión del ensayo y después se hacen las correcciones para que las temperaturas medidas estén referidas a 760 mm Hg. Este ensayo de volatilidad se aplica a gasolinas, naftas y querosenos, combustibles de turborreactores y gasóleos. El ensayo para los combustibles más pesados habría que hacerlo a presión reducida, no a la atmosférica, y es por ello que no se hace a los fuel-oils.

5) Punto de Inflamación: Se define como la mínima temperatura a la cual los vapores originados en el calentamiento a una cierta velocidad de una muestra de combustible se inflaman cuando se ponen en contacto con una llama piloto de una forma determinada. Esto en lo que se refiere a un combustible líquido. El *punto de inflamación* nos da una idea de la cantidad de compuestos volátiles o muy volátiles que puede tener un combustible. Teniendo en cuenta el punto de inflamación podremos estimar cuales van a ser las condiciones de almacenamiento de ese combustible. Según como vayan a ser las condiciones de almacenamiento, el punto de inflamación se determinará en *vaso abierto Cleveland* o en *vaso cerrado Perski-Maters*.

6) Punto de enturbiamiento y congelación: Todas las características que se han mencionado se refieren al número de átomos de carbono en las

cadenas. El *punto de enturbiamiento* sólo se aplica a los gasóleos, y es la temperatura mínima a la que sometiendo el combustible a un enfriamiento controlado se forman en el seno del mismo los primeros cristales de parafina (de cadenas carbonadas lineales, alcanos. Son los de mayor punto de congelación y los más pesados. Los componentes más pesados son los que cristalizan y solidifican antes, son los de más alto punto de congelación (lo hacen con "más calor"). Esto va a dificultar el fluir del combustible. Esta característica se suele sustituir hoy en día por el *punto de obstrucción* del punto en frío (PDF), y que consiste en una prueba análoga a la anterior (se observa la formación de los primeros cristales de parafina), pero que se realiza de un modo distinto Punto de congelación: La diferencia con el punto de enturbiamiento está en el termómetro utilizado. Se aplica a gasóleos y a fuel-oils. En el punto de enturbiamiento el termómetro toca el fondo del tubo de ensayo; en la prueba del punto de congelación, no se toca el fondo del tubo de ensayo, ya que aquí se mide la temperatura a la cual se ha solidificado toda la muestra. En el de enturbiamiento vemos cuando solidifican los primeros cristales (es decir, los de punto de congelación más alto). En el de congelación ya ha solidificado toda la muestra. Si ponemos el tubo horizontal, la muestra no debe moverse en 3 segundos.

Prueba de enturbiamiento: Vemos cristales de compuestos parafínicos, que son los que tienen el punto de congelación más alto.

Punto de congelación

Hay un mayor número de compuestos hidrocarbonados solidificados. A esta temperatura el producto no puede fluir por la canalización en la que se encuentra. Hay que tener que no se alcance este punto en la operación del combustible porque podría acarrear graves problemas.

7) Contenido en azufre: El azufre que se encuentra en un combustible líquido deriva del crudo de petróleo del que procede el combustible y a veces puede derivar de algún proceso al que ha sido sometido en el

fraccionamiento. Nos interesará que el contenido en azufre sea el menor posible, ya que la legislación marca unos límites.

Los problemas que nos pueden provocar el azufre contenido en un combustible líquido son:

- Corrosiones en los equipos en los que se quema el combustible, en equipos auxiliares (chimeneas), precalentadores de aire.
- Contaminación ambiental, que se debe evitar.
- Influye sobre el poder calorífico del combustible, pudiendo hacer que sea menor. Puede variarlo bastante. Si estamos utilizando el combustible en una planta donde se van a utilizar los gases de combustión, puede traer problemas al entrar en contacto directo con lo que se está produciendo en la planta.

8) Punto de anilina: El punto de anilina es la temperatura mínima a la cual una mezcla de anilina y muestra al 50% en volumen son miscibles (la anilina es una *fenil-amina*) dibujo. Se trata pues de la temperatura de solubilidad de la anilina y la muestra. Este punto caracteriza muy bien a los productos petrolíferos, pues tanto éstos como la anilina son compuestos aromáticos, y como lo semejante disuelve a lo semejante, resulta que si el punto de anilina es bajo, el contenido de aromáticos es mayor, y si es alto, el contenido de parafinas será entonces mayor. De este modo podemos determinar si un petróleo tiene un carácter más parafínico o más aromático. El ensayo para determinar el punto de la anilina consiste en meter la muestra en un baño de calentamiento. A temperatura ambiente son miscibles. Se aumenta la temperatura hasta que se mezclan, que será cuando la mezcla se vuelve transparente (aquí es cuando se ve el filamento de la bombilla, que está situada detrás del tubo, sujeta a la placa metálica que sostiene el tubo)

9) Presión de vapor de Reid: Aunque esta no sea una medida exacta de la volatilidad, nos mide la tendencia que presenta el combustible a pasar a fase vapor. Para determinarla se mide la presión de vapor formado en

el calentamiento de una muestra de un combustible líquido a 37.8°C (ASTM-D323). Esta puebla se emplea para saber qué ocurrirá en el almacenamiento de los productos en la refinería. Este ensayo no es una medida de la presión de vapor real, porque el aire que contiene la cámara va a estar en contacto con los vapores que se producen en el ensayo. Los sí es una medida indirecta de elementos ligeros o muy volátiles que contiene el combustible a ensayar. De esto deduciremos las conclusiones necesarias de cara al almacenamiento y transporte del combustible. Para hacer esta ensayo hay que tener cuidado de no perder materia volátil de la muestra en su manipulación. Se leerá la presión en el manómetro, siendo ésta una medida indirecta de las materias volátiles que contiene.

Combustibles líquidos II. Gasolinas

Gasolinas. Composición y clasificación

Las *gasolinas* son los primeros combustibles líquidos que se obtienen del fraccionamiento del petróleo. Tienen componentes hidrocarbonados de C_4 a C_{10} y una temperatura de destilación de entre 30 y 200°C. Los principales componentes que presenta son un amplio grupo de compuestos hidrocarbonados, cuyas cadenas contienen hasta 10 átomos de carbono. Podemos tener en ella casi todos los compuestos hidrocarbonados que sean teóricamente posibles, como *parafinas, cicloparafinas, ciclohexánica, ciclobencénicos,...*, al menos en pequeños porcentajes. La fracción principal, sin embargo, va a estar formada por pocos componentes y con muchas ramificaciones, que son los que van a aumentar el octanaje. De C_5 a C_9 predominan las 2 metilisómero (CH_3) como sustituyente. Como cicloparafinas y en cuanto a los compuestos ciclobencénicos, están el tolueno, dimetil benceno, xilenos. Lo que ocurre es que según la procedencia del crudo de petróleo, las fracciones gasolina pueden variar la composición (ramificación de los compuestos). Existen, sin embargo, una serie de reglas generales:

- Dentro de una fracción gasolina, los 5 tipos de componentes que pueden estar presentes son:
  o Parafinas normales o ramificadas
  o Ciclopentano
  o Ciclohexano
  o Benceno y sus derivados
- Dentro de una clase de gasolinas, la cantidad relativa de los compuestos individuales son de la misma magnitud
- La relación entre el contenido en parafinas normales y ramificadas suele tener un valor constante

Clasificación

- Respecto a su procedencia: Existen 3 clases de gasolinas
  o *Gasolinas naturales:* Es aquella que se produce por separación del gas natural o gas de cabeza de pozo. La composición de esta gasolina varía con respecto al gas natural que lo acompaña. El contenido en hidrocarburos es más bajo que la gasolina de destilación
  o *Gasolinas de destilación directa:* Fracción que se obtiene al destilar el crudo de petróleo a presión atmosférica. No contiene hidrocarbonados no saturados de moléculas complejas aromático-nafténicas, puesto que presentan puntos de ebullición más altos que el límite superior del intervalo de ebullición de la gasolina
  o *Gasolina de cracking o refinado:* Esta sale a partir de una fracción de corte alto que se somete a otro proceso (*cracking*), el que se rompen las moléculas más grandes en otras más pequeñas, obteniendo así moléculas que entran dentro de la fracción gasolina. La composición ya

no va a ser tan homogénea con en las dos anteriores, y va a depender de la composición inicial y del proceso utilizado

- Según su utilización
  - o Según su utilización las gasolinas se dividen en *gasolinas de automoción* y *gasolinas de aviación*

Gasolinas de automoción. Propiedades más importantes

Las *gasolinas de automoción* se emplean en los motores de automóviles, de 4 tiempos, encendido por chispa, válvula de trabajo y carburador de aire. También se usa en motores de 2 tiempos y con otro tipo de válvulas. A veces también se inyecta.

La gasolina empleada debe poseer dos características muy importantes:

- combustibilidad en el aire
- volatilidad

Para asegurar la *volatilidad* hay que tener en cuenta las propiedades y composición del combustible, diseño del motor y materiales con los que está fabricado. La eficaz utilización de un combustible en un motor depende del diseño del motor (para que haya un mayor rendimiento), de la preparación del combustible para que el motor tenga mayor potencia y rendimiento. Para que esto se cumpla la gasolina que sale directamente de la destilación no tiene estos requisitos, por lo que necesita un tratamiento posterior para que se cumplan esos objetivos. Se deben añadir aditivos y otros elementos. La combustión de una gasolina es como la de cualquier combustible líquido, en la cual se va a generar calor y desprender gran cantidad de energía.

La *volatilidad* se estudia de acuerdo a la curva de destilación ASTM. La volatilidad de una gasolina se defina como la tendencia a pasar a fase vapor en unas condiciones determinadas. El estudio de la curva de destilación nos dice cómo se va a comportar el combustible, la gasolina en este caso, cuando lo metamos en un motor. La gasolina debe tener un punto de destilación bajo, para permitir un buen arranque en frío. Pero después está lo de la presión de vapor Reid. Una excesiva producción de vapor puede producir un *tapón de vapor* (producción excesiva de vapor a 37,8°C), de manera que se impide que pase el vapor combustible a la cámara de combustión. Hay que limitar el punto final de la destilación, porque si el punto final de destilación está muy alto, querrá decir que hay compuestos hidrocarbonados con más de 10 átomos de carbono en una proporción más alta de lo esperado. Conviene que haya poca proporción de hidrocarburos largos, y es por ello que hay que limitar la temperatura final de destilación. Los hidrocarburos más pesados crean las colas, que son perjudiciales, y por ello se limita el porcentaje que puede haber en combustión.

Estabilidad al almacenamiento

Se evalúa por la tendencia que presenta la gasolina a formar *gomas*. Las gomas son residuos que se forman durante el almacenamiento de las gasolinas cuando parte de sus componentes se han evaporado. Esta evaporación ha transcurrido en contacto con aire y con metales. Estas gomas corresponden a compuestos originales por la oxidación y polimerización de las olefinas (Olefinas alquenos, parafinas alcanos) y de las gasolinas. Los problemas que pueden originar estos residuos pueden estar en el *sistema de combustible* o en el *motor*.

- Sistema de combustible: Se deposita como residuo resinoso en la zona caliente de la toma de admisión. Si el residuo se quedara en los vástagos de las válvulas de admisión, incluso puede bloquear su funcionamiento. Si se va aumentando el residuo en capas, puede desprenderse y obturar el sistema de aspiración y filtros

- Motor: Obstruye las válvulas. Si se deposita en el colector puede llegar a dar humos en el tubo de escape (pérdida de potencia)

Todo esto se agrava si la gasolina es de cracking y no está bien tratada. Un problema añadido es la propia degradación del combustible, lo que puede llevar a una disminución del nivel de octano, dando mal funcionamiento al motor.

Las gomas se clasifican en:

- Actuales: Son aquéllas que están presentes en un momento dado. Pueden dar residuos en el sistema de inducción. Se trata de mirar cómo se evapora la gasolina cuando hacemos incidir sobre ella agua recalentada a 160ºC

- Potenciales: Igual que las actuales, pero en condiciones oxidantes

Tanto las gomas actuales como las potenciales deben estar limitadas para evitar problemas.

Octanaje

Es la medida de la tendencia de la gasolina a la *detonación* (sonido metálico que percibimos acompañado de recalentamiento, pérdida de potencia). Nos sirve el octanaje para *clasificar* las gasolinas. Para medirlo se usa un motor de dimensiones especificadas, monocilíndrico, en el que se puede variar su relación de compresión. La escala empleada para la medida del octanaje es totalmente arbitraria pero con dos puntos de referencia:

- Comportamiento del hepteno: índice 0
- Comportamiento del iso-octano: índice 100

El nº de octano es el porcentaje de *iso-octano* en una mezcla de heptano e iso-octano que presenta las mismas características detonantes que el combustible que estemos ensayando.

Existen dos procedimientos para medir el índice octano:

- *Método Motor* D-2700: Se mide el comportamiento de un motor a 'gran' velocidad

- *Método Research* D-2699: Se mide el comportamiento de un motor a baja velocidad

Para las gasolinas de automoción hay tres números de octano:

NOM: Número de octano MOTOR

NOR: Número de octano RESEARCH

RON (RDON): Número de octano en carretera

Como son todas escalas arbitrarias no coinciden los valores entre ellas. Sin embargo, existen relaciones entre las distintas escalas. Se han definido las siguientes magnitudes:

Sensibilidad: S=NOM-NOR

Variación del número de octano:

Los hidrocarburos de cadena ramificada y corta van a tener NOR y NOM muy altos, tanto si son saturados como su presentan dobles enlaces en las moléculas.

Los hidrocarburos aromáticos (cíclicos) también presentan NOR y NOM altos.

Los hidrocarburos lineales tienen NOR y NOM bajos.

Las cicloparafina y naftnénicos $(CH_2)_N$, tienen el número de octano NOR y NOM en una escala intermedia.

Hay que decir que el número de octano no está en proporción con el funcionamiento del motor. El número de octano que va a presentar una gasolina dependerá de la naturaleza y del tipo de cadena que tengan los hidrocarburos. Conviene hidrocarburos con cadenas ramificadas, porque dan mejor número de octano.

Hay una serie de aditivos que nos permiten mejorar el índice de octano de una gasolina, ya que el octano inicial de la curva de destilación no es normalmente suficiente. Los primeros productos ensayados para adicionar a la gasolina fueron el tetrametilo de plomo, el problema está en los residuos que provoca. Se buscaron sustitutos como el plomo tetrametilo. Pero la tendencia actual está en sustituir estos compuestos de plomo por compuesto oxigenados:

Alcoholes: etanol, metanol

Metil: metanol

MTBE

ETBE

TAME

DIPE

Se suele usar varios detonantes a la vez para conseguir las mismas propiedades que se conseguían con el plomo; sin embargo, por ahora el rendimiento no ha llegado a ser tan bueno como de los compuestos derivados del plomo.

Gasolinas de aviación

Cada vez tienen menos utilización, debido a la mayor generalización de los turborreactores. La gasolina de aviación es análoga a la de automoción, con la salvedad de que requiere octanajes superiores a 100, ya que se requiere mucha potencia. Para medir el octanaje se usa como patrón una mezcla de iso-octano y plomo tetraetilo. El octanaje será 100 más la cantidad de plomo tetraetilo añadido.

Existen dos escalas para medir el octanaje de la gasolina de aviación:

NOM: D-2700

NOP: D-909 (n° de octano de funcionamiento -performing-)

En los aviones, los depósitos van debajo de las alas, y que como suelen volar a altitudes donde las temperaturas son bajas, es muy importante controlar la *volatilidad* de las gasolinas, para que haya un buen arranque en frío, y también para que la respuesta sea buena: que no se produzca el tapón de vapor, que en el aire podría ser fatal.

Otra característica importante es el punto de cristalización, que es la temperatura a la cual se obtiene el primer compuesto de parafina. La formación de cristales de parafina pueden obturar válvulas de admisión (ver esquema de dispositivo de obtención de punto de cristalización) Los sólidos totales también pueden llegar a obturar la válvula de suministro del combustible. La explosividad es una característica que va ligada a los componentes de la fracción y a la volatilidad. Se debe evitar la formación de mezclas explosivas, sobre todo durante el almacenamiento. La estabilidad al almacenamiento se refiere a la formación de gomas. Es igual que en las gasolinas de automoción, pero varían los límites numéricos. Un problema añadido que se presenta aquí es debido al alto contenido en TEL, lo que puede llevar a una variación de octano por degradación del TEL. Contaminación por el contenido en Pb: El plomo presenta problemas de contaminación. Además, el TEL es un producto muy tóxico para el hombre, por lo que el personal que maneja el producto debe estar lo mejor entrenado posible.

Contaminación: Se produce sobre todo en los transportes (petroleros), cuando se introduce en un tanque mal limpiado un combustible diferente al que había. Esto puede provocar la variación de las propiedades del combustible e incluso su inutilización.

Combustibles líquidos III. Naftas, querosenos y jet propulsores
Naftas y querosenos

Las naftas son como disolventes. Están entre la gasolina y el combustible JP ó Diésel. Las naftas se clasifican en *ligeras* y *pesadas*. Las *naftas ligeras* eran anteriormente las gasolinas. Se emplean como disolventes, procesos de síntesis, productos de limpieza,... Son de carácter alifático (alcanos). Los querosenos son parecidos a las naftas. Tuvieron auge porque tenían una fracción muy amplia. Se usó en alumbrado no eléctrico (quinqué). Hoy en día se usa en estufas caseras.

Jet propulsores

'Jet Propulsor' es el nombre que reciben los diferentes combustibles para turborreactores. Tienen el corte de destilación superior al de las gasolinas. Suelen estar entre C_{12} y C_{16} átomos de carbono. El límite superior de destilación es inferior al de los combustibles diésel, estando el corte de destilación entre 150-300ºC. En su composición pueden ir incluidos antioxidantes, inhibidores de hielo, anticorrosivos, desactivadores. Cuando se empezó a fabricar se denominó JP1 (keroseno); el JP2 no se llegó a comercializar; el JP3 representaba una fracción demasiado grande; los JP4 y JP5 son cortes del JP3; el JP4 es menos volátil que el JP3; el JP5 es como el JP4 pero con menor explosividad; el JP6 está obsoleto; los últimos JP son el JP7 y JP8. Están formulados sobre unas normas militares americanas, MIL, que nos dicen como deberán ser los aditivos, la composición final.

Un 75-95% de los hidrocarburos de los JP son compuestos parafínicos y nafténicos, teniendo limitado el contenido en aromáticos a un máximo del 25%. Esto es así porque los compuestos aromáticos hinchan el caucho y pueden provocar un mal funcionamiento del motor.

El JP es un combustible utilizado por helicópteros, Harriers.

El JP debe tener un punto de cristalización bajo (por las bajas temperaturas de almacenamiento en aire), y es por ello también que se le añade inhibidores de hielo.

Nos interesará estudiar en los JP las siguientes características:

- *Punto de cristalización*
- *Índice de cetano*
- *Inhibidores antihielo que contienen*
- *Volatilidad (curva de destilación)*
- *Punto de inflamación*

Los dos últimos puntos nos interesan sobre todo de cara a la estabilidad en el almacenamiento.

Para la determinación de las *gomas actuales* en los JP se hace utilizando como agente vaporizador el vapor de agua sobrecalentado a 230°C. Esto se hace así porque tenemos más átomos de carbono en los compuestos formantes que en las gasolinas, y tendremos mayores puntos de ebullición.

- *Partículas sólidas que contengan*: tamaño y forma
- *Contaminación microbiológica*: este inconveniente se puede dar también en gasolinas de aviación. El problema de estos combustibles es que pueden entrar en contacto con agua. El agua no es miscible con estos hidrocarburos, por lo que se iría al fondo del tanque de almacenamiento y se iría drenando. Si no quitamos esta agua, al existir además del agua C, H_2, N_2, S, O_2 en los aditivos del combustible, cualquier microorganismo se va a comer el producto, reproducirse y depositar excrementos en él. Esto contamina y degrada el combustible

Combustibles líquidos IV. Gasóleos y fuelóleos

Gasóleos

El nombre de gasóleo viene dado porque la fracción que se recogía a principios de siglo entre 200 y 400°C se destinaba a fabricar gas ciudad para alumbrados. Hoy en día esta fracción se usa para combustibles para motores tipo Diésel (encendido por compresión). Tenemos más alta temperatura inicial de destilación (170/180°C) y también más alta temperatura final de destilación (370/380°C). Esto quiere decir que los componentes de la fracción gasóleo serán compuestos hidrocarbonados con mayor número de átomos de C en la cadena (C_{15}-C_{25}). Además, aquí los compuestos principales van a ser los de la fracción parafina; en concreto predominan los compuestos parafínicos con cadenas lineales. Tenemos también mayores puntos de ebullición y congelación.

Dependiendo de la naturaleza del crudo, los gasóleos van a tener diferentes porcentajes de aromáticos, parafínicos, querosenos, naftas,... Los procesos de refino van a servir para eliminar algunos de los componentes que no interesan.

Propiedades más importantes

Las propiedades más importantes de los combustibles tipo gasóleo son:

1) Punto de anilina

La definición de esta propiedad ya se ha visto en las gasolinas. Cuanto más alto sea este punto más alto va a ser el porcentaje de parafínicos en el gasóleo. Clasificamos los gasóleos gracias a esta propiedad con el índice de cetano. El índice de cetano está relacionado con la ignición del combustible. La ignición del combustible es muy interesante en los combustibles tipo Diésel, donde no hay chispa para que arda el combustible. Su respuesta a la ignición debe ser buena y la evaluamos por el índice de cetano. La respuesta a la ignición de un combustible se evalúa si se da en un tiempo más corto respecto a la inyección.

El *número de cetano* es el porcentaje de cetano en volumen que contiene una mezcla de alfametilnaftaleno y cetano que presenta el mismo retardo a la ignición que el combustible ensayado, teniendo en cuenta que tenemos que usar el mismo motor y mismas condiciones de operación que en el ensayo cetano: n hexadecano $C_{16}H_{34}$ NC=100

alfametilnafteno: NC=0

El cetano es el que tendría una respuesta a la ignición más rápida. La calidad de la ignición de un combustible diésel va a depender de su *composición*, es decir, de que tenga más parafínicos o más aromáticos. Si el número de cetano (NC) aumenta, entonces quiere decir que el motor va a arrancar bien a bajas temperaturas; no va a haber golpeteo en la combustión y la combustión se va a mantener regular y suave. Se debe decir el número mínimo de cetano para la obtención de un determinado combustible.

La fracción de gasóleo que obtenemos en la destilación del crudo va a tener un número de cetano bajo. Para aumentar el NC usamos los denominado mejoradores de la ignición, que son componentes adicionados en pequeñísimas cantidades, al igual que los aditivos para las gasolinas. Mejoran el NC en la fracción gasóleo, reducen el tiempo de retardo entre la inyección y la ignición del combustible. Los más comunes son los *nitratos orgánicos, los peróxidos, los polisulfuros, los aldehídos, cetonas y los éteres muy volátiles.*

Los *nitratos* presentan el problema de que son muy contaminantes. Los *peróxidos* son explosivos y además caros.

En las destilerías se obtienen gasóleos de destilación directa con un buen número de cetano.

Es posible calcular el índice de cetano téoricamente a partir de la norma ASTM-D976. Se calcula según esta norma en función de la densidad API y de la temperatura a la cual se recoge un 50% del producto (curva de destilación ASTM). Los números de cetano teórico y experimental van a estar bastante próximos. Los gasóleos también se pueden clasificar por el *índice diésel*, que responde a la siguiente fórmula:

Índice diésel = Punto de anilina (°F) X Gravedad API

Hay una diferencia máxima de 3 puntos entre los 3 métodos (teórico, experimental e índice diésel).

2) Volatilidad

El punto inicial de destilación de la fracción gasóleo está entre 160/190°C, mientras que el punto final máximo es de 370°C. El *residuo* de la destilación va ligado a las colas de destilación, que están formadas por los componentes de la fracción con más átomos de C, los más pesados, lineales. Son los que tienen mayor punto de ebullición y de mayor masa molecular. La pérdida es la fracción que se puede perder en la ebullición por los gases. Se debe cumplir que:

PÉRDIDA = 100-(RECOGIDA+RESIDUO)

3) Agua y sedimentos

Su determinación nos sirve para saber si hay condensación en los tanques en el almacenamiento. El exceso de agua es malo

4) Punto de inflamación

Debe de ser el adecuado

5) Punto de obstrucción del filtro en frío

A baja temperatura, si el porcentaje de parafínico es alto, se formarán cristales parafínicos que obstruyen los filtros, produciéndose una mala canalización del combustible

6) Punto de congelación

Igual que el punto anterior

7) Viscosidad

8) Azufre

Se debe evitar en la medida de lo posible el contenido en azufre, puesto que corroe el equipo y perjudica el medio ambiente

Fuelóleos

Son combustibles residuales, puesto que es el residuo que queda cuando se somete el crudo a destilación atmosférica. Es la fracción de combustible más pesada, la que tiene un mayor número de átomos de carbono.

Puede proceder de una destilación o de sucesivas destilaciones del crudo de petróleo. El intervalo de destilación se encuentra entre 340 y 500ºC.

El fuel está compuesto por los hidrocarburos que contenía el crudo inicialmente y que no ha ido en las otras fracciones. Habrá *asfaltos, compuestos metálicos, hidrocarburos, compuestos de N_2, O_2 y S* en bastante proporción. Es el combustible que tiene mayor proporción de compuestos metálicos y S. Es por lo tanto el que va a dar un mayor porcentaje de cenizas en la combustión porque tiene los componentes más pesado e indeseables del crudo de petróleo.

Este combustible se emplea para motores tipo Diésel lentos (de barcos). Se empleaba en instalaciones de calefacción, pero debido a su alto contenido en azufre, fue prohibido por la legislación medioambiental.

Para la clasificación de los fuelóleos lo hacemos por la viscosidad que presentan a una cierta temperatura. El aspecto físico del fuelóleo es pastoso y semifluido, con colores desde marrón a negro. Al ser una emulsión, el H_2O puede quedar ocluido en su seno formando bolsas. Para la toma de muestras a veces es necesario calentarlo para poder manejarlo, sobre todo si se trata de un fuelóleo muy pesado.

Propiedades

Las propiedades que se suelen considerar en este combustible son:

- *Punto de inflamación en vaso cerrado*
- *Punto de combustión en vaso abierto*
- *Viscosidad* (a 50 y 100°C)
- *Fluidez a una cierta temperatura*
- *Punto de congelación*

Estas dos últimas propiedades son importantes porque nos permiten determinar si podemos bombearlo a una cierta temperatura

- *Contenido en H_2O y sedimentos*
- *Contenido en H_2O*
- *Índice de Kuop*: Sirve para clasificar crudos y fuelóleos (...)

Si se baja el contenido en cenizas, aumentamos el punto de ebullición, por lo que habrá que almacenar menos que en los sólidos.

- Se suelen mezclar fuelóleos con diésel para facilitar la manipulación de los primeros, y esta mezcla se usa en barcos y centrales energéticas.

Instalación, almacenamiento, trasiego de combustible

Normativa vigente

La regulación actualmente vigente en la materia de las actividades de almacenamiento y manejo de productos químicos es la contenida en el Real Decreto 668/1980, de 8 de febrero, sobre regulación del almacenamiento de productos químicos, y en el Real Decreto 3485/1983, de 14 de diciembre, que modifica el anterior. Posteriormente, se aprobaron las instrucciones técnicas complementarias (ITCs) MIE APQ-001 a MIE APQ-006, que establecieron las condiciones técnicas de dicha reglamentación. Con respecto a la anterior reglamentación, el Real Decreto 379/2001, de 6 de abril (BOE núm. 112 de 10 de mayo de 2001)contempla definiciones nuevas, amplía el campo de aplicación a los almacenamientos en recintos comerciales y de servicio, indica unos límites por debajo de los cuales no es de aplicación esta reglamentación, establece la necesidad de disponer de una póliza de seguros que cubra la responsabilidad civil que pudiera derivarse del almacenamiento y establece condiciones para el almacenamiento conjunto. Además, se incluye un artículo relativo a las normas a que hacen referencia las instrucciones técnicas complementarias y a los productos legalmente fabricados en otros países de la Unión Europea. Por otra parte, con el objeto de establecer las prescripciones técnicas de seguridad a las que han de ajustarse las instalaciones de almacenamiento de productos tóxicos, se ha elaborado la instrucción técnica complementaria MIE APQ-7. Así pues las instrucciones técnicas complementarias que recogen las condiciones técnicas de dicha reglamentación son:

ITC MIE APQ 1: Almacenamiento de líquidos inflamables y combustibles

ITC MIE APQ 2: Almacenamiento de óxido de etileno

ITC MIE APQ 3: Almacenamiento de cloro

ITC MIE APQ 4: Almacenamiento de amoniaco anhidro

ITC MIE APQ5: Almacenamiento y utilización de botellas y botellones de gases comprimidos, licuados y disueltos a presión

ITC MIE APQ 6: Almacenamiento de líquidos corrosivos

ITC MIE APQ 7: Almacenamiento de líquidos tóxicos

Almacenamiento de líquidos inflamables y combustibles (ITC MIE-APQ 1)

Esta instrucción tiene por finalidad, como su título indica, establecer las prescripciones técnicas a las que han de ajustarse el almacenamiento, carga y descarga y trasiego de los líquidos inflamables y combustibles.

Esta instrucción técnica se aplicará a las instalaciones de almacenamiento, carga y descarga y trasiego de los líquidos inflamables y combustibles comprendidos en la siguiente clasificación:

Clase A.-Productos licuados cuya presión absoluta de vapor a 15 °C sea superior a 1 bar. Según la temperatura a que se los almacena pueden ser considerados como:

Subclase A1.-Productos de la clase A que se almacenan licuados a una temperatura inferior a 0 °C.

Subclase A2.-Productos de la clase A que se almacenan licuados en otras condiciones.

Clase B.-Productos cuyo punto de inflamación es inferior a 55 °C y no están comprendidos en la clase A. Según su punto de inflamación pueden ser considerados como:

Subclase B1.-Productos de clase B cuyo punto de inflamación es inferior a 38 °C.

Subclase B2.-Productos de clase B cuyo punto de inflamación es igual o superior a 38 °C e inferior a 55°C.

Clase C.-Productos cuyo punto de inflamación está comprendido entre 55 °C y 100 °C.

Clase D.-Productos cuyo punto de inflamación es superior a 100 °C.

Para la determinación del punto de inflamación arriba mencionado se aplicarán los procedimientos prescritos en la norma UNE 51.024, para los productos de la clase B; en la norma UNE 51.022, para los de la clase C, y en la norma UNE 51.023 para los de la clase D.

Si los productos de las clases C o D están almacenados a temperatura superior a su punto de inflamación, deberán cumplir las condiciones de almacenamiento prescritas para los de la subclase B2.

No se aplicará esta instrucción técnica a:

Los almacenamientos con capacidad inferior a 50 l de productos de clase B, 250 ll de clase C o 1.000 l de clase D.

Los almacenamientos integrados dentro de las unidades de proceso, cuya capacidad estará limitada a la necesaria para la continuidad del proceso. Las instalaciones en las que se cargan/descargan contenedores cisterna, camiones cisterna o vagones cisterna de líquidos inflamables o combustibles deberán cumplir esta ITC aunque la carga/descarga sea a/de instalaciones de proceso.

Los almacenamientos regulados por el Reglamento de Instalaciones petrolíferas.

Los almacenamientos de GLP (gases licuados de petróleo) o GNL (gases naturales licuados) que formen parte de una estación de servicio, de un parque de suministro, de una instalación distribuidora o de una instalación de combustión.

Los almacenamientos de líquidos en condiciones criogénicas (fuertemente refrigerados).

Los almacenamientos de sulfuro de carbono.

Los almacenamientos de peróxidos orgánicos.

Los almacenamientos de productos cuyo punto de inflamación sea superior a 150 °C.

Los almacenamientos de productos para los que existan reglamentaciones de seguridad industrial específicas.

Asimismo se incluyen en el ámbito de esta instrucción los servicios, o la parte de los mismos relativos a los almacenamientos de líquidos (por ejemplo: los accesos, el drenaje del área de almacenamiento, el correspondiente sistema de protección contra incendios y las estaciones de depuración de las aguas contaminadas), cuando estén dedicadas exclusivamente al servicio de almacenamiento.

El almacenamiento se hará en recipientes fijos de superficie o enterrados o bien en recipientes móviles. Los recipientes podrán estar situados al aire libre o en edificios abiertos o cerrados:

Almacenamiento en recipientes fijos

Los recipientes para almacenamiento de líquidos inflamables o combustibles podrán ser de los siguientes tipos:

Tanques atmosféricos.

Tanques a baja presión.

Recipientes a presión.

Los tanques atmosféricos no se usarán para almacenar líquidos a su temperatura de ebullición o superior.

Los recipientes a presión podrán usarse como tanques a baja presión y ambos como tanques atmosféricos.

Los recipientes serán construidos con un material adecuado para las condiciones de almacenamiento y el producto almacenado. La selección del material se justificará en el proyecto. Los recipientes estarán diseñados de acuerdo con las reglamentaciones técnicas vigentes sobre la materia y, en su ausencia, con códigos o normas de reconocida solvencia. En ausencia de normas o códigos se realizará un proyecto de diseño en el que se tendrán en cuenta, como mínimo, los siguientes aspectos:

.- Peso total lleno de agua o del líquido a contener cuando la densidad de éste sea superior a la del agua.

.- Presión y depresión interior de diseño.

.- Sobrecarga de uso.

.- Sobrecarga de nieve y viento.

.- Acciones sísmicas.

.- Efectos de la lluvia.

.- Techo flotante.

.- Temperatura del producto.

.- Efectos de la corrosión interior y exterior.

Los recipientes fijos podrán ser de cualquier forma o tipo, siempre que sean diseñados y construidos conforme a las reglamentaciones técnicas vigentes sobre la materia y, en su ausencia, con códigos o normas de reconocida solvencia. Durante la fabricación se seguirán las inspecciones y pruebas establecidas en las reglamentaciones técnicas vigentes sobre la materia y, en su ausencia, el código o norma elegido.

Los recipientes fijos estarán apoyados en el suelo o sobre fundaciones de hormigón, acero, obra de fábrica o pilotes. Las fundaciones estarán diseñadas para minimizar la posibilidad de asentamientos desiguales y la corrosión en cualquier parte del recipiente apoyado sobre ellas. Los soportes de los recipientes que contengan líquidos de las clases A, B o C tendrán una estabilidad al fuego EF-180. Cada recipiente estará soportado de tal manera que se eviten las concentraciones no admisibles de esfuerzos en su cuerpo. Cuando sea necesario, los recipientes podrán estar sujetos a las cimentaciones o soportes por medio de anclajes. En las áreas de posible actividad sísmica, los soportes y conexiones se diseñarán para resistir los esfuerzos que de ella se deriven. Cuando los recipientes se encuentren en áreas que puedan inundarse, se tomarán las precauciones indicadas en el artículo referente a «Recipientes en áreas inundables».

Los recipientes de almacenamiento llevarán dispositivos para evitar un rebose por llenado excesivo. En caso de fallo de estos dispositivos, el rebose debe ser conducido a lugar seguro. Las conexiones a un recipiente por las que el líquido pueda circular llevarán una válvula manual externa situada lo más próxima a la pared del recipiente. Se permite la adición de válvulas automáticas, internas o externas. Las conexiones por debajo del nivel del líquido, a través de las cuales éste no circula, llevarán un cierre estanco. Una sola válvula que conecte con el exterior no se considera cierre estanco. Las aberturas para medida manual de nivel o toma de muestras por encima del nivel del líquido para productos de la clase B llevarán un tapón o cierre estanco al vapor, que sólo se abrirá en el momento de realizar dicha operación. Las conexiones de entrada en recipientes destinados a contener líquidos de la clase B estarán diseñadas e instaladas para minimizar la posibilidad de generar electricidad estática. Todo recipiente de almacenamiento deberá disponer de sistemas de venteo para prevenir la deformación del mismo como consecuencia de llenados, vaciados o cambios de temperatura ambiente. El diseño, fabricación, ensamblaje, pruebas e inspecciones de los sistemas de tuberías destinados a contener líquidos inflamables y combustibles será adecuado para la presión y temperatura de trabajo esperadas y para los máximos esfuerzos combinados debido a presiones, dilataciones u otras semejantes en las condiciones normales o transitorias de puesta en marcha y/o situaciones anormales de emergencia. Sólo se instalarán tuberías enterradas en casos excepcionales debidamente justificados. Cuando pueda quedar líquido atrapado entre equipos o secciones de tuberías y haya la posibilidad de que este líquido se dilate o evapore (por ejemplo entre válvulas de bloqueo) deberá instalarse un sistema que impida alcanzar presiones superiores a las de diseño del equipo o tubería siempre que la cantidad atrapada exceda de 50 l. Se excluyen de los requerimientos anteriores los sistemas de tuberías de motores o vehículos, calderas, servicios de edificios y similares. Los sistemas de tuberías por los que circulen líquidos de las clases A y B tendrán continuidad eléctrica con puesta a tierra, siendo válido cualquier sistema que garantice un valor inferior en resistencia de tierra de 20 Ω, excepto en las bridas de aislamiento de las tuberías con protección catódica. Los materiales de tuberías, válvulas y accesorios serán adecuados a las condiciones de presión y temperatura, compatibles con el fluido a transportar, y diseñados de acuerdo con códigos de reconocida solvencia o con los principios de la buena práctica. Las válvulas unidas a los recipientes y sus conexiones serán de acero o fundición nodular, salvo en caso de incompatibilidad del líquido almacenado con dichos materiales. Cuando las válvulas se instalen fuera del recipiente el material deberá tener una ductilidad y punto de fusión comparables al acero o fundición nodular a fin de poder resistir razonablemente las tensiones y temperaturas debidas a la exposición a un fuego. Podrán utilizarse materiales distintos del acero o fundición nodular cuando las válvulas estén dispuestas en el interior del recipiente. El uso de otros materiales se justificará en el proyecto.

Las uniones serán estancas al líquido. Se usarán uniones soldadas, embridadas, roscadas o cualquier otro tipo de conexión adecuado al servicio. Se soldarán todas las uniones de tuberías para líquidos de las clases A y B situadas en lugares ocultos o inaccesibles dentro de edificios o estructuras. Los sistemas de tuberías serán adecuadamente soportados y protegidos contra daño físico y excesivos esfuerzos debidos a vibración, dilatación, contracción o asentamiento. Los sistemas de tuberías para líquidos inflamables o combustibles enterrados o de superficie estarán pintados o protegidos, cuando estén sujetos a corrosión exterior. Los sistemas de tuberías tendrán suficiente número de válvulas para operar el sistema adecuadamente y proteger el conjunto. Las válvulas críticas deberán tener indicación de posición. Las tuberías que descargan líquidos a los almacenamientos llevarán válvulas de retención como protección contra retorno, si la disposición de las tuberías lo hace posible. En un mismo cubeto sólo podrán almacenarse líquidos de la misma clase o subclase para la que fue proyectado o de otra de riesgo inferior, procurando agrupar aquellos que contengan productos de la misma clase. En el mismo cubeto no podrán situarse recipientes sometidos y no sometidos al Reglamento de Aparatos a Presión, con la excepción de los medios de protección contra incendios. No podrán estar en el mismo cubeto recipientes con productos que puedan producir reacciones peligrosas entre sí, o que sean incompatibles con los materiales de construcción de otros recipientes, tanto por sus características químicas como por sus condiciones físicas. Los líquidos tóxicos se almacenarán preferentemente en cubeto diferente del de los inflamables y combustibles. En caso de almacenarse conjuntamente se deberán tomar las medidas de protección adecuadas que se justificarán en el proyecto. Los líquidos combustibles no se almacenarán conjuntamente con productos comburentes. Los recipientes enterrados se alojarán evitando el desmoronamiento de cimentaciones existentes. La situación con respecto a cimentaciones de edificios y soportes y otros recipientes será tal que las cargas de éstos no se trasmitan al recipiente. La distancia desde cualquier parte del recipiente a la pared más próxima de un sótano o foso, a los límites de propiedad o a otros tanques, no será inferior a un metro. Cuando estén situados en áreas que puedan inundarse se tomarán las precauciones indicadas en el artículo referente a «Recipientes en áreas inundables».

Todos los recipientes enterrados se instalarán con sistema de detección y contención de fugas, tales como, cubeto estanco con tubo buzo o doble pared con detección de fugas. En cuanto a los recipientes enterrados, éstos se dispondrán en cimentaciones firmes y rodeados con un mínimo de 250 mm de materiales inertes, no corrosivos, tales como arena limpia y lavada o grava bien compactada. Los recipientes se cubrirán con un mínimo de 600 mm de tierra u otro material adecuado, o bien por 300 mm de tierra u otro material adecuado más una losa de hormigón armado de 100 mm de espesor. Cuando pueda existir tráfico de vehículos sobre los recipientes enterrados, se protegerán, como mínimo, mediante 900 mm de tierra u otro material adecuado, o bien con 450 mm de tierra apisonada y encima una losa de hormigón armado de 150 mm de espesor o 200 mm de aglomerado asfáltico. La protección con hormigón o aglomerado asfáltico se extenderá al menos 300 mm fuera de la periferia del recipiente en todas direcciones. Las paredes del recipiente enterrado y sus tuberías se protegerán contra la corrosión exterior mediante métodos adecuados, tales como uso de pinturas o recubrimientos, empleo de materiales resistentes a la corrosión, protección catódica. Los venteos de recipientes enterrados cumplirán lo establecido en los apartados correspondientes a «Venteos normales» y a «Tuberías de venteo». Las conexiones diferentes a los venteos cumplirán lo establecido con las excepciones siguientes: Las conexiones se realizarán por la parte superior del recipiente, salvo que se justifique otra cosa en el proyecto. Las líneas de llenado tendrán pendiente hacia el recipiente. Las aberturas para medida manual de nivel, si es diferente a la conexión de llenado, llevarán un tapón o cierre estanco al líquido, que sólo se abrirá en el momento de realizar la medida de nivel. El almacenamiento en recipientes fijos dentro de edificios o estructuras cerradas será permitido solamente si la instalación de recipientes de superficie o enterrados en el exterior no es práctica debido a exigencias locales o consideraciones tales como temperatura, alta viscosidad, pureza, estabilidad, higroscopicidad, sensibilidad a cambios de temperatura u otras, lo cual debe justificarse en el proyecto. Los recipientes fijos de almacenamiento dentro de edificios estarán situados en la planta baja o pisos superiores. En sótanos, entendiendo por tales los locales cuya planta se encuentre a nivel inferior en más de 60 cm con relación al suelo exterior en todas las paredes que conforman el local, sólo se podrán almacenar líquidos de las clases B, C y D en recipientes enterrados o líquidos de las clases C y D en recipientes de superficie. El edificio estará construido de manera que el área de almacenamiento y las paredes colindantes con otras dependencias del edificio o edificios contiguos tengan una resistencia al fuego RF-90, como mínimo. Las paredes que limiten con áreas de proceso, zonas de riesgo o propiedades ajenas deberán tener una resistencia al fuego RF-120, como mínimo. Cuando una pared acometa a la cubierta, la resistencia al fuego de ésta será al menos igual a la mitad de la exigida en el párrafo anterior, en una franja cuya anchura sea igual a 1 m. No obstante si la pared se prolonga por encima del acabado de la cubierta 0,60 m o más, no es necesario que la cubierta cumpla la condición anterior. Todas las áreas citadas dispondrán obligatoriamente de dos accesos independientes, cuando el recorrido máximo real (sorteando cualquier obstáculo) a la salida más próxima, supere los 30 m. En ningún caso la disposición de los recipientes entorpecerá las salidas normales ni las de emergencia, ni serán obstáculo para el acceso a equipos o áreas destinados a la seguridad. Los pasos a otras dependencias tendrán puertas cortafuegos automáticos, adecuados a la clase de riesgo. Se dispondrá necesariamente de ventilación natural o forzada. En caso de líquidos de la clase A o la subclase B1 la ventilación será forzada con un mínimo de 0,3 metros cúbicos por minuto y metro cuadrado de superficie del recinto, y no menor de cuatro metros cúbicos por minuto. Los recipientes de superficie estarán en cubetos estancos y se cumplirán las condiciones aplicables indicadas en los artículos referidos a cubetos de retención y redes de drenaje. Las paredes del edificio podrán ser parte del cubeto. Los venteos de recipientes de superficie situados dentro de edificios cumplirán con lo establecido, excepto que para los venteos de emergencia no se permite el empleo de techo flotante, techo móvil o unión débil del techo. Todos los venteos terminarán fuera de los edificios, excepto para líquidos de la clase D, que podrán terminar en el interior de los mismos. Las medidas señaladas a continuación son aplicables para la protección de recipientes de almacenamiento de líquidos que puedan flotar debido a la elevación del nivel de agua en la zona donde estén instalados: Conviene disponer de un suministro de agua adecuado para rellenar los recipientes parcialmente vacíos. En tanques verticales es conveniente, además, la instalación de unas guías para permitir la flotación del tanque y evitar desplazamientos horizontales. Los recipientes horizontales o verticales de pequeñas dimensiones, o los recipientes enterrados, se anclarán en cimentaciones de hormigón en masa o armado con el suficiente peso para resistir el empuje del recipiente vacío y completamente sumergido en agua o bien se asegurará por otros procedimientos. Conviene proteger las esferas y otros tipos de recipientes de forma equivalente a los tanques verticales o recipientes horizontales. Las distancias mínimas entre las diversas instalaciones que componen un almacenamiento y de éstas a otros elementos exteriores no podrán ser inferiores a los valores obtenidos por la aplicación de un procedimiento que se describe en el artículo 17 de la presente instrucción técnica. En cuanto a la distancia ente recipientes:

.- No está permitido situar un recipiente encima de otro.

.- La distancia entre las paredes de los recipientes será la mayor obtenida del cuadro II-5 con la reducción aplicable del cuadro II-6. En ningún caso estas distancias serán inferiores a las mínimas señaladas en el cuadro II-5.

.- Las distancias mínimas entre recipientes para productos de las clases B, C y D pueden reducirse mediante la adopción de medidas y sistemas adicionales de protección contra incendios.

.- Las distancias susceptibles de reducción son las correspondientes al recipiente con protección adicional con respecto a otro que tenga o no protección adicional. El diseño de las cimentaciones para recipientes y equipos incluidos en áreas de almacenamiento deberá ajustarse a la normativa vigente para este tipo de instalación. La diversidad de condiciones existentes en los distintos suelos, climas y ambientes hace que la determinación de la carga y asentamiento admisibles deba realizarse particularmente en cada instalación. En cualquier caso, el interesado debe especificar la metodología empleada en el cálculo de las cimentaciones. En lo posible se evitará la construcción de cimentaciones de tanques en condiciones como las indicadas a continuación que, de ser inevitables, deben merecer consideración especial:

⅄ Lugares en los que una parte de la cimentación quede sobre roca o terreno natural y otra parte sobre relleno o con profundidades variables de relleno, o donde haya sido preciso una preconsolidación del terreno.

⅄ Lugares pantanosos o con material compresible en el subsuelo.

⅄ Lugares de dudosa estabilidad del suelo, como consecuencia de la proximidad de cursos de agua, excavaciones profundas o grandes cargas, o en fuerte pendiente.

⅄ Lugares en que los tanques queden expuestos a posibles inundaciones que originarían su flotación, desplazamiento o socavado.

En el caso de tanques con fondo plano, la superficie sobre la que descanse el fondo del tanque deberá quedar a 30 centímetros, como mínimo, por encima del suelo y deberá ser impermeable al producto a contener, de forma que las posibles fugas por el fondo salgan al exterior. En el almacenamiento de líquidos criogénicos deben adoptarse precauciones especiales para evitar la congelación y subsiguiente variación del volumen del subsuelo. Referente a los recipientes de superficie para almacenamientos de líquidos inflamables y combustibles, éstos deberán disponer de un cubeto de retención. En todos los cubetos los recipientes no deben estar dispuestos en más de dos filas. Es preciso que cada fila de recipientes tenga adyacente una calle o vía de acceso que permita la intervención de la brigada de lucha contra incendios.

La distancia en proyección horizontal entre la pared del recipiente y el borde interior inferior del cubeto será, como mínimo, de 1 metro. Para productos de la clase D, esta distancia puede reducirse dejando una anchura mínima útil de paso de 0,8 metros. El fondo del cubeto tendrá una pendiente de forma que todo el producto derramado escurra rápidamente hacia una zona del cubeto lo más alejada posible de la proyección de los recipientes, de las tuberías y de los órganos de mando de la red de incendios. Cuando un recipiente tenga doble pared, ésta podrá ser considerada como cubeto si se cumplen las siguientes condiciones:

- Misma presión de diseño y material adecuado para el producto.
- Sistema de detección de fugas con alarma.
- Tubuladuras del recipiente interior sólo en la parte superior y con dispositivo automático de cierre.
- Losa con bordillo, de 10 cm de altura mínima, para recogida de derrames de las tuberías, con pendiente hacia la red de drenajes.

Cada recipiente debe estar separado de los próximos por un terraplén o murete. Esta separación debe disponerse de manera que las capacidades de los compartimentos sean proporcionales alas de los recipientes contenidos. Los recipientes deberán disponer de un cubeto a distancia con la menor superficie libre posible. Los recipientes estarán en un área rodeada de muretes. El fondo de ésta deberá ser compacto y tener una pendiente tal que todo producto líquido derramado discurra rápidamente hacia el cubeto a distancia, sin pasar por debajo de otros recipientes, tuberías y elementos de mando de la red de incendios. El cubeto a distancia deberá tener, al menos, una capacidad igual al 20 por 100 de la capacidad global de los recipientes en él contenidos (o el porcentaje que se calcule en el proyecto que no se evaporará instantáneamente en caso de colapso del recipiente mayor). La altura máxima de los muretes de los cubetos será de 1 metro y la mínima de 0,50 metros, si son de tierra, y de 0,30 metros si son de obra de fábrica. Cuando los recipientes de almacenamiento se encuentran situados en terrenos elevados o pendientes, que favorezcan la salida de los productos, se deberán construir muretes de altura adecuada que protejan las zonas bajas de dichos terrenos o edificios, caminos, carreteras, vías de ferrocarril y otros servicios de uso público. Para evitar la extensión de pequeños derrames, los cubetos que contengan varios recipientes de líquidos estables deberán estar subdivididos por canales de drenaje o, en su defecto, por diques interiores de 0,15 metros de altura, de manera que cada subdivisión no contenga más de un solo recipiente de capacidad igual o superior a 2.000 metros cúbicos o un número de recipientes de capacidad global no superior a 3.000 metros cúbicos. Cuando el terreno sobre el cual se construyen los cubetos está en pendiente, las reglas relativas a las alturas mínimas de los muros o diques no son aplicables a las partes del cubeto situadas del lado más elevado del terreno. Cuando la pendiente obligue a prever en la parte más baja del terreno diques cuya altura pueda constituir un obstáculo en caso de accidente, los accesos se situarán en el lado en que la altura de los diques sea menor. Las paredes de los cubetos deberán ser de materiales no combustibles, estancas y resistir la altura total del líquido a cubeto lleno. Las paredes de tierra de 1 metro o más de altura tendrán en su coronación un ancho mínimo de 0,6 metros. La pendiente de una pared de tierra será coincidente con el ángulo de reposo del material con el cual esté construido. Los cubetos deben permanecer estancos incluso durante un incendio, admitiéndose un tratamiento especial del suelo, si es preciso. En todos los casos deben existir accesos normales y de emergencia con un mínimo de dos y un número tal que no haya que recorrer una distancia superior a 50 metros hasta alcanzar el acceso desde cualquier punto del interior del cubeto. Las paredes del cubeto deben tener una altura máxima de 1,8 metros, con respecto al nivel interior, para lograr una buena ventilación. Esta altura podrá sobrepasarse de forma excepcional y no recomendable en los siguientes casos:

- o Hasta 3 metros, cuando existan accesos normales y de emergencia al recipiente, válvulas y otros accesorios, así como caminos seguros de salida desde el interior del cubeto.
- o De forma opcional podrán considerarse alturas superiores a 3 metros cuando haya elementos para alcanzar el techo del recipiente y/o accionar las válvulas y otros accesorios, que permitan que las personas no tengan que acceder al interior del cubeto para las maniobras normales ni de emergencia. Estos elementos pueden ser pasos elevados, válvulas maniobradas a distancia o similares.

La altura de las paredes (referida al nivel de las vías de acceso al cubeto en el exterior) no deberá sobrepasar los 3 metros en la mitad de la periferia del cubeto. Si las vías de acceso fueran contiguas en menos de la mitad de la periferia del cubeto, la exigencia anterior se referirá a la totalidad de la parte del cubeto contigua a dichas vías. Como mínimo, la cuarta parte de la periferia del cubeto debe ser accesible por dos vías diferentes. Estas vías deberán tener una anchura de 2,5 metros y una altura libre de 4 metros, como mínimo, para permitir el acceso de vehículos de lucha contra incendios. Cuando el almacenamiento tenga lugar dentro de edificios, la anterior condición se entenderá aplicable, al menos, a una de las fachadas del recinto que contenga el cubeto, debiendo ésta disponer, además, de accesos desde el exterior para el personal de los servicios de emergencia. Los drenajes de aguas limpias, líquidos y aguas contaminadas se construirán de acuerdo con las disposiciones y características indicadas en el referido a «Redes de drenaje». Las tuberías no deben atravesar más cubeto que el del recipiente o recipientes a los cuales estén conectadas. El paso de las tuberías a través de las paredes de los cubetos deberá hacerse de forma que su estanquidad e integridad quede asegurada mediante dispositivos resistentes al fuego. Se tendrán en cuenta los esfuerzos posibles por asentamiento del terreno o por efectos térmicos en caso de fuego. Las redes de drenaje se diseñarán para proporcionar una adecuada evacuación de los fluidos residuales, agua de lluvia, de proceso, de servicios contra incendios y otros similares. Los materiales de las conducciones y accesorios serán adecuados para resistir el posible ataque químico de los productos que deben transportar. Fundamentalmente, existirán dos colectores generales: uno para aguas limpias y otro para aguas contaminadas, o susceptibles de serlo, que deben ser depuradas para que antes de su vertido cumplan las exigencias especificadas. La plataforma en la que se estacionan los vehículos durante la carga/descarga tendrá una pendiente del 1 por 100 hacia los sumideros de evacuación, de tal forma que cualquier derrame accidental fluya rápidamente hacia ellos. El sumidero se conectará con la red de aguas contaminadas o a un recipiente o balsa de recogida de capacidad suficiente para contener el presumible derrame. La pendiente y configuración de la plataforma será tal que si existiese una instalación de agua pulverizada, ésta se recoja en los citados sumideros, pasando a una conducción con diámetro y pendiente adecuados para dicho caudal. Toda la planta de almacenamiento de superficie debe disponer de un cerramiento al exterior rodeando el conjunto de sus instalaciones. La altura mínima será:

.- 2 metros para almacenamientos globales de hasta 2.000 metros cúbicos.

.- 2,5 metros para almacenamientos globales superiores a 2.000 metros cúbicos.

Este cerramiento no debe obstaculizar la aireación y se realizará preferentemente con malla metálica. Se evitará que zonas clasificadas Ex alcancen vías de comunicación pública, zonas habitadas o peligrosas, pudiéndose usar muro macizo. El cerramiento debe construirse de forma que no obstaculice la intervención y evacuación, en caso de necesidad, mediante accesos estratégicamente situados.

Si el vallado es de muro macizo, se tendrá en cuenta la salida de aguas pluviales que pudieran almacenarse en sus puntos bajos, y si esta salida es al exterior, se dispondrá de sifón de cierre hidráulico que, permitiendo la salida del agua, impida el escape de gases más pesados que el aire que, eventualmente, pudieran alcanzar dicha salida. La protección contra incendios en un almacenamiento de líquidos inflamables y/o combustibles y sus instalaciones conexas está determinada por el tipo de líquido, la forma de almacenamiento, su situación y/o la distancia a otros almacenamientos; por lo que, en cada caso, deberá seleccionarse el sistema y agente extintor que más convenga, siempre que cumpla con los requisitos mínimos que, de forma general, se establecen en el presente capítulo. Las instalaciones, los equipos y sus componentes destinados a la protección contra incendios se ajustarán a lo establecido en el Real Decreto 1942/1993, de 5 noviembre, por el que se aprueba el Reglamento de Instalaciones de Protección contra Incendios. Cuando las propiedades del líquido almacenado u otras circunstancias específicas hagan inadecuado alguno de los sistemas de protección establecidos en este capítulo, se deberá justificar este aspecto e instalar una protección adecuada que sea equivalente o más rigurosa. Los almacenamientos fijos de superficie situados en el interior de edificios abiertos, entendiendo por tales aquéllos cuya relación superficie abierta/volumen del recinto sea superior a 1/15 m^2/m^3, estarán sujetos a los mismos requerimientos de protección que los almacenamientos fijos de superficie situados en el exterior. Los almacenamientos de líquidos de las clases A, B y C situados en el interior de edificios cerrados deberán estar protegidos por sistemas fijos, bien de agua pulverizada, de espuma, de polvo u otro agente efectivo. Estos sistemas podrán ser manuales, siempre que exista, durante las veinticuatro horas del día, personal entrenado en su puesta en funcionamiento. Los almacenamientos fijos de superficie deberán disponer de instalación de protección contra el rayo. Los sistemas de protección deberán mantenerse en condiciones de funcionamiento en todo momento mediante las inspecciones, pruebas, reparaciones y/o reposiciones oportunas. Se deberá tener en cuenta el rebosamiento por ebullición («boilover») a la hora de diseñar la protección con agua de los recipientes. En caso de incendio de un tanque de un producto inmiscible con el agua y de punto de ebullición más alto que el de ésta, si existe agua en el fondo del tanque, la onda de calor de la superficie puede llegar a vaporizarla bruscamente. Se produciría entonces una eyección del producto inflamado (bola de fuego), con intenso flujo térmico. En las instalaciones del almacenamiento y en todos los accesos a los cubetos deberá haber extintores de clase adecuada al riesgo. En las zonas de manejo de líquidos inflamables donde puedan existir conexiones de mangueras, válvulas de usos frecuentes o análogos, estos extintores se encontrarán distribuidos de manera que no haya que recorrer más de 15 m desde el área protegida para alcanzar el extintor. Generalmente serán de polvo, portátiles o sobre ruedas. En las zonas de riesgo eléctrico se utilizarán, preferiblemente, extintores de CO_2. La instalación eléctrica estará de acuerdo con las exigencias establecidas en el Real Decreto 2413/1973, de 20 de septiembre, por el que se aprueba el Reglamento Electrotécnico para Baja Tensión y la normativa posterior que lo modifica, y sus Instrucciones Complementarias, en especial con la MI-BT-026, «Prescripciones particulares para las instalaciones de locales con riesgo de incendio o explosión», u otra reglamentación que ofrezca una seguridad equivalente.

Almacenamiento en recipientes móviles

Las exigencias de esta Sección se aplican a los almacenamientos de líquidos inflamables en recipientes móviles con capacidad unitaria inferior a 3,0 m³ (3.000 l), tales como:

.-Recipientes frágiles (vidrio, porcelana, gres y otros).

.-Recipientes metálicos (bidones de hojalata, chapa de acero, aluminio, cobre y similares).

.-Recipientes no metálicos ni frágiles (plástico y madera entre otros).

.-Recipientes a presión (cartuchos y aerosoles).

Quedan excluidos del alcance de esta Sección los siguientes recipientes o almacenamientos:

.-Los utilizados internamente en instalaciones de proceso.

.-Los conectados a vehículos o motores fijos o portátiles.

.-Los almacenamientos de pinturas, barnices o mezclas similares cuando vayan a ser usados dentro de un período de 30 días y por una sola vez.

.-Los almacenamientos en tránsito cuando su volumen no supere el máximo señalado en las tablas I y II.

.-Los de bebidas, medicinas, comestibles y otros productos similares, cuando no contienen más del 50 por 100 en volumen de líquido inflamable miscible en agua, y se encuentran en recipientes de volumen unitario no superior a 0,005 m³ (5 l).

.-Los almacenamientos que no superen las cantidades que se indican a continuación: 0,05 m³ (50 l), de productos de la clase B; 0,25 m³ (250 l), de productos de la clase C o 1 m³ (1.000 l) de la clase D.

.-Los almacenamientos de gases licuados en botellas y botellones regulados por la ITC MIE APQ-5.

Los recipientes móviles deberán cumplir con las condiciones constructivas, pruebas y máximas capacidades unitarias establecidas en el Acuerdo europeo sobre el transporte internacional de mercancías peligrosas por carretera (ADR). Cuando el producto almacenado está formado por líquidos inflamables o combustibles, coexistiendo con productos no combustibles ni miscibles, no se computarán, a efectos de volumen almacenado, las cantidades de estos últimos.

Almacenamiento conjunto:

.-Los líquidos combustibles no se almacenarán conjuntamente en la misma sala con sustancias comburentes (clase 5.1 del ADR), ni con sustancias tóxicas o muy tóxicas que no sean combustibles, a no ser que éstas estén almacenadas en armarios protegidos.

.-Los líquidos combustibles y las preparaciones acuosas de sustancias combustibles tóxicas o muy tóxicas podrán estar almacenados conjuntamente en la misma sala.

.-Los líquidos combustibles tóxicos o muy tóxicos se podrán almacenar conjuntamente en la misma sala con otros líquidos combustibles siempre que ambos puedan apagarse, en caso de siniestro, con el mismo agente extintor.

El almacenamiento en el interior de edificios dispondrá obligatoriamente de un mínimo de dos accesos independientes señalizados. El recorrido máximo real (sorteando pilas u otros obstáculos), al exterior o a una vía segura de evacuación, no superará 30 m. En ningún caso la disposición de los recipientes obstruirá las salidas normales o de emergencia, ni será un obstáculo para el acceso a equipos o áreas destinados a la seguridad. Se exceptúa esto cuando la superficie a almacenar sea 25 m^2 o la distancia a recorrer para alcanzar la salida sea inferior a 6 m. Cuando se almacenen líquidos de diferentes clases en una misma pila o estantería se considerará todo el conjunto como un líquido de la clase más restrictiva. Si el almacenamiento se realiza en pilas o estanterías separadas, la suma de los cocientes entre las cantidades almacenadas y las permitidas para cada clase no superará el valor de 1. Las pilas de productos no inflamables ni combustibles pueden actuar como elementos separadores entre pilas o estanterías, siempre que estos productos no sean incompatibles con los productos inflamables almacenados. En el caso de utilizarse estanterías, estrados o soportes de madera, ésta será maciza y de un espesor mínimo de 25 mm.

La instalación eléctrica se ejecutará de acuerdo con el Reglamento Electrotécnico de Baja Tensión y en especial con su Instrucción MI-BT-026 «Prescripciones particulares para las instalaciones con riesgo de incendio o explosión». Los elementos mecánicos destinados al movimiento de los recipientes serán adecuados a las exigencias derivadas de las características de inflamabilidad de los líquidos almacenados. Los recipientes deberán estar agrupados mediante paletizado, envasado, empaquetado u operaciones similares, cuando la estabilidad del conjunto lo precise o para prevenir excesivo esfuerzo sobre las paredes de los mismos. Cuando los recipientes se almacenen en estanterías o paletas se computará, a efectos de altura máxima permitida, la suma de las alturas de los recipientes. El punto más alto del almacenamiento no podrá estar a menos de un metro por debajo de cualquier viga cerca, boquilla pulverizadora u otro obstáculo situado en su vertical. No se permitirá el almacenamiento de productos de la subclase B1 en sótanos. Los almacenamientos en interiores dispondrán de ventilación natural o forzada. En caso de trasvasar líquidos de la subclase B1, el volumen máximo alcanzable no excederá de 0,04 m^3 (40 l), por m^2 de superficie o deberá existir una ventilación forzada de 0,3 metros cúbicos por minuto y metro cuadrado de superficie, pero no menos de 4 m^3/min con alarma para el caso de avería en el sistema. La ventilación se canalizará al exterior mediante conductos exclusivos para tal fin. Los pasos a otras dependencias deberán disponer de puertas corta-fuegos automáticas de RF-60. Se mantendrá un pasillo libre de 1 m de ancho como mínimo, salvo que se exija una anchura mayor en el apartado específico aplicable. El suelo y los primeros 100 mm (a contar desde el mismo), de las paredes alrededor de todo el recinto de almacenamiento deberán ser estancos al líquido, inclusive en puertas y aberturas para evitar el flujo de líquidos a las áreas adjuntas. Alternativamente, el suelo podrá drenar a un lugar seguro.

A efectos de esta ITC, los distintos tipos de almacenamiento de recipientes móviles serán de alguno de los tipos siguientes:

- Armarios protegidos.
- Salas de almacenamiento:
- Sala de almacenamiento interior.
- Sala de almacenamiento aneja.
- Sala de almacenamiento separada.

Almacenamientos industriales:

Interiores.

Exteriores.

La figura 1 permite aclarar los distintos tipos de almacenamiento

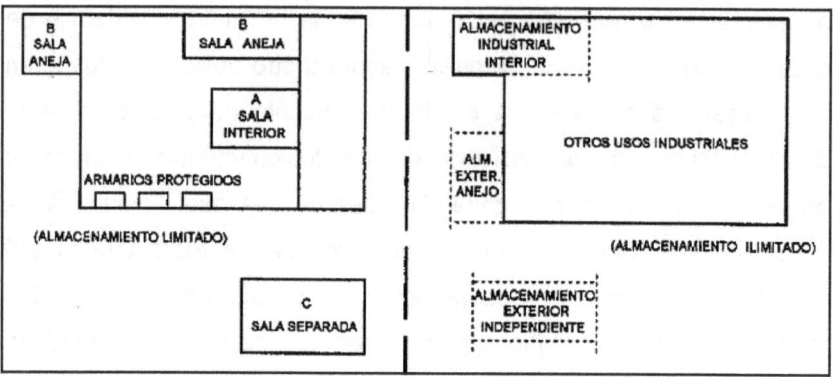

No están permitidos, por tanto, los almacenamientos de líquidos combustibles en:

.-Pasillos para personas y lugares de paso para vehículos

.-Huecos de escaleras.

.-Vestíbulos de acceso general.

.-Tejados y buhardillas de viviendas y otros edificios destinados a uso distinto del industrial.

.-Salas de trabajo.

.-Salas de visitas y lugares de descanso.

En estos lugares, así como en otros de acceso general, no se deberán dejar recipientes vacíos, con un volumen global superior a 10 l, que contengan o puedan contener todavía restos o vapores de líquidos combustibles. Los almacenamientos definidos en la presente sección deberán disponer de los medios de protección de incendios que se especifican en la tabla V. Las instalaciones, los equipos y sus componentes destinados a la protección contra incendios en un almacenamiento y sus instalaciones conexas se ajustarán a lo establecido en el Reglamento de Instalaciones de Protección Contra Incendios, aprobado por Real Decreto 1942/1993, de 5 de noviembre. La protección contra incendios estará determinada por el tipo de líquido, el volumen y la forma de almacenamiento, su situación y la distancia a otros almacenamientos y por las operaciones de manipulación, por lo que en cada caso deberá seleccionarse el sistema y agente extintor que más convenga, siempre que cumpla los requisitos mínimos que de forma general se establecen en el presente artículo.

Tabla 1. Cuadro de Acciones

OBJETIVO	ACCIONES	MATERIA	MARCO TEÓRICO
Identificar los Colores para Tanques de Almacenamiento	Investigar las características de los colores apropiados en almacenamiento de los HC	Producción Mecánica de Fluidos	Tipos de Tanques de Almacenamiento de H.C. Características de los Distintos Tipos de colores en tanques de Almacenamiento
Conocer las Medidas de Seguridad en el manejo de Tanques de Almacenamiento	Obtener información sobre las normas de seguridad en almacenamiento de los HC	Seguridad	Normas de seguridad en almacenamiento de HC y Técnicas para minimizar daños

AUTOEVALUACIÓN

Combustibles. Sólidos, líquidos y gaseosos. Instalación de combustibles. Instalación de carga y almacenamiento. Instalación de trasiego y alimentación.

---

1. Combustible es cualquier material capaz de liberar energía cuando se cambia o transforma su estructura:
   a) Mecánica
   b) Física
   c) Química
   d) Cinética
   e) Ninguna es correcta

2. La principal característica de un combustible es su poder:
   a) Centrífugo
   b) Frigorífico
   c) Explosivo
   d) Calorífico
   e) Todas son correctas

3. ¿De dónde derivan los aceites combustibles?
   a) De las minas
   b) Del petróleo
   c) De los vegetales
   d) De los animales
   e) Del agua marina

4. Señalar la respuesta incorrecta. Los aceites combustibles pueden ser usados para:
   a) Motores
   b) Lámparas
   c) El cuerpo humano
   d) Calentadores
   e) solventes.

5. La mayor parte de un combustible industrial lo constituyen los elementos combustibles, es decir:
   a) Carbono
   b) Hidrógeno
   c) Azufre
   d) Todas son correctas

e) Ninguna es correcta

6. La sigla PCI significa:
a) Poder Calorífico Ignífugo
b) Poder Característico de Infusión
c) Poder Calorífico Interior
d) Potencial de Calor impreso
e) Ninguna es correcta

7. Lo que no arde en un combustible se denomina:
a) Residuos del fuego
b) Humo y escoria
c) Sobrantes
d) Residuos de combustión
e) Residuos

8. Lo que no arde en un combustible son de dos clases:
a) Líquidos
b) Gaseosos
c) Sólidos
d) Plasma
e) b y c son correctas

9. Los combustibles se pueden clasificar según:
a) Su origen
b) Grado de preparación
c) Estado de agregación.
d) Todas son correctas
e) Ninguna es correcta

10. Según su estado de agregación son:
a) Sólidos
b) Semilíquidos
c) Líquidos
d) Gaseosos
e) a, c y d son correctas

11. Los combustibles que proceden de la fermentación de los seres vivos se denominan, combustibles:
a) No fósiles
b) Naturales
c) Fósiles
d) Elaborados
e) Todas son correctas

12. Señalar la respuesta incorrecta. Los combustibles sólidos naturales y artificiales son principalmente:
   a) La leña
   b) El carbón
   c) Los residuos agrícolas de diverso origen.
   d) Carbón vegetal
   e) Nitrógeno

13. El carbón es un combustible:
   a) No fósil gaseoso
   b) Fósil sólido
   c) Artificial líquido
   d) Todas son correctas
   e) Ninguna es correcta

14. Existen dos fases en la formación del carbón:
   a) Fase química
   b) Fase biológica
   c) Fase geológica
   d) Fase física
   e) b y c son correctas

15. Las llamas se clasifican en cuántos grupos:
   a) Uno
   b) Dos
   c) Tres
   d) Cuatro
   e) Cinco

16. Los combustibles gaseosos se clasifican en:
   a) Combustibles gaseosos naturales
   b) Combustibles gaseosos artificiales
   c) Combustibles gaseosos manufacturados
   d) a y c son correctas
   e) Ninguna es correcta

17. Qué define el siguiente enunciado. En los combustibles gaseosos la velocidad de propagación de una llama estable es:
   a) Velocidad de deflagración
   b) Velocidad de propagación
   c) Velocidad de propulsión
   d) Velocidad de impulsión
   e) Velocidad de explosión

18. Señalar la respuesta incorrecta. Ventajas de los combustibles gaseosos:
   a) Facilidad de manejo y transporte por tuberías
   b) No presentan cenizas ni materias extrañas
   c) El control de la combustión es mucho más fácil, lo que nos permite mantener la temperatura de combustión aún con demandas variables
   d) No Es posible determinar su composición exacta, por lo que es posible determinar bastante bien su poder calorífico.
   e) Posibilidad de calentar el gas en regeneradores y recuperadores, elevando de esta manera la temperatura de combustión, y por lo tanto, aumentando el rendimiento térmico.

19. La palabra petróleo proviene del latín petra y olem que significan:
   a) Carbón y aceite
   b) Piedra y aceite
   c) Coque y gasolina
   d) Todas son correctas
   e) Ninguna es correcta

20. Cuántas teorías existen respecto al origen del petróleo:
   a) Una
   b) Dos
   c) Tres
   d) Cuatro
   e) Cinco

21. Los combustibles líquidos provienen:
   a) Del petróleo
   b) Del Alquitrán de Hulla
   c) a y b son correctas
   d) Ninguna es correcta
   e) Del Magma de la tierra

22. Los querosenos son combustibles:
   a) Sólidos
   b) Gaseosos
   c) Líquidos
   d) Semi gaseosos
   e) Ninguna es correcta

23. La regulación actualmente vigente en la materia de las actividades de almacenamiento y manejo de productos químicos es la contenida en el Real Decreto 668/1980, de 8 de febrero, sobre regulación del almacenamiento de productos químicos, y en el Real Decreto 3485/1983, de 14 de diciembre, que modifica el anterior. Posteriormente, se aprobaron las instrucciones técnicas complementarias (ITCs) MIE APQ-001 a MIE APQ-006. Cuál de las siguientes ITC´s corresponden a Almacenamiento de líquidos inflamables y combustibles:

    a) ITC MIE APQ 1:
    b) ITC MIE APQ 2:
    c) ITC MIE APQ 3:
    d) ITC MIE APQ 4:
    e) ITC MIE APQ 6:

24. Esta instrucción técnica (ITC) se aplicará a las instalaciones de almacenamiento, carga y descarga y trasiego de los líquidos inflamables y combustibles comprendidos en la siguiente clasificación. Las Clases que determina esta ITC son:

    a) A, B, C, D, E, F
    b) A, B, C
    c) A, B, C, D
    d) A, B, C, D, E
    e) Ninguna es correcta

25. Los recipientes fijos podrán ser de cualquier forma o tipo, siempre que sean diseñados y construidos conforme a:

    a) La decisión del propietario
    b) No está normalizado
    c) Las reglamentaciones técnicas vigentes sobre la materia
    d) Todas son correctas
    e) Ninguna es correcta

SOLUCIONARIO

1. c) Química
2. d) Calorífico
3. b) Del petróleo
4. c) El cuerpo humano
5. d) Todas son correctas
6. c) Poder Calorífico Interior
7. d) Residuos de combustión
8. e) b y c son correctas
9. d) Todas son correctas
10. e) a, c y d son correctas
11. c) Fósiles
12. e) Nitrógeno
13. b) Fósil sólido
14. e) b y c son correctas
15. c) Tres
16. d) a y c son correctas
17. a) Velocidad de deflagración
18. d) No Es posible determinar su composición exacta, por lo que es posible determinar bastante bien su poder calorífico.
19. b) Piedra y aceite
20. b) Dos
21. c) a y b son correctas
22. c) Líquidos
23. a) ITC MIE APQ 1:
24. c) A, B, C, D
25. c) Las reglamentaciones técnicas vigentes sobre la materia

Corrosión y tratamiento del agua. Dureza. PH. Alcalinidad. Salinidad. Gases disueltos. Incrustación. Agresividad. La corrosión y sus clases. Tratamientos: Cloración. Hipercloración. Descalcificación. Desmineralización. Desalinización. Legionela: concepto y medidas preventivas.

Corrosión y tratamiento del agua. Dureza

Conceptos básicos

El agua es el principal e imprescindible componente del cuerpo humano. El ser humano no puede estar sin beberla más de cinco o seis días sin poner en peligro su vida. El cuerpo humano tiene un 75 % de agua al nacer y cerca del 60 % en la edad adulta. Aproximadamente el 60 % de este agua se encuentra en el interior de las células (agua intracelular). El resto (agua extracelular) es la que circula en la sangre y baña los tejidos. En las reacciones de combustión de los nutrientes que tiene lugar en el interior de las células para obtener energía se producen pequeñas cantidades de agua. Esta formación de agua es mayor al oxidar las grasas - 1 gr. de agua por cada gr. de grasa -, que los almidones -0,6 gr. por gr., de almidón-. El agua producida en la respiración celular se llama agua metabólica, y es fundamental para los animales adaptados a condiciones desérticas. Si los camellos pueden aguantar meses sin beber es porque utilizan el agua producida al quemar la grasa acumulada en sus jorobas. En los seres humanos, la producción de agua metabólica con una dieta normal no pasa de los 0,3 litros al día. Como se muestra en la siguiente figura, el organismo pierde agua por distintas vías. Esta agua ha de ser recuperada compensando las pérdidas con la ingesta y evitando así la deshidratación.

Estructura y propiedades del agua

La molécula de agua está formada por dos átomos de H unidos a un átomo de O por medio de dos enlaces covalentes. El ángulo entre los enlaces H-O-H es de 104'5°. El oxígeno es más electronegativo que el hidrógeno y atrae con más fuerza a los electrones de cada enlace. Fórmula: H_2O

El resultado es que la molécula de agua aunque tiene una carga total neutra (igual número de protones que de electrones), presenta una distribución asimétrica de sus electrones, lo que la convierte en una molécula polar, alrededor del oxígeno se concentra una densidad de carga negativa, mientras que los núcleos de hidrógeno quedan parcialmente desprovistos de sus electrones y manifiestan, por tanto, una densidad de carga positiva. Por ello se dan interacciones dipolo-dipolo entre las propias moléculas de agua, formándose enlaces por puentes de hidrógeno, la carga parcial negativa del oxígeno de una molécula ejerce atracción electrostática sobre las cargas parciales positivas de los átomos de hidrógeno de otras moléculas adyacentes. Aunque son uniones débiles, el hecho de que alrededor de cada molécula de agua se dispongan otras cuatro moléculas unidas por puentes de hidrógeno permite que se forme en el agua (líquida o sólida) una estructura de tipo reticular, responsable en gran parte de su comportamiento anómalo y de la peculiaridad de sus propiedades fisicoquímicas.

Propiedades del agua
Acción disolvente
El agua es el líquido que más sustancias disuelve, por eso decimos que es el disolvente universal. Esta propiedad, tal vez la más importante para la vida, se debe a su capacidad para formar puentes de hidrógeno.
En el caso de las disoluciones iónicas los iones de las sales son atraídos por los dipolos del agua, quedando "atrapados" y recubiertos de moléculas de agua en forma de iones hidratados o solvatados.

Capa de solvatación

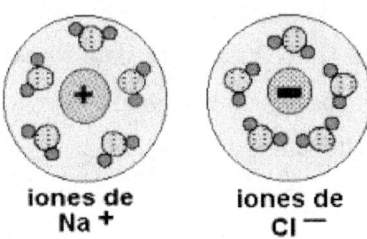

iones de	iones de
Na $^+$	Cl $^-$

La capacidad disolvente es la responsable de que sea el medio donde ocurren las reacciones del metabolismo.

Elevada fuerza de cohesión

Los puentes de hidrógeno mantienen las moléculas de agua fuertemente unidas, formando una estructura compacta que la convierte en un líquido casi incompresible. Al no poder comprimirse puede funcionar en algunos animales como un esqueleto hidrostático.

Gran calor específico

También esta propiedad está en relación con los puentes de hidrógeno que se forman entre las moléculas de agua. El agua puede absorber grandes cantidades de "calor" que utiliza para romper los puentes de hidrógeno por lo que la temperatura se eleva muy lentamente. Esto permite que el citoplasma acuoso sirva de protección ante los cambios de temperatura. Así se mantiene la temperatura constante.

Elevado calor de vaporización

Sirve el mismo razonamiento, también los puentes de hidrógeno son los responsables de esta propiedad. Para evaporar el agua, primero hay que romper los puentes y posteriormente dotar a las moléculas de agua de la suficiente energía cinética para pasar de la fase líquida a la gaseosa.

Para evaporar un gramo de agua se precisan 540 calorías, a una temperatura de 20° C y presión de 1 atmósfera. Las funciones del agua, íntimamente relacionadas con las propiedades anteriormente descritas, se podrían resumir en los siguientes puntos:

En el agua de nuestro cuerpo tienen lugar las reacciones que nos permiten estar vivos. Forma el medio acuoso donde se desarrollan todos los procesos metabólicos que tienen lugar en nuestro organismo. Esto se debe a que las enzimas_(agentes proteicos que intervienen en la transformación de las sustancias que se utilizan para la obtención de energía y síntesis de materia propia) necesitan de un medio acuoso para que su estructura tridimensional adopte una forma activa. Gracias a la elevada capacidad de evaporación del agua, podemos regular nuestra temperatura, sudando o perdiéndola por las mucosas, cuando la temperatura exterior es muy elevada es decir, contribuye a regular la temperatura corporal mediante la evaporación de agua a través de la piel. Posibilita el transporte de nutrientes a las células y de las sustancias de desecho desde las células. El agua es el medio por el que se comunican las células de nuestros órganos y por el que se transporta el oxígeno y los nutrientes a nuestros tejidos. Y el agua es también la encargada de retirar de nuestro cuerpo los residuos y productos de deshecho del metabolismo celular. Puede intervenir como reactivo en reacciones del metabolismo, aportando hidrogeniones (H_3O^+) o hidroxilos (OH^-) al medio.

Ionización del agua

El agua pura tiene la capacidad de disociarse en iones, por lo que en realidad se puede considerar una mezcla de:

- Agua molecular (H_2O)
- Protones hidratados (H_3O^+) e
- Iones hidroxilo (OH^-)

En realidad esta disociación es muy débil en el agua pura, y así el producto iónico del agua a 25° es:

$$K_w = [H^+] \, [OH^-] = 1,0 \times 10^{-14}$$

Este producto iónico es constante. Como en el agua pura la concentración de hidrogeniones y de hidroxilos es la misma, significa que la concentración de hidrogeniones es de 1×10^{-7}. Para simplificar los cálculos Sörensen ideó expresar dichas concentraciones utilizando logaritmos, y así definió el pH como el logaritmo decimal cambiado de signo de la concentración de hidrogeniones.

Según esto:

Disolución neutra   pH = 7

Disolución ácida   pH < 7

Disolución básica   pH =7

En la figura se señala el pH de algunas soluciones. En general hay que decir que la vida se desarrolla a valores de pH próximos a la neutralidad.

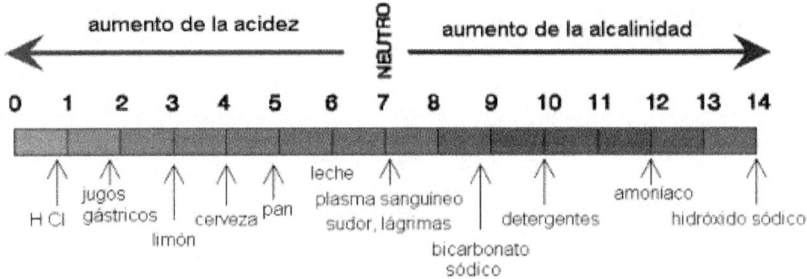

Los organismos vivos no soportan variaciones del pH mayores de unas décimas de unidad y por eso han desarrollado a lo largo de la evolución sistemas de tampón o buffer, que mantienen el pH constante. Los sistemas tampón consisten en un par ácido-base conjugado que actúan como dador y aceptor de protones respectivamente.

El tampón bicarbonato es común en los líquidos intercelulares, mantiene el pH en valores próximos a 7,4, gracias al equilibrio entre el ion bicarbonato y el ácido carbónico, que a su vez se disocia en dióxido de carbono y agua:

$$HCO_3^- + H^+ \rightleftharpoons H_2CO_3 \rightleftharpoons CO_2 + H O$$

Si aumenta la concentración de hidrogeniones en el medio por cualquier proceso químico, el equilibrio se desplaza a la derecha y se elimina al exterior el exceso de CO_2 producido. Si por el contrario disminuye la concentración de hidrogeniones del medio, el equilibrio se desplaza a la izquierda, para lo cual se toma CO_2 del medio exterior.

Necesidades diarias de agua

El agua es imprescindible para el organismo. Por ello, las pérdidas que se producen por la orina, las heces, el sudor y a través de los pulmones o de la piel, han de recuperarse mediante el agua que bebemos y gracias a aquella contenida en bebidas y alimentos. Es muy importante consumir una cantidad suficiente de agua cada día para el correcto funcionamiento de los procesos de asimilación y, sobre todo, para los de eliminación de residuos del metabolismo celular. Necesitamos unos tres litros de agua al día como mínimo, de los que la mitad aproximadamente los obtenemos de los alimentos y la otra mitad debemos conseguirlos bebiendo. Por supuesto en las siguientes situaciones, esta cantidad debe incrementarse:

- Al practicar ejercicio físico.
- Cuando la temperatura ambiente es elevada.
- Cuando tenemos fiebre.

- Cuando tenemos diarrea.

En situaciones normales nunca existe el peligro de tomar más agua de la cuenta ya que la ingesta excesiva de agua no se acumula, sino que se elimina.

Recomendaciones sobre el consumo de agua

Si consumimos agua en grandes cantidades durante o después de las comidas, disminuimos el grado de acidez en el estómago al diluir los jugos gástricos. Esto puede provocar que los enzimas que requieren un determinado grado de acidez para actuar queden inactivos y la digestión se ralentice. Los enzimas que no dejan de actuar por el descenso de la acidez, pierden eficacia al quedar diluidos. Si las bebidas que tomamos con las comidas están frías, la temperatura del estómago disminuye y la digestión se ralentiza aún más. Como norma general, debemos beber en los intervalos entre comidas, entre dos horas después de comer y media hora antes de la siguiente comida. Está especialmente recomendado beber uno o dos vasos de agua nada más levantarse. Así conseguimos una mejor hidratación y activamos los mecanismos de limpieza del organismo. En la mayoría de las poblaciones es preferible consumir agua mineral, o de un manantial o fuente de confianza, al agua del grifo.

Contaminación del agua y salud

El agua al caer con la lluvia por enfriamiento de las nubes arrastra impurezas del aire. Al circular por la superficie o a nivel de capas profundas, se le añaden otros contaminantes químicos, físicos o biológicos. Puede contener productos derivados de la disolución de los terrenos: calizas (CO_3Ca), calizas dolomíticas (CO_3Ca- CO_3Mg), yeso (SO_4Ca-H_2O), anhidrita (SO_4Ca), sal ($ClNa$), cloruro potásico (ClK), silicatos, oligoelementos, nitratos, hierro, potasio, cloruros, fluoruros, así como materias orgánicas. Hay pues una contaminación natural, pero al tiempo puede existir otra muy notable de procedencia humana, por actividades agrícolas, ganaderas o industriales, que hace sobrepasar la capacidad de autodepuración de la naturaleza. Al ser recurso imprescindible para la vida humana y para el desarrollo socioeconómico, industrial y agrícola, una contaminación a partir de cierto nivel cuantitativo o cualitativo, puede plantear un problema de Salud Pública. Los márgenes de los componentes permitidos para destino a consumo humano, vienen definidos en los "criterios de potabilidad" y regulados en la legislación. Ha de definirse que existe otra Reglamentación específica, para las bebidas envasadas y aguas medicinales. Para abastecimientos en condiciones de normalidad, se establece una dotación mínima de 100 litros por habitante y día, pero no ha de olvidarse que hay núcleos, en los que por las especiales circunstancias de desarrollo y asentamiento industrial, se pueden llegar a necesitar hasta 500 litros, con flujos diferentes según ciertos segmentos horarios. Hay componentes que definen unos "caracteres organolépticos", como calor, turbidez, olor y sabor y hay otros que definen otros "caracteres fisicoquímicos" como temperatura, hidrogeniones (pH), conductividad, cloruros, sulfatos, calcio, magnesio, sodio, potasio, aluminio, dureza total, residuo seco, oxígeno disuelto y anhídrido carbónico libre. Todos estos caracteres, deben ser definidos para poder utilizar con garantías, un agua en el consumo humano y de acuerdo con la legislación vigente, tenemos los llamados "Nivel-Guía" y la "Concentración Máxima Admisible (C.M.A.)". Otro listado contiene, "Otros Caracteres" que requieren especial vigilancia, pues traducen casi siempre contaminaciones del medio ambiente, generados por el propio hombre y se refieren a nitratos, nitritos, amonio, nitrógeno (excluidos NO_2 y NO_3), oxidabilidad, sustancias extraíbles, agentes tensioactivos, hierro, manganeso, fósforo, flúor y deben estar ausentes materias en suspensión.

Otro listado identifica, los "caracteres relativos a las sustancias tóxicas" y define la concentración máxima admisible para arsénico, cadmio, cianuro, cromo, mercurio, níquel, plomo, plaguicidas e hidrocarburos policíclicos aromáticos. Todos estos caracteres se acompañan, de mediciones de otros que son los "microbiológicos" y los de "radioactividad" y así se conforma, una analítica para definir en principio, una autorización para consumo humano. Lógicamente también contiene nuestra legislación, la referencia a los "Métodos Analíticos para cada parámetro". Pese a las características naturales de las aguas para destino a consumo humano y dado su importante papel como mecanismo de transmisión de importantes agentes microbianos que desencadenan enfermedades en el hombre, "en todo caso se exige", que el agua destinada a consumo humano, antes de su distribución, sea sometida a tratamiento de DESINFECCIÓN.

Corrosión

Para que esta aparezca, es necesario que exista presencia de agua en forma líquida, el vapor seco con presencia de oxígeno, no es corrosivo, pero los condensados formados en un sistema de esta naturaleza son muy corrosivos. En las líneas de vapor y condensado, se produce el ataque corrosivo más intenso en las zonas donde se acumula agua condensada. La corrosión que produce el oxígeno, suele ser severa, debido a la entrada de aire al sistema, a bajo valor de pH, el bióxido de carbono abarca por sí mismo los metales del sistema y acelera la velocidad de la corrosión del oxígeno disuelto cuando se encuentra presente en el oxígeno. El oxígeno disuelto ataca las tuberías de acero al carbono formando montículos o tubérculos, bajo los cuales se encuentra una cavidad o celda de corrosión activa: esto suele tener una coloración negra, formada por un óxido ferroso- férrico hidratado.

Una forma de corrosión que suele presentarse con cierta frecuencia en calderas, corresponde a una reacción de este tipo:

$$3\ Fe + 4\ H_2O \text{----------}> Fe_3O_4 + 4\ H_2$$

Esta reacción se debe a la acción del metal sobre calentado con el vapor. Otra forma frecuente de corrosión, suele ser por una reacción electroquímica, en la que una corriente circula debido a una diferencia de potencial existente en la superficie metálica. Los metales se disuelven en el área de más bajo potencial, para dar iones y liberar electrones de acuerdo a la siguiente ecuación:

$$\text{En el ánodo } Fe^0 - 2\ e^- \text{---------------}> Fe^{++}$$

$$\text{En el cátodo } O2 + 2\ H_2O + 4\ e\text{-} \text{----------}> 4\ HO\text{-}$$

Los iones HO- (oxidrilos) formados en el cátodo migran hacia el ánodo donde completan la reacción con la formación de hidróxido ferroso que precipita de la siguiente forma:

$$Fe^{++} + 2\ OH^- \text{----------}> (HO)_2\ Fe$$

Si la concentración de hidróxido ferroso es elevada, precipitará como flóculos blancos. El hidróxido ferroso reacciona con el oxígeno adicional contenido en el agua según las siguientes reacciones:

$$4\ (HO)_2\ Fe + O_2 \text{----------} 2\ H_2O + 4\ (HO)_2\ Fe$$

$$2\ (HO)_2\ Fe + HO\text{-} \text{----------}> (HO)_3\ Fe + e$$

$$(HO)_3\ Fe \text{----------}> HOOFe + H_2O$$

$$2\ (HO)_3\ Fe \text{----------}> O_3Fe_2 \ . \ 3\ H_2O$$

Tratamiento del agua

En ingeniería ambiental el término **tratamiento** de aguas es el conjunto de operaciones unitarias de tipo físico, químico o biológico cuya finalidad es la eliminación o reducción de la contaminación o las características no deseables de las aguas, bien sean naturales, de abastecimiento, de proceso o residuales —llamadas, en el caso de las urbanas, aguas negras—.

Ciclo del agua: El agua sigue un circuito natural al que llamamos El ciclo del agua:

El agua por el calor se evapora y asciende desde la corteza terrestre hasta la atmósfera, allí por frío se condensa y vuelve a la tierra en forma de lluvia o nieve.

◁ anterior   siguiente ▷

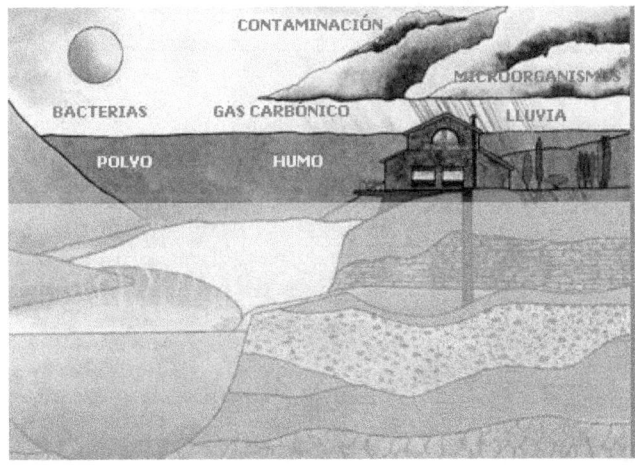

Al ascender arrastra los contaminantes que el hombre ha lanzado a la atmósfera. Ya está contaminada antes de tocar el suelo.

◁ anterior   siguiente ▷

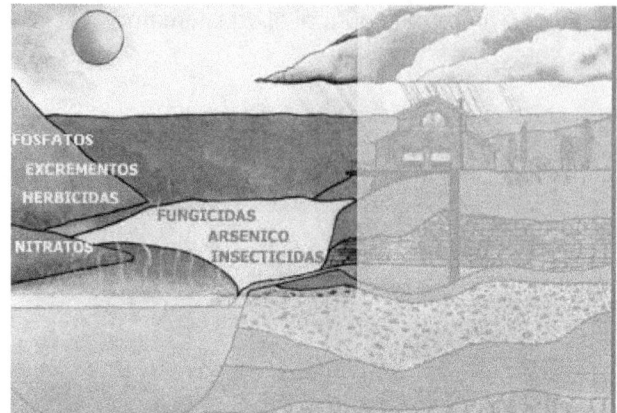

El agua al deslizarse por la tierra, arrastra materias orgánicas, desechos vegetales y animales, disuelve productos químicos. Sufre aquí su segunda contaminación.

◁ anterior   siguiente ▷

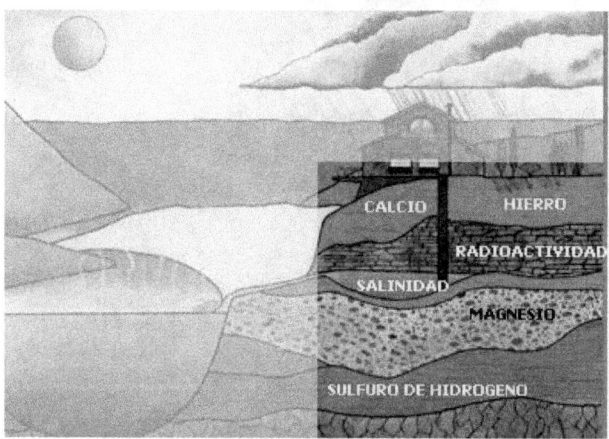

El agua se filtra y penetra en las diferentes capas. Por ser un disolvente universal, disuelve sales, calcio, hierro, magnesio...

◁ anterior   siguiente ▷

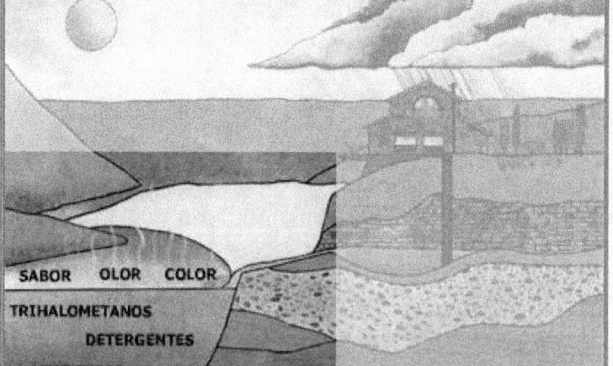

El agua que llega a los ríos y a los lagos cargada de los contaminantes anteriores, se carga de nuevo con detergentes, desechos industriales, dándole mal color, olor y sabor; el resultado es un agua no potable para el consumo humano y animal.

◁ anterior   siguiente ▷

Las depuradoras de aguas domésticas o urbanas se denominan EDAR (Estaciones Depuradoras de Aguas Residuales), y su núcleo es el tratamiento biológico o secundario, ya que el agua residual urbana es fundamentalmente de carácter orgánico —en la hipótesis que se han prevenido los vertidos industriales—.

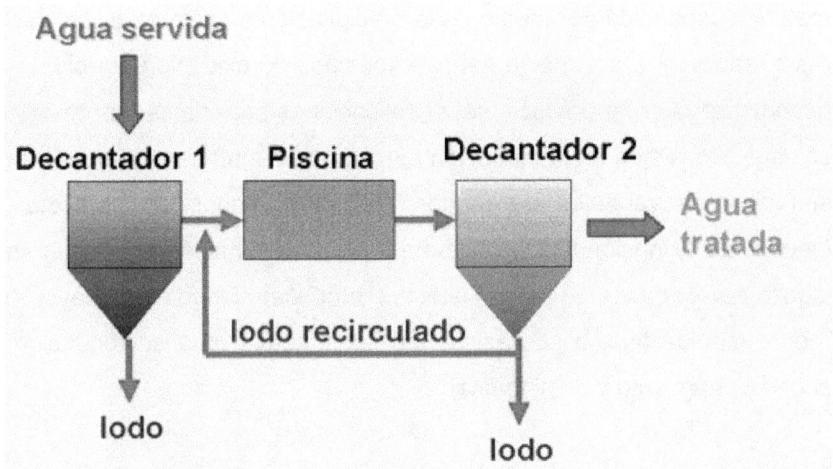

Tipos de tratamiento de aguas urbanas

Las aguas residuales pueden provenir de actividades comerciales, industriales o agrícolas y del uso doméstico. Los tratamientos de aguas industriales son muy variados, según el tipo de contaminación, y pueden incluir precipitación, neutralización, oxidación química y biológica, reducción, filtración, ósmosis, etc.

En el caso de agua urbana, los tratamientos suelen incluir la siguiente secuencia:

- Pretratamiento
- Tratamiento primario
- Tratamiento secundario
- Tratamiento terciario

Pretratamiento: Busca acondicionar el agua residual para facilitar los tratamientos propiamente dichos, y preservar la instalación de erosiones y taponamientos. Incluye equipos tales como rejas, tamices, desarenadores y desengrasadores.

Tratamiento primario o tratamiento físico-químico: busca reducir la materia suspendida por medio de la precipitación o sedimentación, con o sin reactivos, o por medio de diversos tipos de oxidación química —poco utilizada en la práctica, salvo aplicaciones especiales, por su alto coste—. Consisten en la oxidación aerobia de la materia orgánica —en sus diversas variantes de fangos activados, lechos de partículas, lagunas de oxidación y otros sistemas— o su eliminación anaerobia en digestores cerrados. Ambos sistemas producen fangos en mayor o menor medida que, a su vez, deben ser tratados para su reducción, acondicionamiento y destino final.

Tratamiento secundario o tratamiento biológico: se emplea de forma masiva para eliminar la contaminación orgánica disuelta, la cual es costosa de eliminar por tratamientos físico-químicos. Suele aplicarse tras los anteriores.

Tratamiento terciario, de carácter físico-químico o biológico: desde el punto de vista conceptual no aplica técnicas diferentes que los tratamientos primarios o secundarios, sino que utiliza técnicas de ambos tipos destinadas a pulir o afinar el vertido final, mejorando alguna de sus características. Si se emplea intensivamente pueden lograr hacer el agua de nuevo apta para el abastecimiento de necesidades agrícolas, industriales, e incluso para potabilización (reciclaje de efluentes).

Durezas

El agua se encuentra en la naturaleza y va acompañada de diversas sales y gases en disolución. Según los elementos que la acompañan, podríamos considerar las mismas en dos grandes grupos: **"Elementos Disueltos"** y **"Elementos en Suspensión",** esto lo constituyen los minerales finamente divididos, como las arcillas y los restos de organismos vegetales o animales; y la cantidad de sustancias suspendidas, que son mayor en aguas turbulentas que en aguas quietas y de poco movimiento. Es importante destacar que es necesario añadir a las descriptas, los residuos que las industrias lanzan a los cursos fluviales procedentes de distintos procesos de producción. Constituyen los elementos disueltos en el agua, las sustancias orgánicas, las sales minerales, los gases disueltos, las sales minerales y la sílice, aunque ésta también suele aparecer como elemento en suspensión en forma de finísimas partículas o coloides. Las aguas pueden considerarse según la composición de sales minerales presentes en:

Aguas Duras

Importante presencia de compuestos de calcio y magnesio, poco solubles, principales responsables de la formación de depósitos e incrustaciones.

Aguas Blandas

Su composición principal está dada por sales minerales de gran solubilidad.

Aguas Neutras

Componen su formación una alta concentración de sulfatos y cloruros que no aportan al agua tendencias ácidas o alcalinas, o sea que no alteran sensiblemente el valor de pH.

Aguas Alcalinas

Las forman las que tienen importantes cantidades de carbonatos y bicarbonatos de calcio, magnesio y sodio, las que proporcionan al agua reacción alcalina elevando en consecuencia el valor del pH presente. Los gases disueltos en el agua, provienen de la atmósfera, de desprendimientos gaseosos de determinados subsuelos, y en algunas aguas superficiales de la respiración de organismos animales y vegetales. los gases disueltos que suelen encontrarse son él oxígeno, nitrógeno, anhídrido carbónico presente procede de la atmósfera arrastrado y lavado por la lluvia, de la respiración de los organismos vivientes, de la descomposición anaeróbica de los hidratos de carbono y de la disolución de los carbonatos del suelo por acción de los ácidos, también puede aparecer como descomposición de los bicarbonatos cuando se modifica el equilibrio del agua que las contenga. El gas carbónico se disuelve en el agua, en parte en forma de gas y en parte reaccionando con el agua para dar ácido carbónico de naturaleza débil que se disocia como ion bicarbonato e ion hidrógeno, el que confiere al agua carácter ácido.

Problemas derivados de la utilización del agua en calderas

Los problemas más frecuentes presentados en calderas pueden dividirse en dos grandes grupos:

Problemas de corrosión

Problemas de incrustación

Aunque menos frecuente, suelen presentarse ocasionalmente:

Problemas de ensuciamiento y/o contaminación.

PH

La calidad del agua y el pH son a menudo mencionados en la misma frase. El pH es un factor muy importante, porque determinados procesos químicos solamente pueden tener lugar a un determinado pH. Por ejemplo, las reacciones del cloro solo tienen lugar cuando el pH tiene un valor de entre 6,5 y 8. El pH es un indicador de la acidez de una sustancia. Está determinado por el número de iones libres de hidrógeno (H+) en una sustancia. La acidez es una de las propiedades más importantes del agua. El agua disuelve casi todos los iones. El pH sirve como un indicador que compara algunos de los iones más solubles en agua. El resultado de una medición de pH viene determinado por una consideración entre el número de protones (iones H^+) y el número de iones hidroxilo (OH-). Cuando el número de protones iguala al número de iones hidroxilo, el agua es neutra. Tendrá entonces un pH alrededor de 7. El pH del agua puede variar entre 0 y 14. Cuando el pH de una sustancia es mayor de 7, es una sustancia básica. Cuando el pH de una sustancia está por debajo de 7, es una sustancia ácida. Cuanto más se aleje el pH por encima o por debajo de 7, más básica o ácida será la solución. El pH es un factor logarítmico; cuando una solución se vuelve diez veces más ácida, el pH disminuirá en una unidad. Cuando una solución se vuelve cien veces más ácida, el pH disminuirá en dos unidades.

El término común para referirse al pH es la alcalinidad.

La palabra pH es la abreviatura de "pondus Hydrogenium". Esto significa literalmente el peso del hidrógeno. El pH es un indicador del número de iones de hidrógeno. Tomó forma cuando se descubrió que el agua estaba formada por protones (H+) e iones hidroxilo (OH-).

El pH no tiene unidades; se expresa simplemente por un número.

Cuando una solución es neutra, el número de protones iguala al número de iones hidroxilo. Cuando el número de iones hidroxilo es mayor, la solución es básica, Cuando el número de protones es mayor, la solución es ácida. No se puede medir el pH del agua de ósmosis inversa o del agua desmineralizada; Ni el agua desmineralizada ni el agua de ósmosis inversa contienen iones tampón. Esto significa que el pH puede ser tan bajo como 4, pero también tan alto como 12. Ambos tipos de agua no son fácilmente utilizables en su forma natural. Siempre son mezclados antes de su aplicación.

Métodos de determinación del pH

Existen varios métodos diferentes para medir el pH. Uno de estos es usando un trozo de papel indicador del pH. Cuando se introduce el papel en una solución, cambiará de color. Cada color diferente indica un valor de pH diferente. Este método no es muy preciso y no es apropiado para determinar valores de pH exactos. Es por eso que ahora hay tiras de test disponibles, que son capaces de determinar valores más pequeños de pH, tales como 3.5 or 8.5. El método más preciso para determinar el pH es midiendo un cambio de color en un experimento químico de laboratorio. Con este método se pueden determinar valores de pH, tales como 5.07 and 2.03.

Ninguno de estos métodos es apropiado para determinar los cambios de pH con el tiempo.

El electrodo de pH

Un electrodo de pH es un tubo lo suficientemente pequeño como para poder ser introducido en un tarro normal. Está unido a un pH-metro por medio de un cable. Un tipo especial de fluido se coloca dentro del electrodo; este es normalmente "cloruro de potasio 3M". Algunos electrodos contienen un gel que tiene las mismas propiedades que el fluido 3M. En el fluido hay cables de plata y platino. El sistema es bastante frágil, porque contiene una pequeña membrana. Los iones H+ y OH- entrarán al electrodo a través de esta membrana. Los iones crearán una carga ligeramente positiva y ligeramente negativa en cada extremo del electrodo. El potencial de las cargas determina el número de iones H+ y OH- y cuando esto haya sido determinado el pH aparecerá digitalmente en el pH-metro. El potencial depende de la temperatura de la solución.

Ácidos y bases

Cuando los ácidos entran en contacto con el agua, los iones se separan. Por ejemplo, el cloruro de hidrógeno se disociará en iones hidrógeno y cloro (HCL--→ H+ + CL-).

Las bases también se disocian en sus iones cuando entran en contacto con el agua. Cuando el hidróxido de sodio entra en el agua se separará en iones de sodio e hidroxilo (NaOH--→ Na^+ + OH^-).

Cuando una sustancia ácida acaba en el agua, le cederá a ésta un protón. El agua se volverá entonces ácida. El número de protones que el agua recibirá determina el pH. Cuando una sustancia básica entra en contacto con el agua captará protones. Esto bajará el p del agua. Cuando una sustancia es fuertemente ácida cederá más protones al agua. Las bases fuertes cederán más iones hidroxilo.

En términos químicos:

En 1909 el químico danés Sørensen definió el **potencial hidrógeno** (pH) como el logaritmo negativo de la actividad de los iones hidrógeno. Esto es:

$$pH = -\log_{10}\left[a_{H^+}\right]$$

Desde entonces, el término pH ha sido universalmente utilizado por la facilidad de su uso, evitando así el manejo de cifras largas y complejas. En disoluciones diluidas en lugar de utilizar la actividad del ion hidrógeno, se le puede aproximar utilizando la concentración molar del ion hidrógeno.

Por ejemplo, una concentración de $[H^+]$ = 1 × 10^{-7} M (0,0000001) es simplemente un pH de 7 ya que:

$$pH = -\log[10^{-7}] = 7$$

El pH típicamente va de 0 a 14 en disolución acuosa, siendo ácidas las disoluciones con pH menores a 7, y básicas las que tienen pH mayores

El pH = 7 indica la neutralidad de la disolución (siendo el disolvente agua). Se considera que p es un operador logarítmico sobre la concentración de una solución: p = –log [...] , también se define el **pOH**, que mide la concentración de iones OH^-.

Puesto que el agua está disociada en una pequeña extensión en iones OH^- y H^+, tenemos que:

$$K_w = [H^+][OH^-]=10^{-14}$$

en donde $[H^+]$ es la concentración de iones de hidrógeno, $[OH^-]$ la de iones hidróxido, y K_w es una constante conocida como *producto iónico del agua*.

Por lo tanto,

$$\log K_w = \log [H^+] + \log [OH^-]$$
$$-14 = \log [H^+] + \log [OH^-]$$
$$14 = -\log [H^+] - \log [OH^-]$$
$$pH + pOH = 14$$

Por lo que se puede relacionar directamente el valor del pH con el del pOH.

En disoluciones no acuosas, o fuera de condiciones normales de presión y temperatura, un pH de 7 puede no ser el neutro. El pH al cual la disolución es neutra estará relacionado con la constante de disociación del disolvente en el que se trabaje.

Algunos valores comunes del pH	
Sustancia/Disolución	**pH**
Disolución de HCl 1 M	0,0
Jugo gástrico	1,5
Zumo de limón	2,4

Refresco de cola	2,5
Vinagre	2,9
Zumo de naranja o manzana	3,0
Cerveza	4,5
Café	5,0
Té	5,5
Lluvia ácida	< 5,6
Saliva (pacientes con cáncer)	4,5 a 5,7
Leche	6,5
Agua pura	7,0
Saliva humana	6,5 a 7,4
Sangre	7,35 a 7,45
Orina	8,0
Agua de mar	8,0
Jabón de manos	9,0 a 10,0
Amoníaco	11,5
Hipoclorito de sodio	12,5
Hidróxido sódico	13,5

Escalas de pH

Medidor de PH

El medidor de pH es un aparato de mano de fácil manejo para medir pH / mV / °C. El valor de pH y la temperatura pueden transmitirse directamente al PC por medio de la interfaz . Para ello ofrecemos el software y el cable de datos como componentes opcionales. La compensación de temperatura se realiza de manera manual o automática

253

por medio de un sensor de temperatura incluido en el envío. Todo ello proporciona una medición de pH de gran fiabilidad. El me- didor de pH tiene una calibración de dos puntos que se puede realizar manualmente con dos dispa- radores trimmer en el lateral del aparato (protegidos bajo una capucha). Con el aparato combinado se pueden determinar el valor de pH, la temperatura o el potencial REDOX (ORP). Para este último parámetro de medición deberá solicitar un electrodo de REDOX adicional. El medidor de pH se alimenta con baterías.

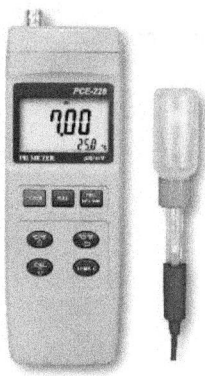

Medidor de pH (pH.-metro) con electrodo

Alcalinidad. Salinidad. Gases disueltos. Incrustación. Agresividad

Composición del agua de consumo

El agua es una sustancia química formada por dos átomos de hidrógeno y uno de oxígeno. Su fórmula molecular es H_2O. El agua cubre el 72% de la superficie del planeta Tierra y representa entre el 50% y el 90% de la masa de los seres vivos. Es una sustancia relativamente abundante aunque solo supone el 0,022% de la masa de la Tierra. Se puede encontrar esta sustancia en prácticamente cualquier lugar de la biosfera y en los tres estados de agregación de la materia: sólido, líquido y gaseoso. Se halla en forma líquida en los mares, ríos, lagos y océanos.

En forma sólida, nieve o hielo, en los casquetes polares, en las cumbres de las montañas y en los lugares de la Tierra donde la temperatura es inferior a cero grados Celsius. Y en forma gaseosa se halla formando parte de la atmósfera terrestre como vapor de agua. El agua no tiene olor, ni sabor, mas sí un ligero color azul, que se puede notar sólo en grandes cantidades, como en el mar. Para obtener agua químicamente pura es necesario realizar diversos procesos físicos de purificación ya que el agua es capaz de disolver una gran cantidad de sustancias químicas, incluyendo gases. Se llama agua destilada al agua que ha sido evaporada y posteriormente condensada. Al realizar este proceso se eliminan casi la totalidad de sustancias disueltas y microorganismos que suele contener el agua; es prácticamente la sustancia química pura H_2O. El punto de ebullición del agua a la presión de una atmósfera, que suele ser la que hay al nivel del mar, es de 100 ºC, y su punto de congelación es de 0 ºC. La densidad máxima del agua líquida es 1 g/cm^3, alcanzándose este valor a una temperatura de 3,8 ºC; la densidad del agua sólida es menor que la del agua líquida a la misma temperatura, 0,917 g/ml. El agua tiene una tensión superficial muy elevada. El calor específico del agua es de 1 cal/ºC·g. Se dice del agua que es una molécula polar porque presenta polaridad eléctrica, con un exceso de carga negativa junto al oxígeno, compensada por otra positiva repartida entre los dos átomos de hidrógeno; los dos enlaces entre hidrógeno y oxígeno no ocupan una posición simétrica, sino que forman un ángulo de 104º 45'. El agua es un termorregulador del clima, gracias a su elevada capacidad calorífica. Su elevada tensión superficial hace que se vea muy afectada por fenómenos de capilaridad.

- Presenta un punto de ebullición de 373 K (100 °C) a presión de 1 atm.
- Tiene un punto de fusión de 273 K (0 °C) a presión de 1 atm.

- El agua pura no conduce la electricidad (agua pura quiere decir agua destilada libre de sales y minerales)

- Es un líquido inodoro e insípido. Estas son las propiedades organolépticas, es decir, las que se perciben con los órganos de los sentidos del ser humano.

- Se presenta en la naturaleza de tres formas, que son: sólido, líquido o gas.

- Tiene una densidad máxima de 1 g/cm^3 a 277 K y presión 1 atm. Esto quiere decir que por cada centímetro cúbico (cm^3) hay 1g de agua.

- Forma dos diferentes tipos de meniscos: cóncavo y convexo.

- Tiene una tensión superficial, cuando la superficie de los líquidos se comporta como una película capaz de alargarse y al mismo tiempo ofrecer cierta resistencia al intentar romperla y esta propiedad ayuda a que algunas cosas muy ligeras floten en la superficie del agua.

- Posee capilaridad, que es la propiedad de ascenso o descenso de un líquido dentro de un tubo capilar.

- La capacidad calorífica es mayor que la de otros líquidos.

- El calor latente de fusión del hielo se define como la cantidad de calor que necesita un gramo de hielo para pasar del estado sólido al líquido, manteniendo la temperatura constante en el punto de fusión (273 k).

- Calor latente de fusión del hielo a 0 °C: 80 cal/g (ó 335 J/g)

- Calor latente de evaporación del agua a 100 °C: 540 cal/g (ó 2260 J/g)

Sales, metales, gases, y agresiones que sufre el agua

No existe naturalmente el agua químicamente pura, o por lo menos tal como la conocemos desde el laboratorio, su composición y calidad es muy variable, y está determinada por el sustrato del suelo por donde transita o está asentada, las filtraciones, la presencia de fuentes de contaminación en sus cauces, tanto de origen químico (fábricas, curtiembres, etc.), o bacteriológica (establecimientos frigoríficos o lecheros que vuelquen a sus cauces los efluentes), así como la utilización indiscriminada de plaguicidas y fertilizantes de alta solubilidad. Podemos encontrar entonces variados elementos en el agua, entre ellos:

1. Metales: sodio, calcio, magnesio, potasio, hierro, manganeso, cobre, plomo, estroncio, litio, vanadio, cinc, y aluminio
2. No metales: cloro, azufre, carbonatos, silicatos, nitratos, nitritos y amonio
3. Sales y óxidos incrustantes: carbonato de calcio, cloruro de calcio, carbonato de magnesio, sulfato de magnesio, cloruro de magnesio, óxido de hierro y óxido de cinc.
4. Sales no incrustantes: cloruro de sodio, carbonato de sodio, sulfato de bario y nitrato de potasio
5. Gases disueltos: dióxido de carbono, oxigeno, nitrógeno y metano

Efecto de las sales más comunes en el agua sobre el organismo animal

Cloruros

- *Cloruro de sodio*: da al agua gusto salado, la misma puede tener un efecto tóxico, produciendo anorexia, pérdida de peso y deshidratación. Hay que tener cuidado pues la misma concentración que no produce toxicidad en invierno, en el verano por el aumento del consumo de agua y la evaporación que concentra solutos puede resultar tóxica.
- *Cloruro de magnesio*: da al agua un gusto muy amargo y acción purgante suave. Se producen perdidas de apetito y diarreas

intermitentes. El efecto se elimina si hay cantidades similares de sulfato de sodio.

- *Cloruro de calcio*: da al agua gusto muy amargo y acción purgante suave, es más toxica que el cloruro de sodio.

Sulfatos

Los sulfatos actúan sobre el equilibrio ácido - básico por alterar el tenor de calcio y fósforo normales en suero, se atenúa con la presencia de calcio en agua.

Tienen efecto laxante y afectan la absorción de calcio, provocando inconvenientes en la formación de hemoglobina con la consiguiente anemia, se observa también decoloración del pelo.

- *Sulfato de magnesio y sulfato de sodio*: dan al agua sabor amargo y también efecto purgante, el sulfato de sodio es menos perjudicial que el de magnesio, la presencia de bicarbonato disminuye la tolerancia al sulfato de sodio.
- *Sulfato de calcio*: es el menos perjudicial, se puede usar agua con concentración saturada sin efectos perjudiciales

Nitratos, nitrito y amoníacos

Su presencia en el agua se debe a contaminación con materia orgánica en descomposición. El problema aumenta en épocas de lluvias y disminuye en época seca, así como en aquellos animales alimentados con raciones de baja energía o carentes de minerales en los que se agravan los efectos. Si se detecta su presencia deben realizarse análisis bacteriológicos, pues se pueden producir intoxicaciones. Los nitritos acumulados en el organismo se combinan con la hemoglobina formando metahemoglobina produciendo anemia anoréxica. Los animales presentan diarrea, salivación, respiración rápida, temblores, marcha vacilante con posterior decúbito, cianosis, palidez de las mucosas, pulso rápido con temperatura normal o subnormal.

Las vacas preñadas pueden tener abortos

Los animales más sensibles son los recién llegados a la aguada contaminada. Debe aplicarse vitamina A, ya que los nitritos perturban la formación de los carotenos. En relevamientos realizados en USA, se determinó que cerca del 50% de los campos tienen presencia de Nitratos en agua, siendo relevantes solo el 2,6%.

Arsénico

Aún en concentraciones pequeñas puede acumularse en el organismo y producir intoxicación crónica. Sus síntomas son animales deprimidos, sin apetito, débiles y torpes, con temblores, convulsiones, diarreas y gastroenteritis hemorrágica. La máxima concentración soportable por el vacuno, según distintos autores se estima de 0,15 a 0,30 mg/lt, pero aún con estas concentraciones se pueden producir intoxicaciones crónicas.

Carbonatos

Los carbonatos y bicarbonatos se encuentran en aguas de bajo contenido salino, al hervir el agua, los bicarbonatos se transforman en carbonatos y precipitan. Esto se denomina dureza temporaria, puesto que al precipitar los carbonatos dejan de estar disueltos en agua con lo que disminuye la concentración. Con el soleado también se produce precipitación, pues para esto no es necesario que el agua alcance los 100° C. A medida que aumenta la temperatura el proceso se acelera. Concentraciones de 2 a 3 gr/lt de carbonatos disueltos no son nocivas para el organismo animal.

Fluoruros

Cuando el flúor se halla en cantidades adecuadas, favorece la dureza de dientes y huesos. En cantidades excesivas o en pequeñas cantidades pero en lapsos prolongados retarda el crecimiento de los animales. Las intoxicaciones crónicas producen anomalías en dientes y huesos (pueden hasta estallar), retraso del crecimiento, cojera, y rigidez.

El moteado de dientes se da a partir de concentraciones mínimas y se transforma en el primer síntoma observable. Los animales jóvenes son los menos tolerantes al exceso de flúor. Sin embargo, el flúor no atraviesa la barrera placentaria, por lo que no afecta terneros en gestación, ni tampoco pasa en gran cantidad en la leche, por lo cual el riesgo para el ternero se presenta recién cuando comienza a ingerir agua. El calcio y el magnesio actúan favorablemente dificultando la absorción del flúor a través del tubo digestivo cuando este último se halla en exceso.

Sulfuros

Su presencia indica el contacto del agua con materia orgánica en putrefacción, con un análisis bacteriológico puede inferirse su existencia. El más común es el sulfuro de hidrógeno. Los síntomas y signos que produce son disnea, parálisis respiratoria, cianosis, convulsiones y apatía. Cantidades mínimas pueden llevar a la muerte.

Fosfatos

La presencia de los mismos indica contaminación con materia orgánica. Se determina mediante análisis bacteriológico. Se trata con cloro como desinfectante.

Cinc

Esta contaminación se presenta por desprendimiento de superficies metálicas. Produce problemas de constipación crónica, aunque pequeñas concentraciones le confieren al agua sabor desagradable lo que limita el consumo por parte de los animales. Los más susceptibles son los más jóvenes.

Plomo

No es aconsejable usar el agua que lo contenga aun en las más pequeñas cantidades. Su presencia se debe generalmente a la contaminación ambiental o por el uso de las cañerías de plomo.

Los síntomas que produce son anorexia, adelgazamiento progresivo, depresión, debilidad muscular, postración y constipación. Los animales vagan, rechinan los dientes, sufren cólicos y convulsiones.

Cobre y Molibdeno

El molibdeno es peligroso, siempre que el cobre sea inferior al normal y si el agua es rica en sulfatos. A concentraciones mayores produce anemia, decoloración del pelo, dolores articulares y diarrea. El exceso de molibdeno en pasturas (algunos tréboles) y de sulfatos en el agua combinados inhiben la absorción de cobre aunque el mismo se encuentre en valores normales. Este es tratable mediante suministro oral o inyectable.

Sodio y Potasio

En los análisis se los suele determinar juntos, en aguas con mayor salinidad hay menor probabilidad de error en la determinación de la concentración de los mismos. Son perjudiciales en altas concentraciones, aunque es muy raro encontrar casos de intoxicaciones debidas a estos elementos. En concentraciones normales son esenciales en la nutrición.

Calcio y Magnesio

Responsables de la dureza del agua. Los límites aceptados según el tipo de animal son: para vacas lecheras 0,25 grs/lt, terneros destetados 0,4 gr/lt y adultos 0,5 gr/lt.

<u>Boro</u>

El agua para consumo de los animales no debe poseer una concentración mayor a 20 mg/lt

<u>Vanadio</u>

Favorece el esmalte dentario, es aceptable hasta 0,1 mg/lt.

<u>Aluminio</u>

Para el caso del aluminio la concentración aceptable en agua es de hasta 5 mg/lt.

Los excesos de efectos de las sales totales del agua en el organismo animal:

<u>Tolerancia a los efectos de las sales</u>

Dentro de las especies domésticas la más resistente a las altas concentraciones de sales totales es el ovino, seguida por el bovino de cría, el de invernada, el lechero y en los últimos lugares el equino y el suino.

<u>Incremento o disminución de la tolerancia</u>

Las altas temperaturas aumentan el riesgo de intoxicaciones por el incremento del consumo de agua, la concentración de sales por la evaporación y consecuentemente una mayor ingesta de sales. Los pastos secos reducen la tolerancia. Los animales jóvenes son menos tolerantes que los adultos.

<u>Efectos en el comportamiento y síntomas</u>

Los excesos de sales provocan menor consumo de alimentos, disminuyen el peso corporal y la producción láctea, provocando trastornos como diarrea, gastroenteritis, rigidez, ataxia y parálisis. Con el agua de bebida muy salina el animal necesita complementar el consumo con más oligoelementos.

Aguas engordadoras

Se denominan *aguas engordadoras* a aquellas cuyo contenido de sales favorece el aumento de peso. Un ejemplo de esto pueden constituirlo aquellas aguas con buen contenido de bicarbonato de calcio o sulfato de sodio. Este último en concentraciones de 1 gr/lt da una tendencia a mayor consumo cuando se pastorean pasturas maduras. Con el incremento de las precipitaciones aumenta el contenido de fósforo y disminuye el calcio y el magnesio en las pasturas. El consumo de aguas duras lleva a la ingestión de cantidades significativas de calcio y magnesio, que ante las condiciones de escasez de estos elementos mencionados anteriormente sobre las pasturas, provocan beneficios en la producción.

Aguas deficientes en sales

Producen en el ganado el denominado *hambre de sal*, debiendo suministrarse cloruro de sodio y núcleos minerales. Este problema se agrava principalmente en invierno con el consumo de pastos naturales diferidos que han sufrido un lavado por lluvias y rocío.

Patologías determinadas por contaminación química o biológica del agua

Existen otros tipos de contaminaciones, externas al suelo o a la calidad propia del agua, que no son menos importantes y que desarrollan también patologías en los sistemas de producción animal. De algunos de ellos no vamos a hablar, como es el caso de los pesticidas y no porque no sean importantes, dado que un 2% de los campos están contaminados con los mismos.

Contaminación con hidrocarburos

La contaminación de las fuentes de agua con hidrocarburos es un hecho corriente devengado por pérdidas en la maquinaria o accidentes. Los hidrocarburos polinucleados son cancerígenos, fijándose en el tejido graso y en las células del hígado, siendo de carácter acumulativo. En poco tiempo las vacas adelgazan y pierden apetito por un proceso enzimático en la secreción gástrica que rechaza el alimento.

La leche es escasa, porque el metabolismo de formación de grasa de la leche se atrofia por una unión química enzima-polinucleado. Las crías tienen problemas hepáticos, se alimentan con leche deficiente con lo que se puede encontrar una mortandad del 30% o superior. Los toros fijan estos hidrocarburos en las grasas de su aparato reproductor y este se atrofia y el poder reproductor disminuye su capacidad en un 50%. Se desaconsejan totalmente las costumbres de agregar combustible a las fuentes de agua como desinfectantes. Cabe consignar que el derrame de un barril de gasoil de 100 litros puede determinar contaminaciones medibles de hasta 100 km de distancia del lugar del derrame.

Contaminación bacteriológica del agua

El contaminante más común del agua en predios productivos son los Coliformes, de origen fecal, cuyo origen pueden ser las propias deyecciones de las vacas o fallas en la construcción de infraestructura de saneamiento humanas. Se calcula que entre el 65 al 80 % de las contaminaciones por Coliformes fecales son debidas a los humanos.

Aunque los bovinos tienen una gran tolerancia a grandes recuentos bacterianos en agua de bebida, una ingesta excesiva puede interferir con el metabolismo del rumen, sobre todo con las bacterias de la flora ruminal normal especializadas en la digestión del forraje, pudiendo resultar en disminución de la ingesta, llegando a la cetosis.

Concentraciones muy altas pueden causar diarreas, abscesos, úlceras, mastitis, pudiendo haber también intoxicación en los casos de salmonelosis.

Patologías generadas por vectores habitantes del agua

Si bien el agua no tiene aquí nada que ver, debemos considerarlas e incluirlas, ya que sin agua estas enfermedades no existen, ya que precisan del medio acuático para su cadena de desarrollo. Por lo tanto hay una asociación estrecha entre las mismas. Estas son la Fasciolosis (*Fasciola hepática*) y la Paramfistomiaisis (*Paramphistomum spp.*). Ambas duelas precisan del vector u hospedero intermediario de un caracol acuático para cumplir su ciclo infestante posterior.

Patologías generadas por caracteres especiales de las plantas semi-acuáticas

Plantas de bañado como el Junquillo (*Scirpus californicus*), tienen la propiedad de mantenerse siempre verdes, aun en periodo de sequía, y ser muy apetecibles para el ganado. Por otra parte, este tipo de plantas tienen la propiedad de absorber y concentrar en ellas los solutos existentes en agua, siendo usadas en países desarrollados con esos fines para descontaminar fuentes de agua. El problema es entonces su capacidad de concentrar elementos tóxicos. Otros autores citan que en aquellos lugares en que las prácticas de riego propenden a contaminar aguas y suelos con Selenio, el manejo de cultivares de *Brassica sp.* Controla los depósitos de Selenio, liberándolos y absorbiéndolos, aunque trasladan los problemas de Selenio a las plantas tornándolas hiperseleníferas. Aluminio deprimen la absorción de fósforo por precipitación en el tubo digestivo.

Incrustación

La formación de incrustaciones en el interior de las tuberías de calderas suelen verse con mayor frecuencia que lo estimado conveniente. El origen de las mismas está dado por las sales presentes en las aguas de aporte a los generadores de vapor, las incrustaciones formadas son inconvenientes debido a que poseen una conductividad térmica muy baja y se forman con mucha rapidez en los puntos de mayor transferencia de temperatura. Por esto, las calderas incrustadas requieren un mayor gradiente térmico entre el agua y la pared metálica que las calderas con las paredes limpias. Otro tema importante que debe ser considerado, es la falla de los tubos, ocasionadas por sobrecalentamientos debido a la presencia de depósitos, lo que dada su naturaleza, aíslan el metal del agua que los rodea pudiendo así sobrevenir desgarros o roturas en los tubos de la unidad con los perjuicios que ello ocasiona. Las sustancias formadoras de incrustaciones son principalmente el carbonato de calcio, hidróxido de magnesio, sulfato de calcio y sílice, esto se debe a la baja solubilidad que presentan estas sales y algunas de ellas como es el caso del sulfato de calcio, decrece con el aumento de la temperatura. Estas incrustaciones forman depósitos duros muy adherentes, difíciles de remover, algunas de las causas más frecuentes de este fenómeno son las siguientes:

- Excesiva concentración de sales en el interior de la unidad.
- El vapor o condensado tienen algún tipo de contaminación.
- Transporte de productos de corrosión a zonas favorables para su precipitación.
- Aplicación inapropiada de productos químicos.

266

Las reacciones químicas principales que se producen en el agua de calderas con las sales presentes por el agua de aporte son las siguientes:

$$Ca^{++} + 2\ HCO_3 - \text{------------>} CO_3\ Ca + CO_2 + H_2O$$

$$Ca^{++} + SO_4^{=} \text{----------->} SO_4Ca\ Ca^{++} + SiO_3^{=} \text{-------->} SiO_3Ca$$

$$Mg^{++} + 2\ CO_3\ H- \text{------------>} CO_3\ Mg + CO_2 + H_2O$$

$$CO_3\ Mg + 2\ H_2O \text{--------->} (HO)_2\ Mg + CO_2Mg^{++} + SiO_3 \text{----->} SiO_3\ Mg$$

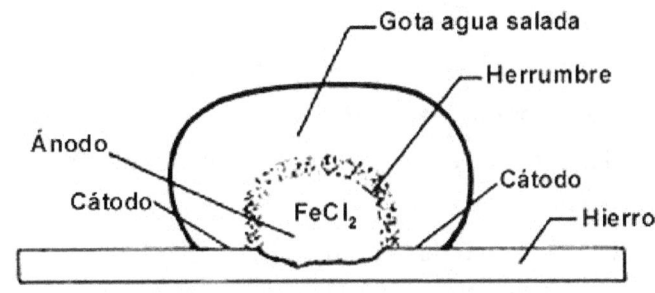

Ataque producido por una gota de agua salada

La corrosión y sus clases

Métodos de evaluación de la velocidad de corrosión

El método utilizado tradicionalmente y que se viene creando hasta la fecha, es el de medida de la pérdida de peso. Como su nombre indica, este método consiste en determinar la pérdida de peso que ha experimentado un determinado metal o aleación en contacto con un medio corrosivo. Las unidades más frecuentemente utilizadas para expresar esa pérdida de peso son: miligramos decímetro cuadrado día (mdd), milímetros por año (mm/año), pulgadas por año o milipulgadas por año (mpy, abreviatura en inglés). Así por ejemplo, si para una determinada aplicación podemos evaluar, mediante una serie de ensayos previos, la pérdida de peso de dos aceros en el mismo medio agresivo, podemos tener una idea de qué material se podrá emplear con mayores garantías, desde un punto de vista de resistencia a la corrosión, sin tener en cuenta otros muchos requerimientos y propiedades que para nuestro ejemplo, vamos a suponer iguales. Supongamos que el resultado de los ensayos efectuados sea el siguiente:

Pérdida de peso

Acero 1..**4.1 mm/año**

Acero 2.. **2.3 mm/año**

Evidente, la selección en este caso favorecerá al acero con una menor velocidad de corrosión, el acero 2.

Las unidades anteriormente citadas constituyen las de mayor utilización en Ingeniería de la Corrosión.

Medida de la variación de las propiedades mecánicas

Hemos visto en el primer capítulo que existen diferentes formas de corrosión. La medida de la velocidad de corrosión por el método de la medida de la pérdida de peso supone el caso de la corrosión generalizada o uniforme, que es la que sufre el acero con más frecuencia. La corrosión localizada supone muy a menudo una pérdida mínima de material, pero en cambio puede alterar drásticamente sus propiedades mecánicas. Por tanto, un control de esas propiedades mecánicas puede poner de manifiesto este tipo de ataque. Por ejemplo, un ensayo de tracción permitirá determinar la resistencia del metal atacado en comparación con una probeta del mismo material que no haya sido sometida a las condiciones del medio agresivo. Diferentes formas de corrosión, entre ellas la corrosión fisurante que no son fáciles de detectar y que se ve como responsable de la rotura del tambor de las lavadoras automáticas, se detectan y en su caso se controlan, mediante los ensayos y sus variaciones correspondientes en las propiedades mecánicas. La aplicación masiva de los aceros inoxidables ha traído consigo la aparición de nuevas formas de corrosión, a las que son especialmente susceptibles éstos. Por ejemplo, los aceros inoxidables austeníticos pueden sufrir la llamada corrosión intergranular, debida a una precipitación de carburos de cromo en los bordes de grano, como consecuencia de un tratamiento térmico inadecuado. La localización de este tipo de corrosión puede realizarse mediante un examen metalográfico con un microscopio clásico de luz reflejada que permite visualizar la estructura superficial del metal, haciendo presente cualquier tipo de ataque, sea intergranular, como en el caso citado, o bien transgranular. El desarrollo de los microscopios electrónicos de barrido permite actualmente lograr una excelente identificación de las formas de corrosión localizada que ocurren en los diferentes metales y aleaciones. La presencia, en muchos microscopios electrónicos de barrido, de un analizador de rayos X, permite además, un análisis puntual y con ello determinar la naturaleza de los constituyentes afectados por el proceso de corrosión, así como estudiar la influencia de ciertas adiciones y el efecto de diversos tratamientos térmicos, capaces de modificar la estructura del metal o aleación empleado. La demostrada naturaleza electroquímica de los procesos de corrosión, especialmente de los que tienen lugar a la temperatura ambiente (corrosión atmosférica) o a temperaturas inferiores a los 100°C (frecuente en la mayoría de procesos industriales) ha permitido la aplicación de los métodos electroquímicos modernos, al estudio de la corrosión de los metales y en consecuencia, a la medición de la velocidad de corrosión. Todas las técnicas electroquímicas modernas están basadas prácticamente en el desarrollo de un aparato que se conoce con el nombre de potenciostato. El potenciostato es un instrumento electrónico que permite imponer a una muestra metálica colocada en un medio líquido y conductor, un potencial constante o variable, positivo o negativo, con respecto a un electrodo de referencia. Este electrodo de referencia no forma parte del circuito de electrólisis y, por el mismo, no circula corriente alguna. Su presencia se debe exclusivamente a que sirve de referencia para poner a prueba en todo momento el potencial de la probeta metálica que se está ensayando.

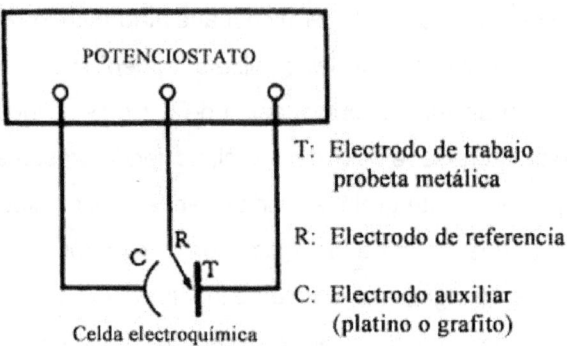

T: Electrodo de trabajo
   probeta metálica

R: Electrodo de referencia

C: Electrodo auxiliar
   (platino o grafito)

Potenciostato.

Para cerrar el circuito de electrólisis se utiliza un tercer electrodo, por lo general de un material inatacable por el medio en que se realiza la experiencia (platino o grafito, por ejemplo). De una manera sencilla podemos entender el funcionamiento del potenciostato. Tomemos al hierro como metal de prueba. Si una solución (por ejemplo, un ácido mineral) es muy agresiva con el hierro, el ataque del metal producirá un paso importante de electrones, en forma de iones de hierro cargados positivamente, a la solución. Esta producción de electrones es la responsable del alto potencial negativo de disolución del hierro en un medio agresivo. Se puede entender fácilmente que con la ayuda de una fuente externa de corriente, será posible tanto acelerar como frenar esta emisión de electrones y, por consiguiente, aumentar o detener la corrosión del hierro por modificación de su potencial. Si a partir del valor del potencial de corrosión, y mediante la fuente externa de potencial, aumentamos éste en la dirección positiva (anódica), se puede llegar a obtener el llamado diagrama o curva de polarización potenciostática, la cual es de mucha utilidad para prever y predecir el comportamiento de materiales metálicos en unas condiciones dadas. En la figura se presenta el diagrama que se obtiene para el caso de un acero en una solución de ácido sulfúrico, H_2SO_4.

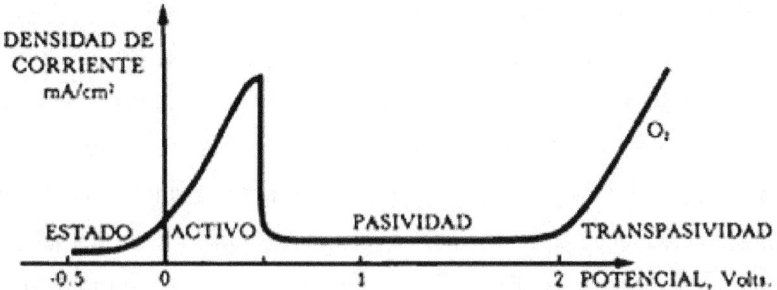

Tipos de corrosión

Introducción

Se pretende con ello enfocar varios puntos de vistas sobre un tema que es suma importancia dentro de la carrera de mantenimiento, en vista de los efectos indeseables que la corrosión deja en equipos, maquinarias y estructuras. Se plantearán las posibles soluciones a este fenómeno natural de los materiales como lo son entre otros y muy principalmente la protección catódica, en sus diferentes versiones. El trabajo consta de un desarrollo el cual como fue indicado ha sido redactado mediante la investigación en textos.

Definiciones

Se entiende por corrosión la interacción de un metal con el medio que lo rodea, produciendo el consiguiente deterioro en sus propiedades tanto físicas como químicas. Las características fundamental de este fenómeno, es que sólo ocurre en presencia de un electrolito, ocasionando regiones plenamente identificadas, llamadas estas anódicas y catódicas: una reacción de oxidación es una reacción anódica, en la cual los electrones son liberados dirigiéndose a otras regiones catódicas. En la región anódica se producirá la disolución del metal (corrosión) y, consecuentemente en la región catódica la inmunidad del metal. Los enlaces metálicos tienden a convertirse en enlaces iónicos, los favorece que el material puede en cierto momento transferir y recibir electrones, creando zonas catódicas y zonas anódicas en su estructura. La velocidad a que un material se corroe es lenta y continua todo dependiendo del ambiente donde se encuentre, a medida que pasa el tiempo se va creando una capa fina de material en la superficie, que van formándose inicialmente como manchas hasta que llegan a aparecer imperfecciones en la superficie del metal. Este mecanismo que es analizado desde un punto de vista termodinámico electroquímico, indica que el metal tiende a retornar al estado primitivo o de mínima energía, siendo la corrosión por lo tanto la causante de grandes perjuicios económicos en instalaciones enterradas. Por esta razón, es necesaria la oportuna utilización de la técnica de protección catódica. Se designa químicamente corrosión por suelos, a los procesos de degradación que son observados en estructuras enterradas. La intensidad dependerá de varios factores tales como el contenido de humedad, composición química, pH del suelo, etc. En la práctica suele utilizarse comúnmente el valor de la resistividad eléctrica del suelo como índice de su agresividad; por ejemplo un terreno muy agresivo, caracterizado por presencia de iones tales como cloruros, tendrán resistividades bajas, por la alta facilidad de transportación iónica. La protección catódica es un método electroquímico cada vez más utilizado hoy en día, el cual aprovecha el mismo principio electroquímico de la corrosión, transportando un gran cátodo a una estructura metálica, ya sea que se encuentre enterrada o sumergida. Para este fin será necesario la utilización de fuentes de energía externa mediante el empleo de ánodos galvánicos, que difunden la corriente suministrada por un transformador-rectificador de corriente.

El mecanismo, consecuentemente implicará una migración de electrones hacia el metal a proteger, los mismos que viajarán desde ánodos externos que estarán ubicados en sitios plenamente identificados, cumpliendo así su función. A está protección se debe agregar la ofrecida por los revestimientos, como por ejemplo las pinturas, casi la totalidad de los revestimientos utilizados en instalaciones enterradas, aéreas o sumergidas, son pinturas industriales de origen orgánico, pues el diseño mediante ánodo galvánico requiere del cálculo de algunos parámetros, que son importantes para proteger estos materiales, como son: la corriente eléctrica de protección necesaria, la resistividad eléctrica del medio electrolito, la densidad de corriente, el número de ánodos y la resistencia eléctrica que finalmente ejercen influencia en los resultados.

Tipos de Corrosión

Se clasifican de acuerdo a la apariencia del metal corroído, dentro de las más comunes están:

1. **Corrosión uniforme**: Donde la corrosión química o electroquímica actúa uniformemente sobre toda la superficie del metal

2. **Corrosión galvánica**: Ocurre cuando metales diferentes se encuentran en contacto, ambos metales poseen potenciales eléctricos diferentes lo cual favorece la aparición de un metal como ánodo y otro como cátodo, a mayor diferencia de potencial el material con más activo será el ánodo.

3. **Corrosión por picaduras**: Aquí se producen hoyos o agujeros por agentes químicos.

4. **Corrosión intergranular**: Es la que se encuentra localizada en los límites de grano, esto origina pérdidas en la resistencia que desintegran los bordes de los granos.

5. **Corrosión por esfuerzo**: Se refiere a las tensiones internas luego de una deformación en frío.

Protección contra la corrosión

Dentro de las medidas utilizadas industrialmente para combatir la corrosión están las siguientes:

1. Uso de materiales de gran pureza.
2. Presencia de elementos de adición en aleaciones, ejemplo aceros inoxidables.
3. Tratamientos térmicos especiales para homogeneizar soluciones sólidas, como el alivio de tensiones.
4. Inhibidores que se adicionan a soluciones corrosivas para disminuir sus efectos, ejemplo los anticongelantes usados en radiadores de los automóviles.
5. Recubrimiento superficial: pinturas, capas de óxido, recubrimientos metálicos
6. Protección catódica.

Protección catódica

La protección catódica es una técnica de control de la corrosión, que está siendo aplicada cada día con mayor éxito en el mundo entero, en que cada día se hacen necesarias nuevas instalaciones de ductos para transportar petróleo, productos terminados, agua; así como para tanques de almacenamientos, cables eléctricos y telefónicos enterrados y otras instalaciones importantes. En la práctica se puede aplicar protección catódica en metales como acero, cobre, plomo, latón, y aluminio, contra la corrosión en todos los suelos y, en casi todos los medios acuosos. De igual manera, se puede eliminar el agrietamiento por corrosión bajo tensiones por corrosión, corrosión intergranular, picaduras o tanques generalizados.

Como condición fundamental las estructuras componentes del objeto a proteger y del elemento de sacrificio o ayuda, deben mantenerse en contacto eléctrico e inmerso en un electrolito. Aproximadamente la protección catódica presenta sus primeros avances, en el año 1824, en que Sir. Humphrey Davy, recomienda la protección del cobre de las embarcaciones, uniéndolo con hierro o zinc; habiéndose obtenido una apreciable reducción del ataque al cobre, a pesar de que se presentó el problema de ensuciamiento por la proliferación de organismos marinos, habiéndose rechazado el sistema por problemas de navegación. En 1850 y después de un largo período de estancamiento la marina Canadiense mediante un empleo adecuado de pinturas con antiorganismos y anticorrosivos demostró que era factible la protección catódica de embarcaciones con mucha economía en los costos y en el mantenimiento.

Fundamento de la protección catódica

Luego de analizadas algunas condiciones especialmente desde el punto de vista electroquímico dando como resultado la realidad física de la corrosión, después de estudiar la existencia y comportamiento de áreas específicas como Ánodo-Cátodo-Electrólito y el mecanismo mismo de movimiento de electrones y iones, llega a ser obvio que si cada fracción del metal expuesto de una tubería o una estructura construida de tal forma de coleccionar corriente, dicha estructura no se corroerá porque sería un cátodo. La protección catódica realiza exactamente lo expuesto forzando la corriente de una fuente externa, sobre toda la superficie de la estructura. Mientras que la cantidad de corriente que fluye, sea ajustada apropiadamente venciendo la corriente de corrosión y, descargándose desde todas las áreas anódicas, existirá un flujo neto de corriente sobre la superficie, llegando a ser toda la superficie un cátodo.

Para que la corriente sea forzada sobre la estructura, es necesario que la diferencia de potencial del sistema aplicado sea mayor que la diferencia de potencial de las microceldas de corrosión originales.

La protección catódica funciona gracias a la descarga de corriente desde una cama de ánodos hacia tierra y dichos materiales están sujetos a corrosión, por lo que es deseable que dichos materiales se desgasten (se corroan)a menores velocidades que los materiales que protegemos.

Teóricamente, se establece que el mecanismo consiste en polarizar el cátodo, llevándolo mediante el empleo de una corriente externa, más allá del potencial de corrosión, hasta alcanzar por lo menos el potencial del ánodo en circuito abierto, adquiriendo ambos el mismo potencial eliminándose la corrosión del sitio, por lo que se considera que la protección catódica es una táctica de:

Polarización catódica

La protección catódica no elimina la corrosión, éste remueve la corrosión de la estructura a ser protegida y la concentra en un punto donde se descarga la corriente. Para su funcionamiento práctico requiere de un electrodo auxiliar (ánodo), una fuente de corriente continua cuyo terminal positivo se conecta al electrodo auxiliar y el terminal negativo a la estructura a proteger, fluyendo la corriente desde el electrodo a través del electrolito llegando a la estructura. Influyen en los detalles de diseño y construcción parámetro de geometría y tamaño de la estructura y de los ánodos, la resistividad del medio electrólito, la fuente de corriente, etc.

Consideraciones de diseño para la protección catódica en tuberías enterradas

La proyección de un sistema de protección catódica requiere de la investigación de características respecto a la estructura a proteger, y al medio.

Respecto a la estructura a proteger

1. Material de la estructura;
2. Especificaciones y propiedades del revestimiento protector (si existe);
3. Características de construcción y dimensiones geométricas;
4. Mapas, planos de localización, diseño y detalles de construcción;
5. Localización y características de otras estructuras metálicas, enterradas o sumergidas en las proximidades;
6. Información referente a los sistemas de protección catódica, los característicos sistemas de operación, aplicados en las estructuras aledañas;
7. Análisis de condiciones de operación de líneas de transmisión eléctrica en alta tensión, que se mantengan en paralelo o se crucen con las estructuras enterradas y puedan causar inducción de la corriente;
8. Información sobre todas las fuentes de corriente continua, en las proximidades y pueden originar corrosión;
9. Sondeo de las fuentes de corriente alterna de baja y media tensión, que podrían alimentar rectificadores de corriente o condiciones mínimas para la utilización de fuentes alternas de energía.

Respecto al medio

Luego de disponer de la información anterior, el diseño será factible complementando la información con las mediciones de las características campo como:

1. Mediciones de la resistividad eléctrica a fin de evaluar las condiciones de corrosión a que estará sometida la estructura. Definir sobre el tipo de sistema a utilizar; galvánico o corriente

impresa y, escoger los mejores lugares para la instalación de ánodos;

2. Mediciones del potencial Estructura-Electrolito, para evaluar las condiciones de corrosividad en la estructura, así mismo, detectar los problemas de corrosión electrolítica;

3. Determinación de los lugares para la instalación de ánodo bajo los siguientes principios:

   a. Lugares de baja resistividad.

   b. Distribución de la corriente sobre la estructura.

   c. Accesibilidad a los sitios para montaje e inspección

4. Pruebas para la determinación de corriente necesaria; mediante la inyección de corriente a la estructura bajo estudio con auxilio de una fuente de corriente continua y una cama de ánodos provisional. La intensidad requerida dividida para área, permitirá obtener la densidad requerida para el cálculo;

Sistemas de protección catódica

Ánodo galvánico

Se fundamenta en el mismo principio de la corrosión galvánica, en la que un metal más activo es anódico con respecto a otro más noble, corroyéndose el metal anódico. En la protección catódica con ánodo galvánico, se utilizan metales fuertemente anódicos conectados a la tubería a proteger, dando origen al sacrificio de dichos metales por corrosión, descargando suficiente corriente, para la protección de la tubería. La diferencia de potencial existente entre el metal anódico y la tubería a proteger, es de bajo valor porque este sistema se usa para pequeños requerimientos de corriente, pequeñas estructuras y en medio de baja resistividad.

Características de un ánodo de sacrificio

1. Debe tener un potencial de disolución lo suficientemente negativo, para polarizar la estructura de acero (metal que normalmente se protege) a -0.8 V. Sin embargo el potencial no debe de ser excesivamente negativo, ya que eso motivaría un gasto superior, con un innecesario paso de corriente. El potencial práctico de disolución puede estar comprendido entre -0.95 a -1.7 V;

2. Corriente suficientemente elevada, por unidad de peso de material consumido;

3. Buen comportamiento de polarización anódica a través del tiempo;

4. Bajo costo.

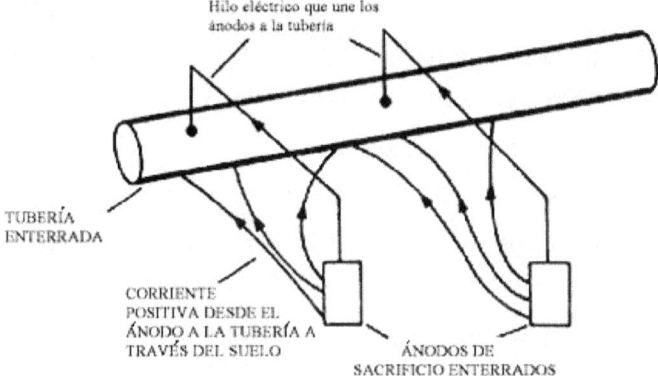

Tipos de ánodos

Considerando que el flujo de corriente se origina en la diferencia de potencial existente entre el metal a proteger y el ánodo, éste último deberá ocupar una posición más elevada en la tabla de potencias (serie electroquímica o serie galvánica). Los ánodos galvánicos que con mayor frecuencia se utilizan en la protección catódica son: Magnesio, Zinc, Aluminio.

Magnesio: Los ánodos de Magnesio tienen un alto potencial con respecto al hierro y están libres de pasivación. Están diseñados para obtener el máximo rendimiento posible, en su función de protección catódica. Los ánodos de Magnesio son apropiados para oleoductos, pozos, tanques de almacenamiento de agua, incluso para cualquier estructura que requiera protección catódica temporal. Se utilizan en estructuras metálicas enterradas en suelo de baja resistividad hasta 3000 ohmio-cm.

Zinc: Para estructura metálica inmersas en agua de mar o en suelo con resistividad eléctrica de hasta 1000 ohm-cm.

Aluminio: Para estructuras inmersas en agua de mar.

Relleno Backfill: Para mejorar las condiciones de operación de los ánodos en sistemas enterrados, se utilizan algunos rellenos entre ellos el de Backfill especialmente con ánodos de Zinc y Magnesio, estos productos químicos rodean completamente el ánodo produciendo algunos beneficios como:

- Promover mayor eficiencia;
- Desgaste homogéneo del ánodo;
- Evita efectos negativos de los elementos del suelo sobre el ánodo;
- Absorben humedad del suelo manteniendo dicha humedad permanente.

La composición típica del Backfill para ánodos galvánicos está constituida por yeso ($CaSO4$), bentonita, sulfato de sodio, y la resistividad de la mezcla varía entre 50 a 250 ohm-cm.

Características de los ánodos galvánicos

Ánodo	Eficiencia	Rendimiento am-hr/kg	Contenido de energía am-hr/kg	Potencial de trabajo(voltio)	Relleno
Zinc	95%	778	820	-1.10	50% yeso; 50% bentonita
Magnesio	95%	1102	2204	-1.45 a -1.70	75% yeso; 20% bentonita; 5% so4na2
Aluminio	95%	2817	2965	-1.10	

Corriente impresa

En este sistema se mantiene el mismo principio fundamental, pero tomando en cuenta las limitaciones del material, costo y diferencia de potencial con los ánodos de sacrificio, se ha ideado este sistema mediante el cual el flujo de corriente requerido, se origina en una fuente de corriente generadora continua regulable o, simplemente se hace uso de los rectificadores, que alimentados por corriente alterna ofrecen una corriente eléctrica continua apta para la protección de la estructura.

La corriente externa disponible es impresa en el circuito constituido por la estructura a proteger y la cama anódica. La dispersión de la corriente eléctrica en el electrolito se efectúa mediante la ayuda de ánodos inertes cuyas características y aplicación dependen del electrolito.

El terminal positivo de la fuente debe siempre estar conectado a la cama de ánodo, a fin de forzar la descarga de corriente de protección para la estructura. Este tipo de sistema trae consigo el beneficio de que los materiales a usar en la cama de ánodos se consumen a velocidades menores, pudiendo descargar mayores cantidades de corriente y mantener una vida más amplia.

En virtud de que todo elemento metálico conectado o en contacto con el terminal positivo de la fuente e inmerso en el electrolito es un punto de drenaje de corriente forzada y por lo tanto de corrosión, es necesario el mayor cuidado en las instalaciones y la exigencia de la mejor calidad en los aislamientos de cables de interconexión.

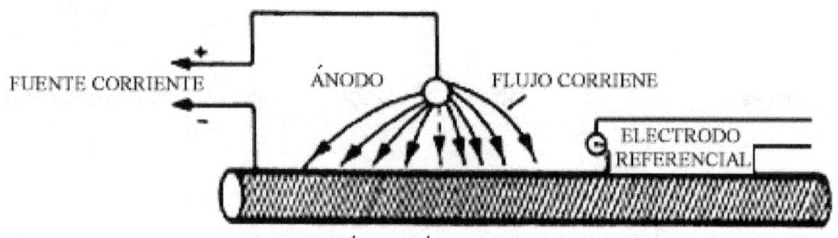

PROTECCIÓN CATÓDICA MEDIANTE CORRIENTE IMPRESA

Ánodos utilizados en la corriente impresa

Chatarra de hierro: Por su economía es a veces utilizado como electrodo dispersor de corriente. Este tipo de ánodo puede ser aconsejable su utilización en terrenos de resistividad elevada y es aconsejable se rodee de un relleno artificial constituido por carbón de coque. El consumo medio de estos lechos de dispersión de corriente es de 9 Kg/Am*Año

Ferrosilicio: Este ánodo es recomendable en terrenos de media y baja resistividad. Se coloca en el suelo hincado o tumbado rodeado de un relleno de carbón de coque. A intensidades de corriente baja de 1 Amp, su vida es prácticamente ilimitada, siendo su capacidad máxima de salida de corriente de unos 12 a 15 Amp por ánodo. Su consumo oscila a intensidades de corriente altas, entre o.5 a 0.9 Kg/Amp*Año. Su dimensión más normal es la correspondiente a 1500 mm de longitud y 75 mm de diámetro.

Grafito: Puede utilizarse principalmente en terrenos de resistividad media y se utiliza con relleno de grafito o carbón de coque. Es frágil, por lo que su transporte y embalaje debe ser de cuidado. Sus dimensiones son variables, su longitud oscila entre 1000-2000 mm, y su diámetro entre 60-100 mm, son más ligeros de peso que los ferrosilicios. La salida máxima de corriente es de 3 a 4 amperios por ánodo, y su desgaste oscila entre 0.5 y 1 Kg/Am*Año

Titanio-Platinado: Este material está especialmente indicado para instalaciones de agua de mar, aunque sea perfectamente utilizado en agua dulce o incluso en suelo. Su característica más relevante es que a pequeños voltajes (12 V), se pueden sacar intensidades de corriente elevada, siendo su desgaste perceptible. En agua de mar tiene, sin embargo, limitaciones en la tensión a aplicar, que nunca puede pasar de 12 V, ya que ha tensiones más elevadas podrían ocasionar el despegue de la capa de óxido de titanio y, por lo tanto la deterioración del ánodo. En aguas dulces que no tengan cloruro pueden actuar estos ánodos a tensiones de 40-50 V.

Fuente de corriente

El rectificador

Es un mecanismo de transformación de corriente alterna a corriente continua, de bajo voltaje mediante la ayuda de diodos de rectificación, comúnmente de selenio o silicio y sistemas de adecuación regulable manual y/o automática, a fin de regular las características de la corriente, según las necesidades del sistema a proteger. Las condiciones que el diseñador debe estimar para escoger un rectificador son:

1. Características de la corriente alterna disponible en el área (voltios, ciclos, fases);
2. Requerimiento máximo de salida en C.D (Amperios y Voltios);
3. Sistemas de montaje: sobre el piso, empotrado en pared, en un poste;
4. Tipos de elementos de rectificación: selenio, silicio;
5. Máxima temperatura de operación;
6. Sistema de seguridad: alarma, breaker, etc;

7. Instrumentación: Voltímetros y Amperímetros, sistemas de regulación;

Otras fuentes de corrientes

Es posible que habiendo decidido utilizar el sistema de corriente impresa, no se disponga en la zona de líneas de distribución de corriente eléctrica, por lo que sería conveniente analizar la posibilidad de hacer uso de otras fuentes como:

- Baterías, de limitada aplicación por su bajo drenaje de corriente y vida limitada;
- Motores generadores;
- Generadores termoeléctricos;

Comparación de los sistemas

A continuación se detalla las ventajas y desventajas de los sistemas de protección catódica;

Ánodos galvánicos	Corriente impresa
No requieren potencia externa	Requiere potencia externa
Voltaje de aplicación fijo	Voltaje de aplicación variable
Amperaje limitado	Amperaje variable
Aplicable en casos de requerimiento de corriente pequeña, económico hasta 5 amperios	Útil en diseño de cualquier requerimiento de corriente sobre 5 amperios;
Útil en medios de baja resistividad	Aplicables en cualquier medio;
La interferencia con estructuras enterradas es prácticamente nula	Es necesario analizar la posibilidad de interferencia;

Sólo se los utiliza hasta un valor límite de resistividad eléctrica hasta 5000 ohm-cm	Sirve para áreas grandes
Mantenimiento simple	Mantenimiento no simple
	Resistividad eléctrica ilimitada
	Costo alto de instalación

Medias celdas de referencia

La fuerza electromotriz (FEM) de una media celda como constituye el sistema Estructura-Suelo o independientemente el sistema cama de Ánodos-Suelo, es posible medirla mediante la utilización de una media celda de referencia en contacto con el mismo electrolito. Las medias celdas más conocidas en el campo de la protección catódica son:

- HIDROGENO O CALOMELO(H+/H2)
- ZINC PURO (Zn/Zn++)
- PLATA-CLORURO DE PLATA(Ag/AgCl)
- COBRE-SULFATO DE COBRE(Cu/SO4Cu)

La media celda de Hidrógeno tiene aplicación práctica a nivel de laboratorio por lo exacto y delicado. También existen instrumentos para aplicación de campo, constituida por solución de mercurio, cloruro mercurioso, en contacto con una solución saturada de cloruro de potasio que mantiene contacto con el suelo.

La media celda de Zinc puro para determinaciones en suelo, siendo condición necesaria para el uso un grado de pureza de 99.99%, es utilizado en agua bajo presiones que podrían causar problemas de contaminación en otras soluciones y también como electrodos fijos.

La media celda Plata-Cloruro de plata de poco uso pese a ser muy estable, se utilizan especialmente en instalaciones marinas.

Más comúnmente utilizados en los análisis de eficiencia de la protección catódica son las medias celdas de Cobre-Sulfato de cobre debido a su estabilidad y su facilidad de mantenimiento y reposición de solución

La protección del acero bajo protección catódica se estima haber alcanzado el nivel adecuado cuando las lecturas del potencial-estructura-suelo medidos con las diferentes celdas consiguen los siguientes valores:

ELECTRODO	LECTURA
Ag-AgCl	-0.800V
Cu-SO4Cu	-0.850V
Calomel	-0.77V
Zn puro	+0.25V

Criterios de protección

Cuando se aplica protección catódica a una estructura, es extremadamente importante saber si esta se encontrará realmente protegida contra la corrosión en toda su plenitud. Varios criterios pueden ser adoptados para comprobar que la estructura en mención está exenta de riesgo de corrosión, basados en unos casos en función de la densidad de corriente de protección aplicada y otros en función de los potenciales de protección obtenidos. No obstante, el criterio más apto y universalmente aceptado es el de potencial mínimo que debe existir entre la estructura y terreno, medición que se realiza con un electrodo de referencia. El criterio de potencial mínimo se basa en los estudios realizados por el Profesor Michael Pourbaix, en 1939, quién estableció a través de un diagrama de potencial de electrodo Vs pH del medio, un potencial mínimo equivalente a -850 mv con relación al electrodo de referencia cobre-sulfato de cobre, observando una zona definida por la inmunidad del acero. Los criterios de potencial mínimo de protección que se utilizará es de –850 mv respecto al Cu/SO4Cu como mínimo y permitiendo recomendar así mismo, un máximo potencial de protección que pueda estar entre los 1200 mv a -1300 mv, sin permitir valores más negativos, puesto que se corre el riesgo de sobre protección, que afecta de sobre manera al recubrimiento de la pintura, ya que hay riesgos de reacción catódica de reducción de hidrógeno gaseoso que se manifiesta como un ampollamiento en la pintura.

Conclusiones

Como conclusiones tenemos los siguientes puntos:

1. El proceso de corrosión debe ser visto como un hecho que pone en evidencia el proceso natural de que los metales vuelven a su condición primitiva y que ello conlleva al deterioro del mismo. No obstante es este proceso el que provoca la investigación y el planteamiento de fórmulas que permitan alargar la vida útil de los materiales sometidos a este proceso.

2. En la protección catódica entran en juego múltiples factores los cuales hay que tomar en cuenta al momento del diseño del sistema, inclusive es un acto de investigación conjunta con otras disciplinas más allá de la metalurgia, como la química y la electrónica.

3. En el trabajo se confirma que la lucha y control de la corrosión es un arte dentro del mantenimiento y que esta área es bastante amplia, dado el sinnúmero de condiciones a los cuales se encuentran sometidos los metales que forman equipos y herramientas.

4. Como última conclusión está el hecho de que hay que ahondar en estos conocimientos pues ellos formarán parte integral de la labor que debe desempeñar un responsable del Mantenimiento de las instalaciones de agua.

Tratamientos: Cloración. Hipercloración. Descalcificación. Desmineralización. Desalinización

Generalidades sobre los equipos de tratamiento de agua

Plantas purificadoras comerciales

El agua extraída de los pozos habilitados, llegan a las pequeñas plantas purificadoras locales. Llegando a las plantas purificadoras, esta es depositada, se le adiciona cloro a 5% con un tiempo de aproximadamente 30 minutos, mediante una bomba ya sea hidráulica o manual es desplazada a unos cilindros, en algunos casos son tres, estos contienen: El primero arena, con distintas granulaciones, pasa luego por otro filtro de carbón activado, aquí se retienen olores, el exceso de cloro y partículas que no hayan sido retenidas por los filtros de arena, y luego por un cilindro que contiene agua con sal que la llamada salmuera, esto es para bajar la dureza al agua. El proceso continúa, bajo el mismo impulso generado por la bomba hasta una lámpara de luz ultravioleta, este germicida es muy bueno, y tiene algunas ventajas y desventajas:

- El agua debe de estar muy bien filtrada, para que haga efecto la luz ultravioleta.
- El contener partículas microscópicas en la dilución del agua son suficientes para que se ubiquen entre 10.000 y 20.000 colonias bacterianas.
- No quedan residuos tóxicos, pero para mantener a largo plazo este efecto debe de estar básicamente esterilizado el conducto en donde circule el agua.
- Siempre se debe de tener controlado el funcionamiento de la luz ultravioleta.

Siguiendo el circuito de purificación, el agua pasa por una válvula, llamada válvula Venturi, esta es conectada por un generador de ozono, tiene un doble efecto:

- No deja residuos como el cloro que un exceso afecta el sabor y el olor.
- El ozono oxida al hierro, por lo que el sabor a metal se desvanece.
- Es efectivo ya que oxida la membrana bacteriana destruyéndola.
- Una desventaja es que corre con la misma suerte de efectividad que la luz ultravioleta, si el agua a tratar no fue bien filtrada y quedan partículas en suspensión, es posible que no se efectivo.

Todo el proceso se realiza con equipos para el tratamiento del agua:

- *Desmineralizadores*
- *Potabilizadores*
- *Desalinizadores*
- *Descalcificadores*
- *Filtradores*
- *Purificadores por ósmosis*
- *Esterilizadores*
- *Control del pH*

Planta industrial para el tratamiento del agua

Descalcificación

El calcio y magnesio presentes en el agua son los causantes del problema de la dureza. Unas altas concentraciones de ambos minerales en el agua provocan incrustaciones en tuberías y equipos, originándose problemas de mantenimiento y mayor gasto económico en detergentes y calentamiento de aguas. Este problema puede solucionarse mediante el uso de un descalcificador. Un equipo que transforma los iones de calcio y magnesio (sales incrustantes que están presentes en el agua) en iones de sodio, sales solubles que no dejan depósitos. Este procedimiento se conoce como "ablandamiento" o "descalcificación" del agua. Los descalcificadores permiten rebajar los niveles de calcio y magnesio presentes en el agua a unos niveles óptimos para el perfecto funcionamiento de las instalaciones y su consumo para agua potable. Nuestros equipos de intercambio iónico retienen los iones causantes de la dureza sustituyéndolos por el sodio presente en la sal utilizada para la regeneración de las resinas. De esta forma puede reducirse la dureza a los valores óptimos deseados. También disponemos de descalcificadores dúplex que pueden funcionar en continuo alternando cada botella tras cada regeneración.

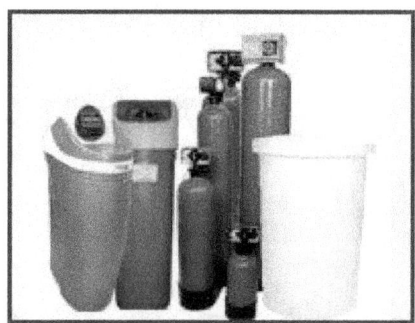

Descalcificadores

También es posible la transformación alotrópica del estado cristalino del carbonato de calcio, compuesto causante de las incrustaciones en el agua, con innovadores equipos de descalcificación electromagnética. Gracias a ello, y con un bajo coste de inversión, es posible evitar por completo la aparición de cualquier tipo de incrustación calcárea presente en el agua mediante la sencilla instalación de este tipo de descalcificadores. El ablandamiento se produce por medio de resinas catiónicas de intercambio de iones, sobre las cuales el agua dura, al atravesarlas, deja las sales que constituyen su "dureza". Este proceso continúa hasta la saturación completa de las resinas, las cuales, para recuperar sus características originales, deben ser tratadas con sal de cocina disuelta en agua (salmuera). Esta operación es denominada regeneración y una vez programada, es ejecutada por el aparato en 5 fases como se describe a continuación:

- Lavado de las resinas en contracorriente.
- Extracción de la salmuera y tratamiento de resinas.
- Restitución del nivel de sal.
- Juagado de la resina (rinse).
- Re-arranque a operación.

Otras formas de ablandamiento

Ablandamiento del agua por la cal sodada

La dureza permanente que es debida a sulfatos de calcio y de magnesio solubles no puede eliminarse por ebullición del agua. Este es el método químico más importante para el ablandamiento del agua. En este proceso las sales solubles se transforman químicamente en compuestos insolubles, que son en parte precipitados y en parte filtrados. Generalmente es necesario agregar los reactivos, uno para eliminar la dureza temporal provocada por el carbonato ácido de calcio y a las sales de magnesio, y el otro reactivo, para eliminar la dureza permanente originada por el sulfato de calcio.

Ablandamiento del agua con carbonato bárico y cal

Esta modificación al proceso de la cal sodada se utiliza tanto para ablandar el agua como para reducir la cantidad de sólidos disueltos. En este proceso la dureza temporal y las sales de magnesio se eliminan por la acción de la cal.

Desmineralización

La desmineralización es un proceso mediante el cual se eliminan sólidos disueltos en el agua. El proceso mediante intercambio iónico emplea resinas catiónicas y aniónicas , que pueden ser base fuerte o base débil dependiendo la calidad del agua a obtener y los contaminantes que se requiera remover. La cantidad de sólidos disueltos en el agua se puede medir en base a conductividad eléctrica o resistencia que es inversamente proporcional, para aguas que tienen muy pocos sólidos disueltos es más eficiente medir la resistividad, **NO** hay agua que tenga "cero" absoluto, lo más cercano a cero expresado en resistividad es 18.3 millones de ohmios, para tener una comparación si un agua tiene 1 de conductividad que aproximadamente significa 0.5 sólidos disueltos totales, esto expresado en ohmios es igual a un millón. Por lo que 18.3 millones de ohmios es algo que se logra mediante una combinación de varios procesos de desmineralización. Cualquier proceso usado para eliminar los minerales del agua, sin embargo, normalmente el término se restringe a procesos de intercambio iónico.

Agua ultra pura: Agua muy tratada de alta resistividad y sin compuestos orgánicos; normalmente usada en las industrias de semiconductores y farmacéuticas. La desionización supone la eliminación de sustancias disueltas cargadas eléctricamente (ionizadas) sujetándolas a lugares cargados positiva o negativamente en una resina al pasar el agua a través de una columna rellena con esta resina. Este proceso se llama intercambio iónico y se puede usar de diferentes maneras para producir agua desionizada de diferentes calidades.

Sistemas de resina catiónica de ácido fuerte + anión básico fuerte
Estos sistemas consisten en dos vasijas – una conteniendo una resina de intercambio catiónico en forma de protones (H^+) y la otra conteniendo una resina aniónica en forma hidroxilos (OH^-) (ver dibujo de abajo). El agua fluye a través de la columna catiónica, con lo cual todos los cationes son sustituidos por protones. El agua descationizada luego fluye a través de la columna aniónica. Esta vez, todos los cationes cargados negativamente son intercambiados por iones hidroxilo, los cuales se combinan con los protones para formar agua (H_2O).

Estos sistemas eliminan todos los iones, incluyendo la sílice. En la mayoría de los casos se aconseja reducir el flujo de iones que se pasan a través del intercambiador iónico por medio de la instalación de una unidad eliminadora de CO_2 entre las vasijas de intercambio iónico. Esto reduce el contenido de CO_2 a unos pocos mg/l y ocasiona una reducción subsiguiente del volumen de la resina aniónica de base fuerte y en los requerimientos de regeneración de los reactivos. En general el sistema de resina de catión ácido fuerte y anión básico fuerte es el método más simple y con él se puede obtener un agua desionizada que puede ser usada en una amplia variedad de aplicaciones.

Sistemas de resina catiónica ácido fuerte + aniónica básica débil + aniónica básica fuerte
Esta combinación es una modificación del anterior. Proporciona la misma calidad de agua desionizada, a la vez que ofrece ventajas económicas cuando se trata agua que contiene elevadas cantidades de aniones fuertes (cloruros y sulfatos). El subtítulo muestra que es sistema está equipado con un intercambiador aniónico básico extra débil. La

unidad eliminadora de CO_2 opcional puede ser instalada tanto después del intercambiador catiónico, como entre los dos intercambiadores aniónicos (ver dibujo de abajo). La regeneración de los intercambiadores aniónicos se realiza con una disolución de sosa cáustica (NaOH) pasándola primero a través de la resina de base fuerte y luego a través de la resina de base débil. Este método requiere de menor cantidad de sosa cáustica que el método descrito anteriormente porque la disolución regeneradora que queda después del intercambiador aniónico de base fuerte es normalmente suficiente para regenerar completamente la resina de base débil. Lo que es más, cuando la materia prima contiene una proporción elevada de materia orgánica, la resina de base débil protege la resina de base fuerte.

Desionización de lecho mixto

En los desionizadores de lecho mixto las resinas de cambio catiónico y las de cambio aniónico están íntimamente mezcladas y contenidas en una única vasija presurizada. Las dos resinas son mezcladas por agitación con aire comprimido, de forma que todo el lecho puede considerarse como un número infinito de intercambiadores aniónicos y catiónicos en serie. Para llevar a cabo la regeneración, las dos resinas se separan hidráulicamente durante la fase de pérdida. Como la resina aniónica es más ligera que la resina catiónica, se eleva hasta arriba del todo, mientras que la resina catiónica cae hacia abajo del todo. Después del proceso de separación la regeneración se lleva a cabo con sosa cáustica y ácido fuerte. Cualquier exceso del regenerador es eliminado mediante el lavado de cada lecho por separado.

Las ventajas de los sistemas de lecho mixto son las que siguen:

El agua obtenida es de muy alta pureza y su calidad permanece constante a lo largo del ciclo, el pH es casi neutro, los requerimientos de aclarado con agua son muy bajos.

Las desventajas de los sistemas de lecho mixto son:

Una menor capacidad de intercambio y un procedimiento de operación más complicado debido a los pasos de separación y mezcla que tienen que llevarse a cabo. Además de mediante los sistemas de intercambio iónico, el agua desionizada puede ser producida en plantas de ósmosis inversa. La ósmosis inversa es la filtración más perfecta conocida. Este proceso permitirá la eliminación de partículas tan pequeñas como los iones de una disolución. La ósmosis inversa se usa para purificar el agua y eliminar sales y otras impurezas para mejorar el color, sabor u otras propiedades del fluido. La ósmosis inversa es capaz de rechazar las bacterias, sales, azúcares, proteínas, partículas, tintes, y otros constituyentes que tengan un peso molecular de más de 150-250 Daltons. La ósmosis inversa cumple con la mayoría de los estándares de agua con un sistema de un solo paso y los estándares más altos con un sistema de doble paso. Este proceso alcanza rechazos de hasta más de un 99,9% de virus, bacteria y pirógenos. La fuerza promotora del proceso de purificación por ósmosis inversa es una presión del rango de 3,4 a 69 bares. Es mucho más eficiente energéticamente que los procesos de cambio de fase (destilación) y más eficiente que los productos químicos fuertes requeridos para la regeneración de los procesos de intercambio iónico. La separación de iones con ósmosis inversa es asistida por partículas cargadas. Esto significa que los iones disueltos que portan una carga, tales como las sales, es más probable que sean rechazados por la membrana que aquellos que no están cargados, tales como los compuestos orgánicos. Cuanto más grande sean la carga y la partícula, mayor probabilidad habrá de que sea rechazada.

Midiendo la pureza

La pureza del agua se puede medir de diversas formas. Se puede intentar determinar el peso de todo el material disuelto ("soluto"); esto se hace más fácilmente con los sólidos disueltos, no como en los líquidos o gases disueltos. Además de pesando las impurezas, también se puede estimar su nivel considerando el grado en el cual incrementan el punto de ebullición del agua o bajan el de congelación. El índice de refracción (una medida de cómo los materiales transparentes desvían las ondas de la luz) se ve también afectado por los solutos del agua. Alternativamente, la pureza del agua puede ser rápidamente estimada basándose en la conductividad eléctrica o en la resistencia – el agua muy pura es muy mala conductora de la electricidad, de modo que su resistencia es elevada.

Legionela: concepto y medidas preventivas

Legionela.(De Legionella, género de bacterias).1. f. Bacteria causante de la legionelosis.2. f. legionelosis.
Legionelosis.1. f. Med. Enfermedad causada por bacterias del género Legionela, que se difunde especialmente por el agua y por el uso de nebulizadores.
La enfermedad del legionario o legionelosis adquirió su denominación en 1976, cuando apareció un brote de neumonía entre los participantes de una convención de la Legión Americana en Filadelfia (EE.UU.).
El 18 de enero de 1977, los científicos identificaron una bacteria previamente desconocida, como la causa de la misteriosa infección de

la enfermedad del legionario, bacteria que se denominó *Legionela* o *Legionella pneumophila.*

La enfermedad tiene dos formas distintas:

- La enfermedad del legionario es el nombre de la forma más severa de infección, que cursa con neumonía.
- Fiebre de Pontiac que es una enfermedad más leve.

Se considera que de 8.000 a 18.000 personas sufren la legionelosis en los EE.UU. cada año. Algunas de ellas puede infectarse con la bacteria de la legionela y tener síntomas leves o no mostrar ni siquiera síntomas. Las epidemias de legionelosis reciben una atención significativa de los medios de comunicación. No obstante, esta enfermedad generalmente aparece como un caso aislado, no asociado con ningún brote oficialmente reconocido. La epidemia normalmente aparece en el verano o a principios de otoño, pero los casos pueden suceder a lo largo de todo el año. Alrededor de un 5% a un 30% de las personas que sufren la leginelosis, fallecen.

Legionela y legionelosis

La *Legionela* es un género de bacterias del que se han identificado actualmente diferentes especies (40) entre las que cabe destacar a la *Legionella pneumophilla* por ser la causante del 85% aproximadamente de las infecciones por legionela. Esta bacteria se halla ampliamente extendida en ambientes acuáticos naturales (ríos, lagos, aguas termales, etc.), encontrándose en ellos en pequeñas concentraciones, pudiendo sobrevivir en condiciones ambientales muy diversas. Para que su concentración aumente, entrañando riesgo para las personas, debe pasar a colonizar, fundamentalmente a través de las redes de distribución de agua potable, sistemas hídricos construidos por el hombre, como torres de refrigeración y sistemas de distribución de agua sanitaria, donde encuentra condiciones de temperatura idóneas para su multiplicación (25-45 °C) protección física y nutrientes apropiados.

En consecuencia serán instalaciones de riesgo en relación con la legionela todas aquellas que procurando condiciones de anidamiento adecuado para ésta, fundamentalmente agua estancada o retenida a temperatura de 25-45 °C y especialmente en presencia de suciedad, produzcan aerosoles que puedan ser inhalados por las personas. Por ello se recomienda hacer controles en torres de refrigeración, condensadores evaporativos. Aparatos de enfriamiento evaporativo, humectadores, sistemas de distribución de agua caliente sanitaria, baños de burbujas, etc. La *Legionelosis* es un término genérico que se utiliza para referirse a la enfermedad que causa la bacteria Legionela pneumophilla y otras del mismo género. Se presenta fundamentalmente en dos formas clínicas perfectamente diferenciadas: una neumonía que se conoce como *Enfermedad del Legionario,* y un cuadro de tipo gripal y carácter leve que se denomina *Fiebre de Pontiac.*

Algunos dispositivos que pueden causar legionelosis funcionamiento y tipos de aparatos

Los aparatos o instalaciones que pueden causar *legionelosis* son muy específicos:

- *Torres de refrigeración*

En los sistemas de climatización modernos y en ciertos procesos Industriales se genera gran cantidad de calor que hay que disipar al ambiente, haciéndose necesario el empleo de agua para la refrigeración del sistema. Sin embargo, supondría graves pérdidas desechar el agua calentada. Una alternativa que permite ahorrar agua y reducir los costes económicos consiste en enfriar el agua mediante una torre de refrigeración, y devolverla de nuevo al circuito. Las torres de refrigeración son, por lo tanto, dispositivos cuya función es la de enfriar agua. El diseño más extendido de torres de refrigeración es aquel en el que el agua más caliente es pulverizada desde la parte superior y la corriente de aire discurre en sentido contrario, de abajo arriba. Para conseguir una mayor eficacia en estos aparatos se emplea un entramado en su interior, denominado relleno, cuyo fin es el de aumentar la superficie de contacto entre el agua y el aire. Con el fin de evitar que se produzcan pérdidas de agua al arrastrarse gran cantidad de gotitas por la corriente de aire, se emplea un dispositivo denominado separador de gotas, situado a la salida de la corriente de aire. En la parte inferior se sitúa una bandeja cuya misión es la de recoger todo el agua que cae, una vez enfriada. Generalmente en la bandeja se instala un flotador o boya, similar al de una cisterna, que regula el nivel del agua, de tal forma que permite la entrada de agua de renovación a medida que se producen pérdidas en el circuito. Estas pérdidas producidas en forma de microgotas son diseminadas al aire, pudiendo ser captadas por los ventiladores de toma de aire, pudiendo así ser introducidas en el interior del edificio, razón por la cual se exige el control periódico del agua de las torres, especialmente para la búsqueda de *Legionela*.

- ## *Condensadores Evaporativos*

Los condensadores evaporativos son similares en estructura y función a las torres de refrigeración. En este caso el agua pulverizada cae directamente sobre un serpentín de tubo liso que contiene líquido refrigerante. La evaporación del agua que provoca la corriente de aire que asciende, produce el enfriamiento de ésta y, en consecuencia, el enfriamiento del líquido refrigerante. Como en cl caso anterior la corriente de aire arrastra gran cantidad de gotitas que salen al exterior a través del separador de gotas y el agua que cae se recoge en una bandeja, donde se instala también un dispositivo que regula el aporte de agua de renovación. En el contenido restante de esta guía, mientras no se indique otra cosa, se entenderá por torres de refrigeración tanto a las torres propiamente dichas como a los condensadores evaporativos.

- *__Aparatos de enfriamiento evaporativos y humectadores__*

Los aparatos de enfriamiento evaporativo son dispositivos para enfriar el aire exterior que se envía a los locales que se pretende acondicionar, siendo su uso frecuente en países de clima caluroso y seco. Los humectadores son aparatos que sirven para mantener la humedad relativa de los locales dentro de ciertos límites, para el bienestar de las personas o por necesidad de un proceso industrial.

Síntomas usuales de la legionelosis

Los pacientes con legionelosis tiene normalmente fiebre, enfriamientos y tos, que puede ser seca o con moco. Algunos pacientes tienen también dolores musculares, dolor de cabeza, cansancio, pérdida de apetito y, ocasionalmente, diarrea. Las pruebas de laboratorio enseñan que los riñones de estos pacientes no funcionan correctamente. La radiografía de pecho muestran frecuentemente una neumonía. Es difícil distinguir la enfermedad del legionario de otros tipos de neumonía simplemente por los síntomas; se necesitan otras pruebas para establecer su diagnóstico. Las personas con fiebre de Pontiac sufren fiebre y dolores musculares y *no tienen neumonía*. Tardan en recobrarse de 2 a 5 días sin tratamiento. El tiempo que transcurre desde la exposición del paciente a la bacteria y el comienzo de la enfermedad del legionario es de 2 a 5 días; para la fiebre de Pontiac, el plazo es menor, generalmente desde horas hasta 2 días. el inicio o recuperación es variable.

Diagnóstico de la legionelosis

El diagnóstico de la legionelosis requiere una prueba especial que no se realiza de forma rutinaria en las personas que tienen fiebre o neumonía. Por lo tanto, el médico debe considerar la posibilidad de legionelosis con vistas a obtener las pruebas adecuadas. Existen diversos tipos de pruebas. Las más útiles detectan la bacteria en el moco, encuentran antígenos de legionela en la orina o comparan los niveles de anticuerpos con la legionela en dos muestras sanguíneas obtenidas de 3 a 6 semanas. La enfermedad del legionario es una infección respiratoria aguda producida por la bacteria Legionella pneumophilia, la cual puede causar un amplio espectro de enfermedades que varía desde fiebre y tos moderadas hasta una neumonía grave. La bacteria que causa la enfermedad del legionario se ha encontrado en los sistemas abastecedores de agua y se sabe que tiene la propiedad de sobrevivir en ambientes cálidos, húmedos y sistemas de aire acondicionado que existen en edificaciones grandes, incluidos los hospitales. La infección se transmite a través del sistema respiratorio y no se ha demostrado que exista transmisión de la enfermedad de persona a persona. Desde el inicio de los síntomas, se presenta un empeoramiento típico de la condición durante los primeros cuatro a seis días que sólo ceden completamente en el transcurso de los siguientes cuatro o cinco días. Aunque la enfermedad se ha reportado en niños, con manifestaciones generalmente menos severas, la infección es más común en adultos de edad media y personas mayores. Entre los factores de riesgo identificados se encuentran el hábito del cigarrillo, enfermedades subyacentes como la insuficiencia renal, cáncer, diabetes o enfermedad pulmonar obstructiva crónica personas con sistemas inmunosuprimidos por la quimioterapia, medicamentos esteroides o en enfermedades como cáncer, leucemia; alcoholismo; así como ser persona de mediana edad y de edad avanzada e igualmente en pacientes con ventilación mecánica durante un período prolongado.

Síntomas

- Rigidez y dolor muscular
- Dolor articular

- Pérdida de la energía
- Molestia generalizada, intranquilidad o sensación de enfermedad
- Dolor de cabeza
- Fiebre
- Escalofríos y temblores
- Tos improductiva
- Expectoración de sangre
- Dificultad para respirar
- Dolor torácico
- Diarrea
- Ataxia (falta de coordinación)

Signos y exámenes

- Se revelan crepitaciones finas al escuchar el tórax con el estetoscopio.
- La tinción directa con esputo muestra la *Legionela*.
- Posible cultivo del agente patógeno tomando muestra de la vía aérea.
- Radiografía de tórax que muestre neumonía.
- El análisis de gases sanguíneos arteriales puede mostrar bajas concentraciones de oxígeno.
- Aumento de glóbulos blancos
- Aumento en la tasa de sedimentación.
- Sodio sérico bajo.
- Las pruebas de la función hepática pueden mostrar elevación moderada.

Tratamiento

El objetivo del tratamiento es eliminar la infección con el uso de antibióticos y se comienza tan pronto como se sospecha la enfermedad, incluso sin esperar la confirmación del resultado del cultivo. Los antibióticos comúnmente utilizados son las quinolonas (ciprofloxacina, levofloxacina, moxifloxacina o gatifloxacina) o los macrólidos (azitromicina, claritromicina o eritromicina).

El tratamiento de soporte incluye hospitalización para hacer reemplazo de líquidos y electrolitos y administración de oxígeno por medio de máscara o por ventilación mecánica si la infección compromete seriamente el sistema respiratorio.

Expectativas (pronóstico)

La tasa general de mortalidad en los pacientes con neumonía es del 15 por ciento aproximadamente y se incrementa en pacientes con enfermedades subyacentes. La mortalidad en los pacientes que adquieren la enfermedad del Legionario durante la hospitalización es cercana al 50 por ciento, en especial cuando la terapia antibiótica se inicia tardíamente.

Quiénes se infectan de legionelosis

Las personas de cualquier edad pueden contaminarse de la enfermedad del legionario, pero la enfermedad afecta más frecuentemente a las personas de edad media o mayores, particularmente a aquellos que fuman o tienen enfermedades crónicas pulmonares. Tienen también un riesgo superior las personas inmunodeprimidas por enfermedades como el cáncer, enfermedades del riñón que requieren diálisis, diabetes o sida. Asimismo, tienen un alto riesgo aquellas personas que toman medicinas que suprimen el sistema inmunitario. La fiebre de Pontiac tiene lugar más habitualmente en personas que si no la sufrieran, estarían sanas.

Tratamiento de la legionelosis

La Eritromicina y el levofloxacino son los antibióticos actualmente recomendados para tratar a las personas que sufren la enfermedad del legionario. En los casos más severos, se puede utilizar asociada como un segundo medicamento la rifampicina. Están disponibles otras sustancias medicinales para los pacientes que no toleran la eritromicina. La enfermedad de Pontiac no requiere un tratamiento específico.

Extensión de la legionelosis

Los brotes de legionelosis aparecen cuando las personas han inhalado aerosoles que contienen agua (por ejemplo, los procedentes de las torres de agua para refrigeración de aire acondicionado, fuentes, aspersores de riego, duchas) contaminados con la bacteria de la legionela. Las personas se pueden exponer a estos aerosoloes en casa, lugares de trabajo, hospitales y lugares públicos. La legionelosis no se transmite de persona a persona y no hay pruebas de infección de la enfermedad en los aires acondicionados de los coches o en las unidades de aire acondicionado domésticas.

Hábitat de la bacteria legionela

Los organismos de la legionela se pueden encontrar en diversos tipos de sistemas de agua. No obstante, la bacteria se reproduce en grandes cantidades en las aguas calientes y estancadas (32°-40°C), como las de ciertos sistemas de conducción de agua y tanques de agua caliente, torres de refrigeración y condensadores evaporativos de grandes sistemas de aire acondicionado y en los remolinos de agua de los balnearios.

Prevenir la legionelosis

Los fundamentos de la prevención de la legionelosis son el diseño y mantenimiento mejorados de las torres de refrigeración y los sistemas de conducción de agua (especialmente del agua caliente sanitaria, para limitar el crecimiento y expansión de los microorganismos de la legionela. Durante las epidemias, los investigadores de los departamentos de sanidad tratan de identificar la fuente de la enfermedad, hacen recomendaciones adecuadas de prevención y toman medidas de control, como la descontaminación de la fuente de agua. Las investigaciones actuales ofrecerán en el futuro otras estrategias de prevención adicionales. La legionelosis es muy vulnerable a dosis altas de Cl. El soporte férrico influye en su crecimiento, por lo que se consigue mediante el hierro de las tuberías de agua y es muy peligrosa en las alcachofas de las duchas, por eso es mejor que sean de plástico.

Epidemias mundiales

La epidemia más importante del mundo tuvo lugar en julio de 2001 en Murcia, España, con 6 muertos y más de 600 afectados. El foco fue localizado en el Hospital *Morales Meseguer* por la autoridad sanitaria regional.

AUTOEVALUACIÓN

Corrosión y tratamiento del agua. Dureza. PH. Alcalinidad. Salinidad. Gases disueltos. Incrustación. Agresividad. La corrosión y sus clases. Tratamientos: Cloración. Hipercloración. Descalcificación. Desmineralización. Desalinización. Legionella: concepto y medidas preventivas.

---

1. La fórmula del agua es:
   a) H O
   b) H2 O2
   c) H3 O3
   d) H2 O
   e) H1 O1

2. La principal propiedad del agua es la de ser un:
   a) Enfriador natural
   b) Disolvente natural
   c) Climatizador natural
   d) Todas son correctas
   e) Ninguna es correcta

3. A qué se refiere el siguiente enunciado. Para que esta aparezca, es necesario que exista presencia de agua en forma líquida, el vapor seco con presencia de oxígeno, no lo es, pero los condensados formados en un sistema de esta naturaleza sí lo son:
   a) Corrupción
   b) Vaporización
   c) Condensación
   d) Corrosión
   e) Ninguna es correcta

4. En ingeniería ambiental el término tratamiento de aguas es el conjunto de operaciones unitarias de tipo:
   a) Mecánico, hidráulico, neumático
   b) Matemático, algebraico, geométrico
   c) Microscópico, macroscópico,
   d) Físico, químico o biológico
   e) Ninguna es correcta

5. **El agua sigue un circuito natural al que llamamos:**
   a) El círculo del agua
   b) El tiempo del agua
   c) La rutina del agua
   d) El periodo del agua
   e) El ciclo del agua

6. **En tratamiento del agua la sigla EDAR significa:**
   a) Estaciones Depuradoras de Agua Residuales
   b) Estaciones Decantadoras de Ambientes Residuales
   c) Elaboradoras Dieléctricas de Aguas Rojas
   d) Estaciones Duales de Aguas Rápidas
   e) Ninguna es correcta

7. **Señalar la respuesta incorrecta. En el caso de agua urbana, los tratamientos suelen incluir la siguiente secuencia:**
   a) Pretratamiento
   b) Tratamiento
   c) Tratamiento primario
   d) Tratamiento secundario
   e) Tratamiento terciario

8. **El tratamiento secundario, también se denomina, tratamiento:**
   a) Químico
   b) Físico
   c) Biológico
   d) Físico – Químico
   e) Físico-químico-biológico

9. **Según los elementos que acompañan al agua, podríamos considerar las mismas en dos grandes grupos:**
   a) Elementos flotantes y elementos diseminados
   b) Elementos disueltos y elementos en suspensión
   c) Elementos circulantes y elementos hundidos
   d) Todas son correctas
   e) Ninguna es correcta

10. **Esta definición corresponde a qué tipo de aguas. Aguas Duras. Importante presencia de compuestos de calcio y magnesio, poco solubles, principales responsables de la formación de depósitos e incrustaciones:**
    a) Aguas blandas
    b) Aguas neutras
    c) Aguas duras
    d) Aguas rígidas

e) Aguas frágiles

11. En el caso de que su composición principal esté dada por sales minerales de gran solubilidad. Se denomina:
   a) Aguas blandas
   b) Aguas neutras
   c) Aguas duras
   d) Aguas rígidas
   e) Aguas frágiles

12. Si componen su formación una alta concentración de sulfatos y cloruros que no aportan al agua tendencias ácidas o alcalinas, o sea que no alteran sensiblemente el valor de pH. Se refiere a:
   a) Aguas blandas
   b) Aguas neutras
   c) Aguas duras
   d) Aguas rígidas
   e) Aguas frágiles

13. Los problemas más frecuentes presentados en calderas pueden dividirse en dos grandes grupos:
   a) Problemas de perforación
   b) Problemas de incrustación
   c) Problemas de corrosión
   d) Problemas de corrupción
   e) b y c son correctas

14. pH significa:
   a) Peso del Helio
   b) Puente de Hertz
   c) Peso del Hidrógeno
   d) Todas son correctas
   e) Ninguna es correcta

15. La unidad del pH es:
   a) pHrio
   b) Micrón
   c) Microfaradio
   d) Kilogramo
   e) No tiene unidad

16. Según las tablas de medidas de pH, cuánto mide la cerveza:
   a) 1,5
   b) 2,5
   c) 3,5

d) 4,5

e) 5,5

17. El medidor de pH se denomina:
a) pH-rio
b) pH.metro
c) pH-ción
d) pH-to
e) pH-do

18. Los elementos que componen el agua, son:
a) Metales
b) Sales y óxidos incrustantes
c) Gases disueltos
d) No metales
e) Todas son correctas

19. Los elementos Dióxido de carbono, oxigeno, nitrógeno y metano, son dentro del agua:
a) Metales
b) Sales y óxidos incrustantes
c) Sales no incrustantes
d) No metales
e) Gases disueltos

20. En los Métodos de evaluación de la velocidad de corrosión, el método utilizado tradicionalmente y que se viene creando hasta la fecha, es el de medida de la pérdida de:
a) Volumen
b) Densidad
c) Longitud
d) Peso
e) Diámetro

21. Señalar la respuesta incorrecta. Tipos de Corrosión. Se clasifican de acuerdo a la apariencia del metal corroído, dentro de las más comunes están:
a) Corrosión multiforme
b) Corrosión uniforme
c) Corrosión galvánica
d) Corrosión intergranular
e) Corrosión por picaduras

22. A qué tipo de protección contra la corrosión se refiere el enunciado. Es una técnica de control de la corrosión, que está siendo aplicada cada día con mayor éxito en el mundo entero, en que cada día se hacen necesarias nuevas instalaciones de ductos para transportar petróleo, productos terminados, agua; así como para tanques de almacenamientos, cables eléctricos y telefónicos enterrados y otras instalaciones importantes:
   a) Protección Anódica
   b) Protección Módica
   c) Protección Canónica
   d) Protección Catódica
   e) Protección Metódica

23. Cuando se desmineraliza el agua se eliminan elementos disueltos en el agua, que son:
   a) Líquidos
   b) Gases
   c) Sólidos
   d) Plasma
   e) Ninguna es correcta

24. La bacteria de la Legionela causa:
   a) Legionaris
   b) Legionelosis
   c) Legionitis
   d) Legiosis
   e) Ninguna es correcta

25. Los aparatos o instalaciones que pueden generar legionela son muy específicos:
   a) Torres de refrigeración
   b) Condensadores Evaporativos
   c) Aparatos de enfriamiento evaporativos y humectadores
   d) Todas son correctas
   e) Ninguna es correcta

26. Según los expertos en epidemiología atribuyen la legionela a la falta de:
   a) Agua
   b) Oxígeno
   c) Inspecciones
   d) Todas son correctas
   e) Ninguna es correcta

SOLUCIONARIO

1. d) H_2O
2. b) Disolvente natural
3. d) Corrosión
4. d) Físico, químico o biológico
5. e) El ciclo del agua
6. a) Estaciones Depuradoras de Agua Residuales
7. b) Tratamiento
8. c) Biológico
9. b) Elementos disueltos y elementos en suspensión
10. c) Aguas duras
11. a) Aguas blandas
12. b) Aguas neutras
13. e) b y c son correctas
14. c) Peso del Hidrógeno
15. e) No tiene unidad
16. d) 4,5
17. b) pH.metro
18. e) Todas son correctas
19. e) Gases disueltos
20. d) Peso
21. a) Corrosión multiforme
22. d) Protección Católica
23. c) Sólidos
24. b) Legionelosis
25. d) Todas son correctas
26. c) Inspecciones

Protección medioambiental. Nociones básicas sobre contaminación ambiental. Principales riesgos medioambientales relacionados a las funciones de la categoría.

Protección medioambiental

Terminología

Para lograr el desarrollo de una conciencia ambiental en el individuo, es necesario transmitir una serie de conceptos básicos que le permitan situarse en relación con el medio ambiente.

-**Medio ambiente**: marco animado e inanimado en el que se desarrolla la vida de los seres vivos. Abarca seres humanos, animales, plantas, objetos, agua, suelo, aire y las relaciones entre ellos, así como los valores de estética, ciencias naturales e histórico-culturales.

-**Ecosistema**: unidad claramente distinguible en la biosfera, por ejemplo, un bosque, estanque o río con sus pertenecientes plantas y animales (comunidad biótica). Sistema autorregulador que se mantiene por las interacciones entre los factores abióticos (o vivos) y los bióticos (vivos).

-**Ecología**: ciencia que estudia las relaciones entre los seres vivos y su entorno abiótico (medio ambiente).

-**Flora**: conjunto de especies vegetales que viven en un determinado lugar.

-**Fauna**: conjunto de especies animales que viven en un determinado lugar.

-**Hábitat:** territorio en el que vive una especie vegetal o animal.

-**Biodiversidad**: término que designa la variedad de vida en la tierra. Puede describirse desde el punto de vista de los genes, las especies y los ecosistemas.

-**Contaminación**: cualquier tipo de impurezas, materia o influencias físicas (como ruido y radiación) en un determinado medio y en niveles más altos de lo normal, que pueden ocasionar peligro o daño en el sistema ecológico.

-**Contaminante:** sustancia no deseada que está presente en cualquier medio, impidiendo o perturbando la vida de los organismos y produciendo efectos nocivos a los materiales y al propio ambiente.

-**Emisión:** expulsión, descarga de gases, líquidos o partículas al agua, suelo o aire.

-**Impacto:** efecto que una determinada acción produce en el medio ambiente.

-**Vertido:** corriente de desperdicios, ya sean líquidos, sólidos o gaseosos que se introducen en el medio ambiente.

-**Residuo:** cualquier sustancia u objeto, del cual su poseedor se desprenda o del que tenga la intención u obligación de desprenderse.

-**Reciclaje:** reintroducción de elementos o productos de desecho en la actividad industrial. Método utilizado para economizar materias primas y energías.

-**Energía renovable:** energía que se obtiene de fuentes inagotables o renovables. En la energía renovable se emplea la fuerza del viento (eólica), agua (hidráulica), sol (energía solar), etcétera.

Además de estos términos básicos no nos podemos olvidar de **principios clave** que han influido notablemente en el sentido y comprensión del medio ambiente:

-**Desarrollo sostenible**: término que aparece por primera vez en el Informe Brundtland, también conocido como "el futuro de todos" (Comisión mundial para el desarrollo del medio ambiente de Naciones Unidas, 1987) y lo define como aquel **desarrollo que satisface las necesidades del presente sin comprometer las necesidades de generaciones futuras**. El concepto será la clave de las políticas de medio ambiente de la CE y de la Declaración de Río-92 sobre Medio Ambiente y Desarrollo. Como se observa la definición de desarrollo sostenible queda en el aire si no se puntualiza qué se entiende por necesidades. La precisión es importante porque, aparte de incluir las necesidades básicas de alimentación, vestido, vivienda, educación y sanidad, pone en entredicho muchos de los objetivos de la sociedad de consumo occidental, que vendrían a ser superfluos en el supuesto de que el abuso de los recursos naturales para satisfacerlos pudiese llegar a agotarlos.

-**Quien contamina paga:** viene recogido en el artículo 130R del Tratado de Maastricht, e implica que todo el que contamina debe pagar por el daño ecológico causado. Con arreglo a este principio los responsables de un acto de contaminación tienen que pagar los costes de prevención de la contaminación y de todas las medidas necesarias para eliminarla o reducirla a un nivel jurídicamente admitido.

Nociones básicas sobre contaminación ambiental

La consideración de los problemas ambientales ha cambiado mucho en estos últimos años. Lo que a mediados de este siglo era una minoritaria preocupación por las especies y los espacios, es hoy en día centro de un debate mundial sobre el futuro de la humanidad. Está claro que los problemas ambientales surgen del uso que hace la sociedad de los recursos naturales, y que la contaminación procede de formas de producción poco eficientes y de unos estilos de vida verdaderamente insostenibles. Sobre esta realidad está la de la situación social y ambiental de los "otros países", aquellos que aún tienen gran riqueza en biodiversidad y cuyos ciudadanos viven en situaciones no deseables. Estamos hablando entonces de problemas sociales: de la justicia, de la eficiencia, de la democracia. Se hace, por lo tanto, imprescindible la cooperación entre los Estados, en primer lugar, para erradicar la pobreza como requisito indispensable del desarrollo sostenible, y en segundo lugar mediante el intercambio de conocimientos y tecnologías, evitar y restaurar la degradación ambiental del planeta. Por otro lado, a nivel interno, los Estados deberán diseñar políticas medioambientales eficaces, que recojan los objetivos y prioridades en materia ambiental. Tales políticas, como bien establece el artículo 6 del Tratado de Amsterdam, deberán integrarse en el resto de políticas sectoriales al objeto de que las consideraciones ambientales estén presentes en todos los ámbitos de la sociedad.

A. Causas de las principales amenazas y problemas ambientales que afectan a la sociedad

Es esencial involucrar a los ciudadanos en la problemática ambiental. Para ello necesitan una información precisa y actualizada de los principales problemas actuales y amenazas futuras (recogidos en el capítulo 10 del V Programa de actuación en materia de medio ambiente), enfocados primero desde una perspectiva global y dando luego una visión práctica y local.

Introducción en las causas de la contaminación atmosférica:

La atmósfera es el recurso natural sobre el cual los problemas ambientales se hacen más palpables. Diariamente son emitidos a la atmósfera una gran cantidad de gases contaminantes. Los efectos que estos gases pueden producir en el planeta son muy diversos, tanto a escala local (lugar donde se produce la emisión) como a escala global.

Ya en la I Revolución Industrial en Inglaterra se entendió que se debía proteger el medio y se promulgaron las primeras leyes para preservar la atmósfera de la contaminación del aire por los hornos de fundición, en la Inglaterra de 1821. Estas normativas introducían también la posibilidad de iniciar procesos de demanda y denuncia y ayuda a los damnificados. Mucho más tarde, en 1863, el Parlamento británico promulgó el "decreto alcalino", que exigía a determinados fabricantes la eliminación del 95% del ácido clorhídrico que vertían. Es importante este decreto porque creó la primera entidad de control de la contaminación del mundo: el "Alkali Inspectorate". En el siglo XX, las primeras leyes ambientales se dirigían a evitar la contaminación del agua en determinados ríos de Inglaterra (1951). En los E.E.U.U. se aprobó la primera ley sobre aire limpio (Clean Air Act) en 1955, y la del agua (Clean Water Act) en 1972.

La preocupación por la calidad de la atmósfera siempre ha ido a remolque de los efectos que producía el desarrollo industrial y no se ha tenido conciencia de lo irreversible del proceso hasta bien entrado el siglo XX. Las investigaciones científicas de las últimas décadas han denunciado los estragos que están causando la emisión de gases nocivos a la atmósfera. Entre los más representativos y a su vez más perjudiciales, destacamos:

Efecto invernadero

El efecto invernadero es un fenómeno natural de la atmósfera consistente en que la energía solar que llega a la tierra, al tomar contacto con el suelo, se refleja sólo en parte, siendo el resto absorbido por el mismo. El efecto de esta absorción es un calentamiento y se manifiesta por una irradiación de energía hacia la atmósfera. Sin embargo, al viajar hacia la atmósfera se encuentra con gases que actúan de freno, produciéndose choques y una vuelta hacia la tierra, evitando que la energía se escape hacia el exterior calentado más el suelo del planeta.

El efecto de este fenómeno es un calentamiento global del planeta (aproximadamente 4°C en los próximos cien años). Como consecuencia del mismo se produce un deshielo de las zonas polares, aumentando el nivel medio de mares y océanos, lo que tendrá graves consecuencias que ya se comienzan a sufrir en determinados lugares del planeta (inundaciones, ciclones, pérdida de la zona costero litoral, etcétera).

En la Unión Europea se calcula que la temperatura media ha subido 0,8°C en los últimos cien años y se prevé que para el 2100 el calentamiento sea entre 1-6°C. La UE arroja a la atmósfera el 15% de los gases invernaderos cuando su población representa sólo el 5%. El compromiso adquirido por los Estados miembros en la Conferencia de Kyoto fue reducir en un 8% las emisiones para el periodo 2008-12.

Los principales gases que provocan el efecto invernadero son:

-Dióxido de carbono (CO_2). Combustión de depósitos fósiles, emisiones desde vehículos, industrias, etcétera.

-CFCs y HFCs. Aerosoles, climatizadores, refrigeradores, etcétera.

-Metano (CH_4). Residuos ganaderos y agrícolas.

Conociendo las fuentes emisoras de estos gases invernaderos podremos realizar acciones correctoras: reducción de emisiones mediante filtros, utilización de transportes alternativos, etcétera.

Agujero de ozono

En capas altas de la atmósfera abunda el gas ozono (O_3). Este gas es el encargado de proteger la tierra de radiaciones ultravioletas. La introducción de nuevos compuestos artificiales, así como de fertilizantes, reduce la concentración de ozono en la atmósfera, lo que provoca que penetre más cantidad de rayos ultravioletas, acarreando graves consecuencias para el desarrollo de la vida vegetal y animal. También puede producir cáncer de piel, mutaciones genéticas, etcétera.

Los principales causantes de la destrucción de la capa de ozono son:

-Fuentes artificiales de cloro y bromo: presentes en refrigeradores industriales, domésticos, aerosoles, etcétera.

-Nox. Presentes principalmente en fertilizantes.

Acidificación

Se trata de ácidos que se forman en la atmósfera por la mezcla de vapor de agua con gases emitidos por industrias. Estos ácidos caen sobre la tierra en forma de lluvia, produciendo la acidificación de los suelos y aguas, pérdida de zonas de cultivo, muerte de árboles, bosques, erosión, etcétera. Este fenómeno se puede dar a mucha distancia del foco emisor (EE.UU. se está viendo afectada por la contaminación del norte de Europa), por ello la zona afectada es muy grande.

Los principales gases causantes de la acidificación son:

-Compuestos de azufre (SO2)

-Compuestos de nitrógeno (NO)

Contaminación de las aguas

El agua es el compuesto químico con mayor presencia en la naturaleza. Sus propiedades le confieren la capacidad de ser un elemento fundamental para el desarrollo de la vida. Nos encontramos con un recurso limitado cuya desaparición nos traería importantes consecuencias. El agua cubre las dos terceras partes de la superficie terrestre, pero sólo el 1% está disponible para su uso por el hombre. Además existe una demanda creciente de este recurso que obliga a racionalizar su consumo.

Entre los problemas más importantes que afectan a los recursos hídricos, nos encontramos con la contaminación del agua, que la hace inadecuada para la aplicación a la que se destina. Los orígenes o fuentes de contaminación son muy variados, pero los principales son:

-**Vertidos urbanos**: sistemas de vertidos de agua residuales (pozos negros, fosas sépticas, redes de saneamiento), actividades domésticas, vertederos de residuos sólidos urbanos, aplicación al terreno de aguas o fangos residuales.

-**Vertidos industriales**: la contaminación se produce por las aguas residuales, líquidos residuales, desechos sólidos vertidos o almacenados, humos, almacenamiento de materias primas, así como su transporte, accidentes y fugas.

- **Vertidos agrícolas y ganaderos:** viene dada principalmente por el uso masivo de abonos químicos y pesticidas en la agricultura. La contaminación que se origina es dispersa, al contrario de la contaminación urbana que puede considerarse puntual.

Contaminación de los suelos

Es aquella porción de suelo cuya calidad ha sido alterada como consecuencia del vertido puntual, directo o indirecto, de residuos o productos tóxicos y peligrosos. El resultado del vertido es la presencia de alguna sustancia en unas concentraciones tales que confieren al suelo propiedades nocivas, insalubres, molestas o peligrosas para algún fin. Hay suelos contaminados que actualmente están abandonados y otros que están en uso, los más importantes de éstos suelen ser los vertederos incontrolados de residuos originados antes de la aparición de la legislación de residuos tóxicos y peligrosos. Los problemas que puede plantear la contaminación de suelos son tan variados como pueden serlo las sustancias presentes en los vertidos. De modo general se pueden plantear los siguientes daños y riesgos:

-Se compromete gravemente el desempeño de las funciones básicas del suelo.

-Contaminación de aguas subterráneas, superficiales, del aire.

-Envenenamiento por contacto directo o a través de la cadena alimentaria.

-Fuego por explosión, etcétera.

Residuos

Es una de las principales causas de la contaminación de los suelos. El tratamiento de los residuos constituye uno de los puntos clave del ordenamiento ambiental ya que su producción ha aumentado en los últimos 20 años de una manera alarmante. Entre los distintos tipos de residuos nos encontramos con:

Residuos urbanos

Son los generados en las zonas urbanas como consecuencia de la actividad cotidiana de sus habitantes (comercios, oficinas, servicios, domicilios, etcétera). Comúnmente los conocemos como basuras. Se estima que la producción de residuos es de un kilogramo por habitante y día. Dada la gran cantidad de residuos que se generan diariamente, es imprescindible una buena gestión de tales residuos, es decir, una recogida, transporte y tratamiento perfectamente organizados y apoyados por la colaboración ciudadana (recogida selectiva). El vidrio, el papel y materia orgánica tienen sus propios circuitos de recogida. El problema reside en la recogida de los distintos tipos de plásticos y de *bricks*. Estos materiales han sido recientemente regulados por la Ley 11/1997, de 24 de abril. Se trata de una ley muy importante, pues establece por primera vez la obligación de dar a estos materiales un destino diferente a, simplemente, enterrarlos en un vertedero.

Residuos industriales

Son los desechos producidos por las instalaciones industriales. Pueden ser de dos tipos:

-Inertes o asimilables a urbanos

-Tóxicos y peligrosos. Son aquellos cuyas propiedades incluyen alguna o algunas de las siguientes características: inflamable irritante, nocivo, tóxico, cancerígeno, corrosivo, infeccioso, etcétera. La gestión de estos residuos compete a un gestor autorizado, que los depositará en recipientes de seguridad habilitados con tal efecto.

Residuos sanitarios

Son aquellos residuos generados en los centros hospitalarios. Su importancia reside en la cantidad de residuos que se generan diariamente (3,5 kg. por cama y día), por el riesgo de infección que presentan (residuos biosanitarios) y de contaminación (residuos químicos y radioactivos).

Dada la variedad y peligrosidad de los residuos sanitarios, todo centro hospitalario deberá contar con un plan de gestión interno de residuos, que permita clasificar y dar el destino adecuado a cada tipo de residuo generado.

Residuos agrícolas y ganaderos

Son los residuos generados como consecuencia de las actividades agrícolas y ganaderas. Se trata de residuos potencialmente contaminantes ya que contienen productos que pueden revestir un carácter peligroso o incidir de variadas formas sobre el entorno.

Tales residuos son asimilables a los residuos urbanos, es decir, en la práctica, no se rigen por disposiciones específicas. Sin embargo, el tratamiento de estos residuos difiere de los residuos municipales ordinarios en la medida que gran parte de los mismos son aprovechables en las propias explotaciones agropecuarias.

Deterioro del medio natural

-La pérdida de la biodiversidad en el mundo:

La diversidad biológica es uno de los principios básicos del desarrollo sostenible. La biodiversidad comprende todas las especies de plantas, animales y microorganismos y la variabilidad genética presente en ellos, además de los ecosistemas de los que forman parte. Hoy en día, las amenazas a la biodiversidad son realmente descorazonadoras. La mayoría de la biodiversidad del planeta reside en bosques tropicales de los países en vías de desarrollo, países que están experimentando un rápido crecimiento de su población. Este crecimiento de población y el desarrollo necesario para mantenerla amenazan con extinguir el 70% de las especies vivas para el final del próximo siglo. La importancia de la biodiversidad es la gran cantidad de organismos que hay en la tierra y la variabilidad de estos dentro de la misma especie, lo que supone un valor potencial de toda esa información como fuente para nuevos productos farmacéuticos, químicos y nuevos materiales. Si estas especies se pierden, las consecuencias más inmediatas serían la ruptura del equilibrio de los ecosistemas y del equilibrio planetario, pero a largo plazo, sería más importante la pérdida de información que podría encerrar un gran valor. Por ello, la gravedad de estos problemas requiere una respuesta rápida. Los países están tomando medidas como la elaboración de legislaciones para la conservación de sus especies, la declaración de zonas de una riqueza biológica importante como zonas de interés natural con un grado de protección importante, etcétera.

A nivel internacional, destaca el Convenio de diversidad biológica o Convenio de Biodiversidad, ratificado por España en 1993. Dicho Convenio tiene por objeto la conservación máxima de la biodiversidad en beneficio de generaciones presentes y futuras, velando por el uso racional de los recursos.

Agotamiento y contaminación de los recursos hídricos

Los problemas de contaminación marina no han variado mucho en la última década, pero lo que sí ha variado es la percepción que el hombre tiene sobre ellos. De los 20.000 millones de Tm. de sales disueltas y materia en suspensión que llegan al mar a través de los ríos, solamente el 10% llegan al océano profundo, el resto se acumula en las zonas costeras donde se captura el 90% de la pesca mundial, con el peligro para la salud del hombre que la consume. Otro problema que sufre el medio marino es el originado por los vertidos de aguas residuales urbanas. Para la descomposición de la materia orgánica de las aguas residuales, las bacterias utilizan oxígeno disuelto en el agua. Si las cantidades de residuos son muy elevadas puede suceder que no haya suficiente oxígeno en el agua para soportar la vida de muchos peces, proliferando bacterias. Todos estos problemas pueden solucionarse con una buena gestión en tierra. El mar puede ser el recurso que más beneficios puede aportarnos en un futuro.

Deforestación-desertificación

La deforestación es la pérdida de masa forestal (árboles, plantas, etcétera) de un territorio determinado, lo que implica la pérdida de terreno fértil. Entre los procesos principales que han llevado a la deforestación de determinadas zonas del planeta, se encuentran:

325

-Requerimiento masivo de madera, como combustible, en determinadas épocas y como material de construcción para casas, barcos, etcétera.

-Apertura de pistas y carreteras.

-Explotación de bosques para la industria papelera.

-Incendios. En 1994 los incendios han deforestado en España 432.000 ha.

Entre los efectos más importantes de la deforestación se encuentran:

-Erosión del suelo, como consecuencia de la falta de vegetación.

-Pérdida de terreno fértil, al desaparecer los nutrientes del suelo.

-Pérdida de la flora y fauna.

-Aumento de gases contaminantes (CO_2) cuando se recurre a la quema de bosques.

-Interrupción del ciclo del agua.

Este proceso de deforestación viene íntimamente relacionado con el proceso de la desertificación. Una vez comenzada la deforestación, casi paralelamente, se está produciendo la desertificación del mismo. Este proceso tiene un impacto directo sobre las condiciones de vida de gran número de personas y pueblos, siendo causa y efecto de la pobreza y emigración. Las consecuencias de ello es que más de la tercera parte de la tierra es árida. España es el único país de Europa Occidental con riesgo de desertificación calificado como muy alto. La lucha contra este proceso se plantea bajo los siguientes aspectos:

-Incorporación de técnicas agrarias protectoras de la fertilidad del suelo.

-Reconstrucción de la cubierta vegetal.

-Realización de obras de hidrología forestal.

Por último, hay que diferenciar entre desertificación y desertización. La desertización es un proceso natural, en cambio la desertificación es consecuencia de la actividad del hombre.

B. Medio ambiente urbano

Los procesos tecnológicos habidos en las últimas décadas han traído consigo un potente desarrollo económico de los países industrializados y la acumulación de la población en grandes ciudades. Estos procesos tecnológicos han venido acompañados de contaminaciones de distinta naturaleza. Los problemas de contaminación en las ciudades pueden tener distintos orígenes, entre los que cabe destacar la contaminación atmosférica, el ruido y la producción de residuos de distinta procedencia.

Las zonas urbanas están sometidas a una amplia gama de contaminantes, alguno de los cuales pueden ser cancerígenos. Entre sus efectos sobre la salud se incluyen las enfermedades respiratorias, así como las irritaciones cutáneas y oculares. Al margen de ello, erosionan el entorno edificado y perjudican el medio ambiente natural.

La mayoría de los contaminantes atmosféricos proceden de las siguientes fuentes: la industria, los vehículos de motor y la utilización de combustibles fósiles para calefacción y para generar energía.

Entre las medidas existentes para frenar o reducir las emisiones de los diferentes agentes contaminantes se encuentran:

-Ahorro energético. Merece prioridad dado su potencial de reducción del CO_2.

-El cambio de combustible fósil al gas natural o a las fuentes de energías alternativas o renovables.

-Incremento de los esfuerzos en investigación y desarrollo en la reducción de los niveles de emisión a medio y largo plazo.

-Repoblación forestal y eliminación de CFCs, etcétera.

Merece la pena abordar el uso de energías renovables por la enorme trascendencia que pueden tener en la producción y en el desarrollo económico de los países, especialmente, de aquellos con una demanda alta de petróleo y sus derivados.

C. Energías renovables y alternativas

Las energías renovables son aquellas que pueden obtenerse directamente de los ciclos naturales y todas ellas dependen, de alguna forma, de los ciclos solares. Son: la energía de biomasa (ciclo anual), eólica o del viento, energía solar (térmica o fotovoltaica) e hidráulica (ciclo del agua). Si añadimos la energía geotérmica y de la hidráulica consideramos solo las minicentrales, de poco impacto ambiental, a este tipo de energías les llamamos más propiamente **energías alternativas**, es decir, alternativas a las energías convencionales que son las que tienen un mayor impacto ambiental porque se basan en combustibles fósiles, en la energía atómica o en las grandes presas hidroeléctricas de gran impacto. El IDAE, Instituto para la Diversificación y Ahorro de la Energía, es el organismo estatal ocupado de impulsar la utilización de las energías alternativas y de estimular las aplicaciones de ahorro energético.

La **energía de biomasa** es la energía renovable más antigua y utilizada en el mundo. Se trata de la combustión de vegetales, o restos de vegetales, cuando estos proceden de podas o bien cuando son repuestos por nuevas plantas que garantizan que el CO_2 emitido en la combustión será absorbido por las nuevas plantas. Además de la biomasa natural, que es la producida por ecosistemas naturales como los bosques, hay una diversidad de tipos nuevos de biomasa como es la expresamente cultivada para producir energía (cultivos energéticos), la procedente de residuos sólidos urbanos o ganaderos, la de excedentes agrícolas como e industriales como el orujo de aceituna o los residuos leñosos. Cada vez más se hacen tratamientos industriales a residuos para producir elementos fácilmente combustibles, como briquetas, o instalaciones de producción de combustibles líquidos o de biogás. En el futuro, la energía procedente de la biomasa es la que tiene más posibilidades de sustituir en mayor medida, a los combustibles fósiles;

hoy ya hay países, como Finlandia, en los que más del 50% de la energía de combustión, exceptuando el transporte, procede de la biomasa.

La **energía eólica** está cada vez más difundida en el mundo y en España. La empresa MADE, del grupo ENDESA, es la principal suministradora de aerogeneradores, equipos productores de energía eólica, y una de las más importantes en paneles solares térmicos.

La captación de la **energía solar** puede ser pasiva, térmica o fotovoltaica: La captación pasiva se consigue mediante el diseño arquitectónico inteligente con la utilización de acristalamientos o materiales que almacenan la energía bien para utilizar esa energía para calentar el interior o bien para interceptar la energía y evitar el calentamiento de los interiores (refrigeración). Los sistemas pasivos evitan el gasto energético convencional tanto para calentar como para refrigerar. Un ejemplo de edificación bioclimática es la sede del Instituto Tecnológico y de Energías Renovables en el Polígono Industrial de Granadilla. La captación térmica se realiza por colectores solares. Se distinguen los de baja temperatura, media temperatura y alta temperatura, según que la captación sea directa, de bajo índice de concentración o de alto índice de concentración, respectivamente. Los que se utilizan para agua caliente en piscinas, domicilios, etcétera, son de baja temperatura. La captación fotovoltaica consiste en la producción directa de energía eléctrica mediante el efecto fotoeléctrico. Es una de las energías alternativas más prometedoras, aunque hoy en día es todavía muy cara. No obstante, es el sistema más adecuado en todos los lugares donde no es posible, o muy caro, hacer llegar líneas eléctricas. Es decir, en la electrificación rural en el sector doméstico o en aplicaciones agrícolas y ganaderas, así como para repetidores de radio y televisión, radiofaros, balizas, aeropuertos, calculadoras, cosmonaves, etcétera. En el mundo, existen numerosas instituciones dedicadas al desarrollo de las energías alternativas. En España, además del IDAE, está CENSOLAR que desarrolla proyectos de energías renovables y otros de comunidades autónomas, como es el Instituto Tecnológico y de Energías Renovables (ITER), del Cabildo de Tenerife. En el BOE de 30/Dic./98 se recoge el Decreto 2818/1998 que establece las condiciones para la producción de energía eléctrica en régimen especial (autoproductores por cogeneración, energías renovables e instalaciones de producción de energía a partir de residuos) así como las primas o subvenciones que pueden percibir dichas instalaciones al conectarse a la red eléctrica. Así, las instalaciones que utilicen la energía solar como energía primaria pueden percibir hasta 66 pts/kwh cuando la instalación sea inferior a 5kWp (hasta que en España no se llegue a 50 Mw de potencia fotovoltaica instalada) y 36 pts/kwh para otras instalaciones solares si bien, mientras no aparezca una normativa de reglamentación adecuada, existen muchas dificultades prácticas para la venta de la energía obtenida. Dentro del Proyecto Greenpeace Solar, hay que destacar la Guía Solar, que edita Greenpeace-España, que ya recoge el RD 2818/98 y que trata de "Cómo disponer de energía solar fotovoltaica en edificios conectados a la red eléctrica". Todos los problemas anteriormente descritos revisten una importancia a escala de la UE por sus implicaciones transfronterizas, para el mercado interior y los recursos compartidos, tanto desde el punto de vista de la cohesión como por su impacto ambiental en todas las regiones de la UE. Por otro lado, existe la opinión generalizada de que los problemas globales del medio ambiente escapan de la capacidad de actuación de los ciudadanos se sienten impotentes y surge la apatía y la desidia, considerando que no se puede hacer nada salvo descargar en la política y la tecnología la búsqueda de soluciones. Por ello, hay que fomentar un sentido de la responsabilidad personal respecto del medio ambiente, informando que todos y cada uno de los ciudadanos desempeñan en su vida cotidiana papeles fundamentales en la gestión ambiental, como consumidores de bienes y servicios con capacidad de elección, así como generadores directos de contaminación y residuos en el hogar, en el trabajo, en el transporte y en los espacios de ocio.

D. Respuestas institucionales y sociales

Organizaciones gubernamentales que trabajan directamente con los problemas ambientales. Normativa, estructura administrativa y distribución de competencias: Muy pronto se dieron cuenta los Gobiernos de que el desarrollo industrial estaba provocando un impacto sobre la atmósfera y el medio natural que había que atenuar. Por este motivo, las primeras normas pretendieron mejorar la calidad del aire en aquellas regiones donde la contaminación del medio era notoria debido a los hornos de fundición, en la Inglaterra de 1821. Eran leyes que facilitaban el proceso de demanda y denuncia a los damnificados. Posteriormente, en 1863, el Parlamento británico promulgó el "decreto alcalino" que exigía a determinados fabricantes la eliminación del 95% del ácido clorhídrico que vertían, y creó la primera entidad de control de la contaminación del mundo: el "Alkali Inspectorate". En el siglo XX, las primeras leyes ambientales se dirigían a evitar la contaminación del agua en determinados ríos de Inglaterra (1951). En los E.E.U.U. se aprobó la primera ley sobre aire limpio (Clean Air Act) en 1955, y la del agua (Clean Water Act) en 1972. La primera norma que exigía la realización de estudios de impacto ambiental, a las agencias federales, data de 1969 y fue el National Environmental Policy Act (NEPA) en las E.E.U.U. En 1970, se constituyó la Environmental Protection Agency (EPA), que es la agencia encargada de establecer los máximos permitidos para las sustancias contaminantes en los E.E.U.U. así como de elaborar y gestionar toda la política de los E.E.U.U. en materia de Medio Ambiente.

En Europa, hay ya una extensa legislación en materia ambiental, con una multiplicidad de Directivas de obligada transposición a las legislaciones de los Estados miembros. La más importante: la Directiva

IPPC, o de Prevención y Control Integrados de la Contaminación (Directiva 96/61/CE) que no ha sido todavía transpuesta al ordenamiento jurídico español y que debería hacerse antes del 24/Septiembre/99, a los 3 años de la promulgación de la Directiva. Para consultar la legislación comunitaria existe un Repertorio de legislación en EUR-Lex, cuyo capítulo 15 está dedicado a la legislación medioambiental vigente.

Este capítulo, de normativa ambiental, es el que precisa mayor desarrollo y actualización: se trata de recoger los aspectos, existentes en la RED, relacionados con la normativa medioambiental a diferentes niveles:

Internacional (normas técnicas)

Europeo (directivas y normas europeas)

Estatal (legislación y normas españolas)

Autonómica (legislación autonómica)

En el nivel internacional, la normativa de medio ambiente que se está difundiendo rápidamente es la de la familia de Normas ISO 14.000 sobre Gestión empresarial del Medio Ambiente. Esta normativa va a jugar, en el área medioambiental, el mismo papel que ha jugado la familia de normas ISO 9.000 en el área de Calidad. Además, se están dando pasos para la integración de estos dos grupos de normas.

En el nivel europeo, la mejor dirección para obtener información normativa es la de la Agencia Europea de Medio Ambiente.

En el nivel estatal, la normativa técnica se elabora por AENOR, que, por el momento, es la única institución acreditada para certificar la aplicación de normas en las empresas. AENOR desarrolla las normas UNE, entre las que se cuentan varias sobre Gestión medioambiental y auditorías, como las 77801 y 77802 de 1994. A partir del año 1996, UNE recoge las normas ISO 14.000 en español: UNE-EN ISO 14001, 10, 11, 12 y 40, así como las UNE 150001 a 150010 que son guías de uso para las normas medioambientales.

Todas estas normas se pueden pedir, a través de Internet, desde el catálogo de Normas UNE de Medio Ambiente.

En el nivel autonómico, hay que destacar la información suministrada por las instituciones catalanas, bien de la Consejería de Medio Ambiente de la Generalitat, bien de redes como las del Instituto Catalán de Tecnología que, además, cuenta con listas medioambientales sobre gestión, residuos y energía.

Ámbito internacional : El medio ambiente tiene un carácter internacional sumamente importante ya que, por un lado, la contaminación no conoce fronteras, y por otro, cada día más, los grandes problemas de la contaminación tienen un carácter planetario, lo que obliga a los Estados a reunirse de forma conjunta para acordar acuerdos globales que realmente serán los eficaces para solucionar los problemas.

Por ello, las diferentes organizaciones internacionales cada día están dando más importancia a los temas ambientales:

E. Organización de Naciones Unidas (ONU)

En 1972 (Conferencia de Estocolmo) fue concebido el Programa de Naciones Unidas para el Medio Ambiente (PNUMA) cuyo objetivo es apoyar, estimular y complementar la acción a todos los niveles de la sociedad humana, sobre todo los problemas de interés relacionados con el medio ambiente. Bajo los auspicios de la ONU se celebró en 1992 la Conferencia de Naciones Unidas sobre Medio Ambiente y Desarrollo, celebrada en Río de Janeiro. De esta conferencia se obtuvieron los siguientes resultados:

-La Declaración de Río. Se trata de una declaración de los derechos y obligaciones colectivas, individuales y de los gobiernos en lo referente al medio ambiente y al desarrollo, y de responsabilidad para las generaciones futuras.

-Agenda 21. Se trata de un ambicioso plan de acción en el que se pretende establecer las acciones a realizar por los gobiernos y organizaciones internacionales para integrar el medio ambiente en el horizonte del siglo XXI.

-Convenio sobre el Cambio Climático y Convenio sobre Biodiversidad. Firmados por los jefes de Estado durante la Conferencia. Se trata de convenios vinculantes para los Estados parte.

F. Política europea de medio ambiente

El arranque de la política comunitaria de medio ambiente hay que encontrarlo en la cumbre de Jefes de Estado y de Gobierno celebrada en París en 1972. En dicha cumbre, se realizó una importante declaración que pone de manifiesto la necesidad de aplicar una política de protección del medio. "La expansión económica, que no es un fin en sí, debe, prioritariamente, permitir atenuar la disparidad de las condiciones de vida. Debe traducirse en una mejora de la calidad y nivel de vida, concediéndose una atención particular a los valores y bienes no materiales y a la protección del medio ambiente, a fin de poner el progreso al servicio de los hombres". Otra fecha importante es el 31 de octubre de 1972, cuando los ministros de medio ambiente de la CEE establecen los principios que regirán la actuación comunitaria en esta área. A lo largo de los años, la CEE y después la UE ha desarrollado diferentes programas de acción en materia de medio ambiente que tienen su apoyo jurídico en los tratados constitutivos de la UE. El Primer Programa, para el periodo 1973-77, sienta las bases de la política y fija, en la reunión de Bonn de 31 de octubre de 1972, una serie de principios generales que definen la actuación comunitaria.

Los objetivos propuestos son los siguientes:

-Prevenir, reducir y, en la medida de lo posible, eliminar las contaminaciones y perturbaciones.

-Mantener un equilibrio ecológico satisfactorio y velar por la protección de la biosfera.

-Velar por la buena gestión de los recursos y del medio natural y evitar toda explotación de estos que impliquen perjuicios sensibles al equilibrio ecológico.

-Orientar el desarrollo en función de exigencias de calidad, en particular mediante la mejora de las condiciones de trabajo y del marco de vida.

-Tratar de tener más presentes los aspectos relativos al medio ambiente en la ordenación de las estructuras y del territorio.

-Investigar, con los Estados que no pertenecen a la Comunidad, unas soluciones comunes a los problemas del medio ambiente en el marco, en particular de las organizaciones internacionales.

La acción comunitaria se regirá en el futuro por estos principios:

Sin duda la **prevención**, como en sanidad, es la mejor política medioambiental. De esta forma, se evita tener que combatir posteriormente unos efectos que difícilmente se pueden dominar.

Principio de evaluación. Para prevenir es necesario primero estudiar la incidencia que todos los procesos técnicos de producción tienen sobre el medio ambiente para conocer sus posibles consecuencias.

Principio de utilización racional de los recursos naturales. Cualquier explotación de los recursos que entrañe un serio riesgo para el equilibrio ecológico debe evitarse.

Principio de vinculación a los conocimientos técnicos. Sólo los resultados científicos, perfectamente constatados, pueden servir de guía a las políticas de protección y compresión del medio ambiente y el equilibrio del ecosistema.

Principio de "quien contamina paga". Los costes ocasionados por la prevención y supresión de los daños deben ser asumidos por el causante de la contaminación.

Principio de solidaridad y de cooperación internacional. El medio ambiente no tiene fronteras, razón por la que la colaboración y el compromiso internacional resultan imprescindibles para lograr un consenso sobre las políticas que se deben aplicar en esta materia y también para responder solidariamente ante los retos que tienen los países, teniendo en cuenta los diferentes niveles de desarrollo de los Estados.

Principio de educación. La comprensión de los retos y amenazas a los que se encuentra expuesto el medio ambiente exige una política de información y comunicación que implique y comprometa a la sociedad.

Tratado de Roma: (constitutivo de la CEE). No contenía ninguna mención expresa a los poderes de las autoridades comunitarias en el campo del medio ambiente. Sí contiene, sin embargo, en la exposición de objetivos, las líneas maestras de la acción comunitaria. Su artículo 2 dice lo siguiente: "La CEE tiene particularmente por misión promover un desarrollo armonioso de las actividades económicas en el conjunto de la Comunidad y una expansión continua y equilibrada, lo que no puede concebirse sin una lucha eficaz contra las contaminaciones y perturbaciones, ni sin mejorar la calidad de vida y la protección del medio".

Acta Única Europea: (1986). Tres nuevos artículos entraron a formar parte del Derecho comunitario, específicamente dirigidos a la protección del medio ambiente:

-Artículo 130R, que define los objetivos de la acción de la Comunidad en materia de medio ambiente:

Conservar, proteger y mejorar la calidad del medio ambiente

Contribuir a la protección de la salud de las personas

Garantizar una utilización prudente y racional de los recursos naturales

-Artículo 130S: exige la unanimidad de los Estados miembros para la adopción de las acciones que deba emprender la Comunidad en este ámbito.

-Artículo 130T: concibe la actuación de la Comunidad como un nivel mínimo, de tal manera que cada Estado miembro puede imponer en su territorio medidas de mayor protección.

Tratado de Maastricht: (1992). Entre sus objetivos se encuentra potenciar el desarrollo sostenible. "...Debe promoverse un desarrollo armonioso y equilibrado de las actividades económicas, un desarrollo sostenible y no inflacionista que respete el medio ambiente".

Tratado de Ámsterdam: (1998). Además de establecer como objetivo esencial de la Comunidad conseguir un desarrollo sostenible, en su artículo 6 establece la obligación de integrar las consideraciones medioambientales en el conjunto de las políticas sectoriales.

Además, la Comunidad Europea ha dictado numerosos Reglamentos, Directivas, Decisiones y normas de todo tipo en relación con el medio ambiente. Es inútil siquiera intentar enumerarlos, dado su elevadísimo número. Por citar algunos de los más conocidos e importantes:

-Directiva 85/337/CEE del Consejo, de Evaluación de Impacto Ambiental.

-Directiva 79/409/CEE del Consejo, relativa a la conservación de aves silvestres.

-Directiva 96/61/CEE del Consejo, relativa a la prevención y control de la contaminación.

-Directiva 91/271/CEE del Consejo, sobre tratamiento de Aguas residuales urbanas, etcétera.

G. Programas de actuación en materia de medio ambiente

Paralelamente al plano legislativo (Tratados y normas comunitarias), la Comunidad ha ido elaborando programas de actuación en materia de medio ambiente, los cuales recogen los principios de actuación comunitaria en materia ambiental. Hasta el momento se han elaborado seis programas, el último de los cuales, el VI Programa (2001-2010), establece el desarrollo sostenible como única forma de desarrollo compatible con la protección del medio, seleccionando cinco sectores a los que dirige sus medidas, por desempeñar un papel decisivo en la consecución del desarrollo sostenible. Estos cinco sectores son: agricultura, turismo, energía, transportes e industria.

Las prioridades del VI programa son las siguientes:

-Cambio climático

-Naturaleza y biodiversidad

-Medio ambiente y salud

-Preservar los recursos naturales y gestión de los residuos

Las claves de acción de este programa se encuentran en:

-Asegurar que la legislación existente sobre medio ambiente se incorpore al derecho nacional y se cumpla

-Integrar el medio ambiente en todas las políticas y áreas de acción de la UE

-Trabajar estrechamente con empresas y consumidores para identificar posibles soluciones

-Garantizar y hacer más accesible una mejor información sobre el entorno para los ciudadanos

-Desarrollar una actitud más comprometida sobre el uso de los suelos

H. Organismos con competencias en materia de medio ambiente:

Dirección General de Medio Ambiente, Seguridad Nuclear y Protección Civil (DG XI). Comisión Europea: Es el órgano comunitario encargado de la ejecución del derecho comunitario en materia medioambiental, así como de elaborar propuestas legislativas. Esta labor la realiza mediante los medios formales o informales que el derecho comunitario pone a su disposición (propuestas, recomendaciones). Su sede está en Bruselas.

Agencia Europea de Medio Ambiente: Creada en 1990 por el Consejo Europeo, al objeto de crear una red europea de información y observación sobre el medio ambiente. Su función es dotar a la Comunidad y a los Estados miembros informaciones fiables que les

338

permitan tomar las medidas necesarias para proteger el medio ambiente, así como el apoyo técnico necesario para este fin. Su sede está en Copenhague (Dinamarca).

Ámbito estatal: El derecho de todos a disfrutar de un medio ambiente adecuado, así como el deber de protegerlo es un principio rector del ordenamiento jurídico español, recogido en el artículo 45 de la Constitución española de 1978. Dicho artículo impone a los poderes públicos la obligación de velar por la utilización racional de los recursos naturales, con el fin de proteger y defender el medio ambiente. El grueso de competencias sustantivas en materia de medio ambiente reside en los Estados miembros de la Unión Europea. En España el grado de descentralización existente, obliga a distinguir cuidadosamente los ámbitos competenciales que en materia de medio ambiente corresponden a la Administración General del Estado, a las comunidades autónomas y a las corporaciones locales.

Administración General del Estado: El Departamento más importante de la Administración General del Estado en materia medioambiental es el Ministerio de Medio Ambiente, creado por primera vez en la historia de la organización administrativa española en mayo de 1996. Entre las competencias del Ministerio resaltan: La elaboración de la legislación básica estatal en materia de medio ambiente, así como la incorporación de la normativa comunitaria ambiental al derecho español. Algunas de las leyes más importantes en materia medioambiental y que tienen consideración de legislación básica son:

Ley de Evaluación de Impacto Ambiental, de 2000

Ley de aguas de 1985

Ley de costas de 1988

Ley de residuos de 1998

Ley de envases y residuos de envases de 1997

Ley de contaminación atmosférica de 1972, etcétera

-La coordinación entre administraciones con las comunidades autónomas, la Unión Europea y organismos internacionales. Seguimiento de los convenios internacionales.

-La realización de las declaraciones de impacto ambiental de competencia estatal.

-La elaboración y seguimiento de los planes nacionales de residuos, suelos contaminados, planes hidrológicos, etcétera.

Otros órganos estatales con competencias medioambientales:

-Consejo Asesor de Medio Ambiente

-Consejo Nacional del Agua

-Comisión Nacional de Protección de la Naturaleza

-Consejo Nacional del Clima

Administración autonómica: La Constitución de 1978 (art. 148.1, 149.1, 149.3) abrió el principio de un proceso de descentralización: el Estado de las Autonomías, las cuales gozan de competencias en su ámbito territorial que hay que combinar con las que el Estado se reserva.

La mayoría de las comunidades autónomas, en el marco de su organización gubernamental, han creado Consejerías de Medio Ambiente o han incluido un órgano medioambiental dentro de una Consejería.

En cuanto a las competencias, entre otras, les corresponde:

-El desarrollo y ejecución de la legislación básica de la Administración General del Estado

-La elaboración de estudios y proyectos normativos

-La coordinación de la gestión ambiental en su ámbito

Administración Local: Junto a las relevantes competencias en materia ambiental atribuidas al Estado y a las comunidades autónomas, la Administración local constituye un nivel territorial de Gobierno dotado de potestades públicas para la protección del medio ambiente.

Teniendo en cuenta la indudable presencia de intereses locales en la protección del medio ambiente, no debe extrañar que tanto las normas generales reguladoras del régimen local, como las numerosas y diversas normas sectoriales referidas a aquella protección, atribuyan relevantes competencias en relación con la misma a las entidades locales.

Algunas de estas competencias locales son:

-Servicio de limpieza viaria.

-Recogida y tratamiento de residuos y de alcantarillado

-Protección de la salubridad pública

-Protección civil y extinción de incendios

I. Respuestas sociales y ciudadanas. Pautas de conducta sostenibles

Tradicionalmente, las instituciones han utilizado instrumentos de carácter normativo, disuasorio y coercitivo (normas, vigilancia, sanciones económicas) para promover comportamientos respetuosos con el entorno. No obstante, además de estos instrumentos es conveniente garantizar la adopción, por parte de los ciudadanos, de actitudes y comportamientos proambientales.   Por ello es necesario desarrollar instrumentos y métodos formativos basados en el aprendizaje social, la responsabilidad, la participación y la experimentación.   Entre otras cosas, la formación ambiental trata de que los ciudadanos adopten un estilo de vida ecológicamente responsable. Para ello, en el presente documento se proponen, a modo de ejemplo, una serie de actitudes y pautas de consumo sostenibles en todos los ámbitos en los que se desarrolla la vida humana. Para cambiar hay que saber, y para saber hay que entender. Se trata de acciones sencillas de llevar a cabo y la mayoría sin coste, en realidad muchas de ellas suponen un ahorro de dinero. Algunas de estas actitudes y pautas sostenibles podrían ser:

Hogar:

Consumo de alimentos procedentes de sistemas agrícolas, ganaderos y pesqueros de bajo impacto sobre el medio ambiente (alimentos con denominación de origen, etcétera). Elegir materiales de envasado correcto y con identificación clara (punto verde o símbolo del sistema de gestión). Utilizar la energía más adecuada para cada uso. El gas es un tipo de energía más interesante que el carbón o el gasóleo, porque produce menos emisiones de contaminantes y ofrece un alto rendimiento. Incorporar sistemas de aislamiento en puertas, ventanas y fachadas (puede suponer un ahorro del 35% de la energía consumida).

Uso racional del agua:

-En el cuarto de baño. Uso correcto del WC (supone el 30% del consumo total de una casa) evitando tirar por el sumidero residuos sólidos y tóxicos y peligrosos, incorporar cisternas ahorradoras de agua, etcétera.

-Abrir y cerrar el grifo según la necesidad del agua, elegir la ducha antes que el baño, ajustar la temperatura del calentador, incorporar sistemas para reducir el caudal del agua y grifos o alcachofas de ducha ahorradoras de agua.

-En la cocina. Llenar la lavadora y el lavavajillas completamente antes de ponerlas en funcionamiento, cerrar el grifo del fregadero cuando no se necesite agua, etcétera.

Gestión adecuada de los residuos generados:

Separación de los residuos orgánicos e inorgánicos de acuerdo con la Ley 11/97 de envases y residuos de envases, desechar las pilas usadas en contenedores especiales, depositar los envases de vidrio en los populares iglúes. El destino de los aceites utilizados en la cocina así el de los escombros deberá ser el punto limpio, etcétera.

Espacios de ocio y medio urbano:

-Respeto del entorno natural, continuando con los hábitos responsables con el medio ambiente (prevenir incendios, no arrojar basuras o cualquier desperdicio, evitar molestar a los animales, no recolectar plantas o rocas, etcétera).

-Es recomendable también utilizar alojamientos de tipo tradicional, ya que habitualmente cumplen una función de apoyo a la economía rural.

-Para disfrutar de nuestra ciudad y mejorarla, es necesario colaborar con el cuidado de las zonas verdes, mobiliario urbano, monumentos, plazas públicas y, en general, todo aquello que contribuya a hacer el paisaje urbano más agradable.

-Informarse sobre las iniciativas de mejora ambiental que se estén llevando a cabo en barrios o ciudades y colaborar con ellas.

-Usos del suelo: urbanismo, ordenación del territorio, localización de industrias y espacios verdes, etcétera.

Transporte:

-Ir caminando o en bicicleta a los sitios siempre que sea posible

-Utilización del transporte público en trayectos cortos y en desplazamientos urbanos

-Si se utiliza el vehículo privado, compartirlo (la media de ocupación actualmente es de 1,3 personas).

-Conducir de forma que ahorremos combustibles. El consumo es mínimo a velocidades entre los 60 y los 80 km/h y aumenta muy rápido si superamos los 120 km/h. Evitar los frenazos y acelerones bruscos. Evitar el uso de *bacas* ya que puede hacer consumir al motor un 35% más de energía.

-Llevar el coche al taller con regularidad; una buena puesta a punto del motor aumenta el rendimiento de manera significativa, además la falta de presión en las ruedas también supone un consumo extra de combustible.

-Adquirir el mejor vehículo posible desde el punto de vista medioambiental, considerando el consumo de combustible como uno de los criterios cruciales de elección.

-Emplear sólo gasolina sin plomo (la gasolina con plomo estará prohibida en toda la UE a partir del año 2000).

-Los aceites usados deben cambiarse siempre en el taller. Las baterías usadas deben depositarse en los puntos limpios, etcétera.

Centros educativos y de trabajo:

-Acudir caminando o en bicicleta y en el caso de no ser posible utilizar el transporte público o vehículos privados compartidos.

-Sería recomendable la implantación de sistemas de gestión medioambiental internos, que establecieran pautas de conducta medioambientales en cada centro educativo y de trabajo.

-Utilizar papel reciclado a ser posible al 100%. Es fácil encontrar en las papelerías y su uso no es incompatible con fotocopiadoras ni impresoras. Utilizar el papel por las dos caras.

-Aprovechar mejor las oportunidades que ofrecen las nuevas tecnologías informáticas (como el correo electrónico), etcétera.

Por otro lado, para facilitar la comprensión, sería recomendable la elaboración de guías de "buenas prácticas medioambientales" redactadas con un lenguaje sencillo y asequible para todos, que de forma atractiva facilite la comprensión de los principales procesos ambientales, distribuyéndose entre los destinatarios de los cursos.

Por último, habría que fomentar la colaboración con los organismos responsables (administración sanitaria, servicios contra incendios, protección civil) y las asociaciones locales, en la prevención de riesgos ambientales y amenazas para la salud, prevención de incendios, recogida selectiva de basuras, etcétera.

Principales riesgos medioambientales relacionados a las funciones de la categoría

La particularidad de la actividad radica en su incidencia sobre el consumo de un recurso escaso como el agua y en la capacidad de contribuir a su ahorro tanto a través de la instalación de materiales y elementos que propicien la reducción del consumo como del impulso al desarrollo de sistemas que permitan su reciclado y reutilización.

Se trata de una actividad en la que se manejan elementos con componentes potencialmente peligrosos (tubos de plomo o PVC, aislantes con amianto, formaldehído o CFC) y algunos productos peligrosos (decapantes, selladores, tapajuntas, etc.).

Desde nuestras profesiones más comunes, aportando soluciones mediante el conocimiento de la actividad y la propuesta de prácticas ambientales correctas. Se ha tomado como base el certificado de profesionalidad de la ocupación de fontanero (Real Decreto 2008/1996, de 6 de septiembre) y contando con profesionales expertos en la formación ocupacional.

Recursos que utiliza

• Instalaciones:

Acometida de agua con desagüe, acometida eléctrica. Almacén.

• Equipo y maquinaria:

-Para desarrollar el trabajo: Taladro, máquina oleohidráulica para curvar tubos de acero, terraja eléctrica, soldador de pistola, soplete para butano y bombona.

-Para instalar: Termos eléctricos, calentadores a gas, aparatos sanitarios (bañeras, lavabos, fregaderos, bidés, cisternas, etc.), griferías, etc.

• Herramientas y utillaje:

Terrajas, cortatubos, curvadores, soldadores, banco de trabajo, llaves, y otros útiles y herramientas.

• Material de consumo:

Tuberías y accesorios de acero, de cobre, y de PVC, tuberías y planchas de plomo, decapantes, selladoras, tapajuntas, adhesivos, etc.

• Agua.

• Energía.

Desechos que genera

• Asimilables a residuos urbanos: Papel y cartón, botellas de vidrio, latas, materia orgánica, envases de productos no peligrosos, trapos y ropa, herramientas viejas, voluminosos (calentadores de gas, calderas de calefacción, etc.).

• Residuos inertes de construcción: Escombros, restos de tuberías, griferías, aparatos sanitarios.

• Residuos peligrosos: Aceites y líquidos de maquinarias y equipos, aerosoles, fluorescentes, productos tóxicos y sus envases.

• Emisiones a la atmósfera: Ruido, amianto.

Efectos sobre el Medio Ambiente

En el desarrollo de la actividad se contribuye a distintos problemas ambientales, en la forma que a continuación se indica:

Agotamiento de recursos

• No colocando griferías con sistemas de ahorro de agua.

• No propiciando soluciones que permitan el aprovechamiento de las aguas grises.

• Usando energía producida en centrales térmicas a partir de carbón, gasóleo o gas natural.

Calentamiento global

• Colocando calderas de calefacción con elevada emisión de gases de combustión (SOx, NOx).

• No propiciando soluciones para calentar agua con energía solar.

• Con los gases de la soldadura.

Reducción de la capa de ozono

• Utilizando como aislantes espumas en aerosoles con *CFC.

• Utilizando extintores con halones.

• No instalando cisternas con mecanismos de descarga que adecuen la cantidad de agua vertida a las

  necesidades de limpieza.

• Desperdiciando tuberías sobrantes.

• Empleando materiales con plomo o amianto.

• No separando ni manejando los distintos tipos de residuos según sus posibilidades de aprovechamiento.

CFC: Cloro Fluoro Carbonados.

COV: Compuestos Orgánicos Volátiles.

PVC: Policloruro de Vinilo.

PCB: Policlorobifenilos.

Buenas prácticas ambientales de la ocupación

• No emplear materiales tóxicos o peligrosos como plomo o amianto.

• Evitar materiales fabricados con sustancias que produzcan emisiones tóxicas, como aislantes con formaldehido.

• Elegir, materiales provenientes de recursos renovables, obtenidos o fabricados por medio de procesos que supongan un mínimo empleo de agua y energía, y en lo posible, materiales y productos elaborados con elementos reciclados.

• Desarrollar prácticas de ahorro de materiales, agua y energía.

• Estar en posesión de las autorizaciones administrativas de la actividad como licencias de actividad y apertura.

• Reducir la generación de residuos y emisiones.

• Gestionar los residuos de manera que se evite el daño ambiental

Buenas prácticas en la utilización de los recursos
Aprovisionamiento

Maquinaria, equipos y utensilios:

• Adquirir equipos y maquinaria que tengan los efectos menos negativos para el medio (con bajo consumo de energía y agua, baja emisión de ruido, etc.).

• Elegir herramientas y útiles más duraderos y con menos consumo, en su elaboración, de recursos no renovables y energía.

Para las instalaciones:

• Valorar la introducción de la energía solar para calentar agua y de sistemas de calefacción con suelo radiante.

• Priorizar los aparatos que permitan reducir el consumo de agua y energía.

• Instalar dispositivos limitadores de presión, difusores y temporizadores y mecanismos de descarga en cisternas, que minimicen el consumo de agua.

• Colocar calderas de calefacción con baja emisión de SOx, NOx, elevada eficiencia energética y baja emisión de ruido.

• Respecto a las instalaciones de saneamiento valorar la posibilidad de emplear sistemas que permitan la separación de las aguas negras de las pluviales de forma que estas se puedan aprovechar en determinadas aplicaciones y que permitan reciclar y reutilizar las aguas grises procedentes de lavadoras, bañeras y lavabos.

Materiales:

• Conocer el significado de los símbolos o marcas "ecológicos" como las ecoetiquetas de AENOR Medio Ambiente, Ángel Azul), Distintivo de Garantía de Calidad Ambiental, Etiqueta ecológica de la Unión Europea, Cisne Escandinavo, etc.

Elegir, en lo posible, materiales y productos ecológicos con certificaciones que garanticen una gestión ambiental sostenible.

• Emplear, preferentemente, materiales exentos de emanaciones nocivas, duraderos, transpirables, resistentes a las variaciones de temperatura, fácilmente reparables, obtenidos con materias renovables, reciclados y reciclables.

• Optar preferentemente por tuberías de materiales no peligrosos y menos contaminantes en su ciclo de vida. Son preferibles el polietileno y el polipropileno, al acero galvanizado o el cobre. Los menos indicados desde el punto de vista ambiental son el PVC y el plomo actualmente en claro desuso por sus problemas sanitarios y ambientales.

• Entre los materiales utilizados en saneamiento para bajantes, desagües, etc. El hormigón centrifugado o los materiales cerámicos tienen menor impacto negativo que los plásticos, el acero galvanizado, el aluminio o el zinc y el cobre en este orden.

• Evitar aislantes que desprendan fibras irritantes o que tengan espumas en aerosoles con CFC, y materiales con organoclorados (PVC, CFC).

• Priorizar entre los productos impermeabilizantes los menos perjudiciales para el medio, que son por este orden: los elementos de caucho, los producidos a base de betún y asfalto y las láminas plásticas.

• Solicitar a los proveedores que surtan los productos en envases fabricados con materiales reciclados, biodegradables y que puedan ser retornables Comprar evitando el exceso de envoltorios y en envases de un tamaño que permita reducir la producción de residuos de envases.

Productos químicos:

• Conocer los símbolos de peligrosidad y toxicidad.

• Comprobar que los productos están correctamente etiquetados, con instrucciones claras de manejo.

• Elegir, en lo posible, los productos entre los menos agresivos con el medio (adhesivos sin compuestos orgánicos volátiles; disolventes no tóxicos; detergentes biodegradables; sin fosfatos ni cloro; limpiadores no corrosivos, etc.)

Sobrante de tuberías metálicas en desuso

Almacenamiento

Garantizar que los elementos almacenados puedan ser identificados correctamente.

• Cerrar y etiquetar adecuadamente los recipientes de productos peligrosos para evitar riesgos.

• Minimizar el tiempo de almacenamiento gestionando los "stocks" de manera que se evite la producción de residuos.

• Observar estrictamente los requisitos de almacenamiento de cada materia o producto.

• Aislar los productos peligrosos del resto.

• Evitar la caducidad de productos.

Uso y consumo

• Evitar la mala utilización y el derroche

• Buscar la idoneidad también desde el punto de vista ambiental y, en su caso, valorar la posibilidad de sustitución.

• Separar los residuos y acondicionar un contenedor para depositar cada tipo de residuo en función de las posibilidades y requisitos de gestión.

Materiales y maquinaria:

• Medir correctamente la longitud de los tubos antes de cortarlos para evitar residuos.

• Reutilizar los trozos de tubo sobrantes para aprovechar al máximo las materias.

• Tener en funcionamiento la maquinaria el tiempo imprescindible reducirá la emisión de ruido y contaminantes atmosféricos.

Productos químicos:

Emplear los productos químicos más inocuos y cuidar la dosificación recomendada por el fabricante para reducir la peligrosidad de los residuos.

• Vaciar por completo los envases antes de su eliminación, así se ahorrará producto y se reducirán residuos.

Energía:

En el desarrollo del trabajo:

• Ahorrar energía aprovechando al máximo la luz natural, usando aparatos de bajo consumo, colocando temporizadores, empleando luminarias de máxima eficiencia energética (las de carcasa metálica son preferibles a las plásticas y los reflectores mejores que los difusores), lámparas de bajo consumo y larga duración; si se usan tubos fluorescentes no apagarlos y encenderlos con frecuencia, ya que el mayor consumo se produce en el encendido.

En el diseño de las instalaciones:

• Promover, en lo posible, soluciones que propicien el uso de energías renovables (calentar el agua con energía solar) y encaminadas a la reducción del consumo energético tanto de energía convencional como renovable (calderas de calefacción de elevada eficiencia energética).

• Cuidar especialmente el aislamiento térmico de las conducciones.

Mantenimiento:

• Realizar revisiones regulares de los equipos y maquinaria para optimizar el consumo de energía y minimizar la emisión de gases.

• Limpiar periódicamente las lámparas y luminarias para optimizar la iluminación.

• Controlar la acometida de agua para detectar fugas y evitar sobreconsumos de agua por averías y escapes.

• En el mantenimiento de instalaciones sustituir los materiales peligrosos para la salud y ambientalmente nocivos como amianto, plomo, PVC, etc.

Buenas prácticas en el manejo de los residuos Se contribuye a una gestión ambientalmente correcta de los residuos:

• Utilizando tuberías de plástico que contengan materiales reciclados.

• Utilizando elementos cuyos desechos posean una mayor aptitud para ser reciclados (ej. aceites sin PCB).

• Gestionando desechos como aparatos sanitarios sin usar a través de las "Bolsas de subproductos".

• Rechazando los materiales que se transforman en residuos tóxicos o peligrosos al final de su uso, como los elementos organoclorados (PVC, CFC). Con un manejo de los residuos que evite daños ambientales y a la salud de las personas.

• Informándose de las características de los residuos y de los requisitos para su correcta gestión.

Cumpliendo la normativa lo que supone:

- Separar correctamente los residuos.

-Presentar por separado o en recipientes especiales los residuos susceptibles de distintos aprovechamientos o que sean objeto de recogidas específicas.

- Depositar los residuos en los contenedores determinados para ello.

-Seguir las pautas establecidas en el caso de residuos objeto de servicios de recogida especial.

Residuos asimilables a urbanos

Estos residuos son objeto de recogida domiciliaria para lo que se depositarán en los contenedores o se observarán las normas que en cada caso determine la Mancomunidad de conformidad con la normativa vigente.

Residuos industriales

En el interior de las instalaciones se han debido separar y depositar cada tipo de residuo en contenedores en función de las posibilidades de recuperación y requisitos de gestión. En el traslado al exterior se puede, para este tipo de residuos, solicitar la recogida y transporte o la autorización para el depósito en el Centro de tratamiento correspondiente o entregarlos a gestores autorizados.

Escombros

Los residuos resultantes de trabajos de construcción, demolición, derribo y, en general, todos los sobrantes de obras mayores y menores, tienen la consideración de tierras y escombros a efectos de la Ordenanza reguladora de la gestión de residuos urbanos. Normas respecto a la recogida, transporte y vertido de tierras y escombros:

-Se han establecido por la Mancomunidad puntos de vertido específicos para este tipo de materiales en los que se puede realizar el libramiento de tierras y escombros, previo abono de la tasa correspondiente.

-Se prohíbe la evacuación de toda clase de residuos orgánicos mezclados con las tierras y escombros, y en general de todo aquello que pueda producir daños a terceros, al medio ambiente o a la higiene pública. Los vehículos que efectúen el transporte de tierras y escombros lo harán en las debidas condiciones para evitar el vertido accidental de su contenido, adoptando las precauciones necesarias para impedir que se ensucie la vía pública.

Residuos peligrosos

Se incluyen tanto los productos como los envases que los han contenido y no han sido reutilizados y los materiales contaminados con estos productos.

• Deben ser entregados para ser gestionados por gestores autorizados.

Emisiones atmosféricas

Amianto: Evitar estas emisiones prescindiendo de elementos que contengan este componente.

• Ruido: Reducir estas emisiones empleando maquinaria y utensilios menos ruidosos y manteniendo desconectados los aparatos cuando no se estén utilizando.

¿Qué hacer con los residuos?

DEPOSITAR	RESIDUOS	RECOMENDACIONES
Contenedor de papel y cartón	Periódicos, revistas, catálogos, cartas, cartones embalajes, hueveras y otros envases de cartón.	No echar papeles sucios ni bolsas de plástico. Doblar los cartones.
Contenedor de vidrio	Botellas y botellines. Tarros y botes de cristal.	Quitar tapas, tapones y corchos. Limpiar los recipientes antes de echarlos al contenedor.
Contenedor de envases	Latas. Briks. Envases plásticos. Bolsas de plástico.	Aplastar los briks. Escurrir o limpiar los envases antes de echarlos al contenedor.
Receptáculo en contenedor de vidrio Pequeño contenedor Establecimientos de venta	Pilas.	No echarlas en ningún otro contenedor.
Farmacias	Medicamentos.	No echarlos en ningún otro contenedor.
Contenedor de materia orgánica y resto	Materia orgánica (restos de comida). Papeles sucios y trapos sucios. Pañales.	Bolsas cerradas para evitar ensuciar los contenedores.
Punto verde	Aceites de fritura inutilizables. Filtros de campanas. Pinturas, disolventes, decapantes. Baterías, aceites, filtros, anticongelantes y otros fluidos de automóviles. Fluorescentes. Medicamentos. Aerosoles. Pilas. Pequeños electrodomésticos, ropa, madera, juguetes. Envases.	
☎ Llamar por teléfono para recogida a puerta	Voluminosos: Electrodomésticos, muebles, trapos y ropa.	

AUTOEVALUACIÓN

Protección medioambiental. Nociones básicas sobre contaminación ambiental. Principales riesgos medioambientales relacionados a las funciones de la categoría.

---

1. De los siguientes términos uno no pertenece a la terminología Medioambiental.
- a) Ecosistema.
- b) Hábitat.
- c) Energía renovable.
- c) Ninguna es correcta
- d) Todas son correctas.

2. A que se denomina: Ssustancia no deseada que está presente en cualquier medio, impidiendo o perturbando la vida de los organismos y produciendo efectos nocivos a los materiales y al propio ambiente.
- a) Residuo.
- b) Vertido.
- c) Basura.
- d) Contaminante.
- e) Emisión.

3. Cómo se denomina el término que aparece por primera vez en el Informe Brundtland, también conocido como "el futuro de todos" (Comisión mundial para el desarrollo del medio ambiente de Naciones Unidas, 1987) y lo define como aquel desarrollo que satisface las necesidades del presente sin comprometer las necesidades de generaciones futuras:
- a) Desarrollo Insostenible.
- b) Equilibrio sostenible.
- c) Desarrollo sostenible.
- d) Equilibrio insostenible.
- e) Ninguna es correcta.

4. Cuál de los siguientes no corresponde a uno de los Efectos más perjudiciales del medio ambiente:
- a) Efecto invierno
- b) Agujero de ozono
- c) Acidificación
- d) Contaminación de los suelos

e) Ninguna es correcta

5. Cómo se denomina desechos producidos por las instalaciones industriales.
a) Escombros industriales
b) Desechos de factoría
c) Residuos industriales
d) Ninguna es correcta
e) Todas son correctas

6. Las zonas urbanas están sometidas a una amplia gama de contaminantes, alguno de los cuales pueden ser:
a) Fructíferos
b) Cancerígenos
c) Alucinógenos
d) Patógenos
e) Infecciosos

7. Entre las medidas existentes para frenar o reducir las emisiones de los diferentes agentes contaminantes se encuentran:
a) Ahorro energético. Merece prioridad dado su potencial de reducción del CO_2.
b) Repoblación forestal y eliminación de CFCs, etcétera.
c) El cambio de combustible fósil al gas natural o a las fuentes de energía alternativas o renovables.
d) Todas son correctas.
e) Ninguna es correcta.

8. Cuál de los siguientes enunciados es correcto?
a) Las energías renovables son aquellas que no pueden obtenerse directamente de los ciclos naturales y todas ellas dependen, de alguna forma, de los ciclos solares.
b) Las energías renovables son aquellas que pueden obtenerse indirectamente de los ciclos naturales y todas ellas dependen, de alguna forma, de los ciclos solares.
c) Las energías renovables son aquellas que pueden obtenerse directamente de los ciclos naturales y todas ellas dependen, de alguna forma, de los ciclos solares.
d) Las energías renovables son aquellas que pueden obtenerse directamente de los ciclos naturales y todas ellas no dependen, de alguna forma, de los ciclos solares.
e) Las conductas renovables son aquellas que pueden obtenerse directamente de los ciclos naturales y todas ellas no dependen, de alguna forma, de los ciclos solares.

9. Qué es el IDAE?

a) Instituto para la División y Ahorro de Energía.
b) Instituto para la Defensa del Ambiente Español.
c) Instituto de la Dirección Ambiental de Energía.
d) Instituto para la Diversificación y Ahorro de la Energía.
e) Ninguna es correcta.

10. ¿Cómo se denominan los equipos productores de Energía Eólica?

a) Aeropropulsores
b) Aeroeléctricos
c) Aerogeneradores
d) Aerodisipadores
e) Aeroturbinas

11. La captación de la energía solar puede ser:

a) Pasiva, térmica o fotovoltaica
b) Pasiva, cálida, fotocelular
c) Activa, fría, fotoamperométrica
d) Activa, térmica, fotovoltaica
e) Todas son correctas

12. Señalar correctamente cuáles son los diferentes niveles relacionados con la normativa medioambiental:

a) Internacional, Europeo, Estatal, Autonómico.
b) Autonómico, Europeo, Estatal, Internacional.
c) Europeo, Internacional, Autonómico, Estatal.
d) Ninguna es correcta.
e) a y c son correctas

13. Como se denomina la entidad europea en la cual se puede obtener información normativa:

a) Agencia Europea de Ecología.
b) Agencia Europea de Medio Ambiente.
c) Agencia Europea del Ecosistema.
d) Agencia Europea de Desarrollo ambiental.
e) Agencia Europea de Ambiente

14. A qué principio, que rige la acción comunitaria UE, se refiere el siguiente enunciado: "La comprensión de los retos y amenazas a los que se encuentra expuesto el medio ambiente exige una política de información y comunicación que implique y comprometa a la sociedad".

a) Principio de evaluación.
b) Principio de Educación.

c) Principio de "quien contamina paga".
d) Principio de vinculación a los conocimientos técnicos.
e) Ninguna es correcta

15. El Departamento más importante de la Administración General del Estado en materia medioambiental creado por primera vez en la historia de la organización administrativa española en mayo de 1996 es:
a) Ministerio de Equilibrio ecológico.
b) Ministerio de Medio Ambiente.
c) Ministerio de Desarrollo ecológico.
d) Ministerio del Ecosistema.
e) Ministerio de Ecología

16. Cual/es definición/es corresponde/n a las Actitudes y Pautas de consumo sostenibles sociales.
a) Uso racional del agua.
b) Gestión adecuada de los residuos generados.
c) Desarrollo de las ciudades.
d) a y b son correctas.
e) Ninguna es correcta

17. Qué entidad estatal elaboró la Estrategia Forestal Española y el posterior Plan donde se recogen aspectos de una política forestal sostenible marcando como importante la conservación y el uso sostenible de la diversidad biológica:
a) El Ministerio de Medio Ambiente
b) El Ministerio de Consumo
c) El Ministerio del Interior
d) El ministerio de la Madera
e) El Sindicato de Carpinteros

18. Se trata de una actividad en la que se manejan elementos con componentes potencialmente:
a) No dañinos
b) Inofensivos
c) Peligrosos
d) Inocuos
e) Ninguna es correcta

19. Cómo se denomina este tipo de residuo: Papel y cartón, botellas de vidrio, latas, materia orgánica, envases de productos no peligrosos, trapos y ropa, herramientas viejas, voluminosos (calentadores de gas, calderas de calefacción, etc.):

a) Residuos peligrosos
b) Emisiones a la atmósfera
c) Residuos inertes a la construcción
d) Residuos urbanos
e) Ninguna es correcta

20. Cuál o cuáles de los siguientes no corresponden a Emisiones a la atmósfera:
a) Ruido
b) Calor
c) Amianto
d) Todas son correctas
e) Ninguna es correcta

21. Qué tipo de efecto en el medio ambiente generan las siguientes acciones: Colocar calderas de calefacción con elevada emisión de gases de combustión (SOx, NOx). No propiciar soluciones para calentar agua con energía solar. Gases de la soldadura:
a) Enfriamiento global
b) Efecto biodegradable
c) Inundaciones
d) Calentamiento global
e) Agotamiento de recursos

22. Los materiales que vienen indicados como "ecológicos" llevan símbolos o marcas denominadas:
a) Distintivo de garantía de Calidad Ambiental
b) Etiqueta ecológica de la Unión Europea
c) Ecoetiquetas de AENOR
d) Todas son correctas
e) Ninguna es correcta

23. En el traslado al exterior de residuos industriales se puede, para este tipo de residuos, solicitar la recogida y transporte o la autorización para el depósito en:
a) El Cubo de basura
b) El Centro de acumulación
c) El Centro de tratamiento correspondiente
d) Todas son correctas
e) Ninguna es correcta

SOLUCIONARIO

1. d)
2. c)
3. c)
4. a)
5. c)
6. b)
7. d)
8. c)
9. d)
10. c)
11. a)
12. a)
13. b)
14. b)
15. b)
16. d)
17. a)
18. c)
19. d)
20. b)
21. d)
22. d)
23. c)

Este manual es el complemento de:
-Manual de equipos caloríficos
-Manual de equipos frigoríficos
de Miguel D'Addario

Primera edición
2015
CE